품종

백미조생

찌요마루

포목조생

무정조생백봉

사자조생

일천백봉

월봉조생

창방조생

월미복숭아

감조백도

기도백도

도백봉

백봉

대구보

애지백도

장택백봉

진미

미백도

백도

유명

백향

천중도백도

서미골드(유대)

장호원황도

암킹

선프레

천홍

선광

문리반도

수하성꽃복숭아

생리장해

핵할

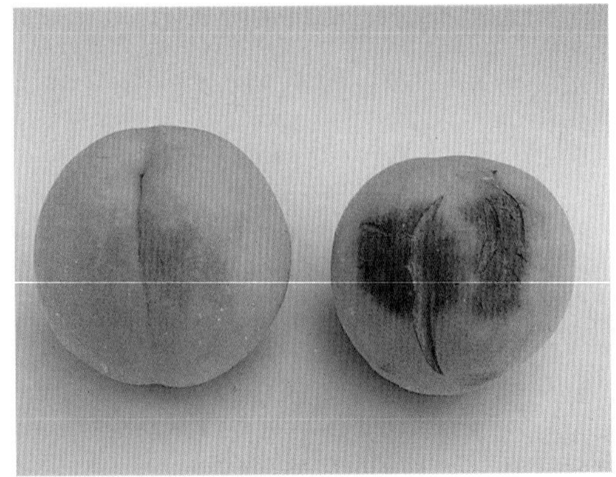

열과

수지병

이상편숙현상

쌍자과

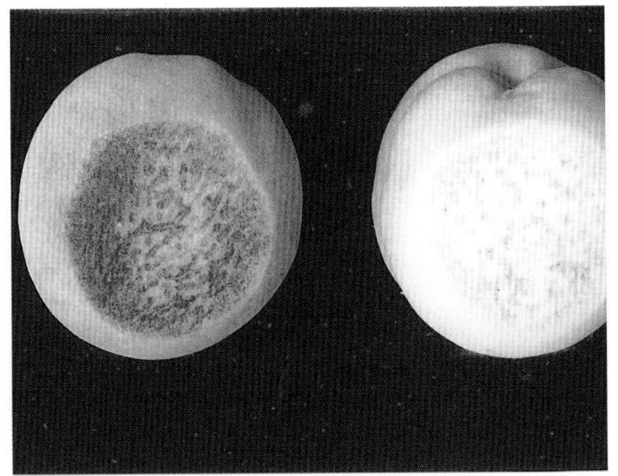

내부갈변과

병해

세균성구멍병(과실)

복숭아탄저병

잎오갈병

복숭아흰가루병

잿빛무늬병

복숭아황화모자이크바이러스

충해

복숭아혹진딧물

복숭아가루진딧물

뽕나무깍지벌레

복숭아순나방

복숭아유리나방(유충)

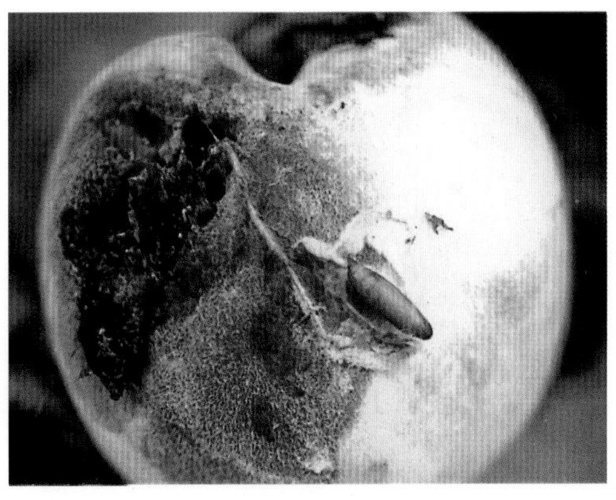

복숭아명나방

21세기에 도전하는 영농기술 지침서 19

최신 복숭아 재배

머리말

돌아오는 농촌이 실현되고 있습니다.
복숭아 농사도 다른 농사와 별 다름없이 잘 할 수 있습니다.

그러나 어떻게 하면 보다 더 많은 소득을 올리고 기술을 쉽게 익히며 멋진 전원생활도 함께 즐길 수 있겠는가를 일깨워 줄만한 종합서적 한 권 구하기 힘들다는 불편을 호소하는 사람들이 너무나 많음을 종종 들어 매우 안타깝게 여기고 있던 차에 각 분야 연구진들이 한자리에 모여 알기 쉽게 「최신 복숭아 재배」를 발간함으로써 누구나 손쉽게 영농에 접근할 수 있도록 집필진을 구성하였습니다.

그동안 복숭아 재배면적은 1986년을 정점으로 전국 14,456ha까지 증가되었으나 수출주력과수인 키작은 왜성사과의 재배 붐에 밀려 한때는 9,058ha로 감소하였다가 이제는 다시 재도약의 기회를 맞고 있습니다.

최근 복숭아 소비 패턴은 양적인 면보다 질적인 면을 더 선호하므로 고당도의 고급품종이 속속 개발 보급되기 시작하면서 과거의 대구보, 기도백도 등의 품종들은 급격히 감소하고 나무모양도 키가 큰 개심자연형이나 배상형에서 평면적 작업이 가능한 Y자 밀식 재배수형으로 바뀌어 가면서 재배방법도 손쉬운 작업관리 방식으로 변모해 가고 있습니다.

따라서 이 책자는 신품종의 소개는 물론 나무 심기로부터 수확, 이용뿐만 아니라 과수재배 기술정보습득에 꼭 필요한 각종 영농자료를 책 말미에 부록으로 다루어 게재하였으므로 복숭아 재배농가는 물론 관련분야에 종사하는 대학교수, 연구직, 지도직 여러분들께도 실무 지침서로 유용하게 활용될 것이라 믿습니다. 이 책이 나오기까지 자료수집에 협조해 주신 원예연구소 과수분야 연구직 여러분께 감사드리며 또한 출판을 위해 애써주신 오성출판사 김중영 사장님께 심심한 감사를 드립니다.

1999년 7월

차례

CONTENTS

차·례

CONTENTS

CONTENTS 차·례

1장 재배 현황과 전망

1. 우리나라의 재배 현황
2. 외국의 재배 현황
3. 전망

1장 재배 현황과 전망

1. 우리나라의 재배 현황

가. 생산현황

우리나라의 '97년도 과실 총 생산액은 3조 1,370억원으로서 그 중 복숭아 생산액은 전체 생산액의 7%인 2,224억원이다. 과종 중 가장 많은 것은 감귤로서 7,159억원이며 다음으로 사과 6,740억원, 포도 6,088억원, 배 4,843억원 순이다.

우리나라의 '98년 과수 총 재배면적은 175.7천ha에서 2,153천톤이 생산되고 있다. 그 중 복숭아는 12.0천ha에서 151천톤이 생산되어 재배면적 순위로는 사과, 포도, 감귤, 배, 단감 다음으로 6위를 차지하고 있으나 최근에는 복숭아의 재배면적이 점차 증가하는 추세에 있어 앞으로 생산량은 더 많아질 것으로 생각된다.

표1-1〉 과종별 재배면적 변화(1985~1998)

(단위 : ha)

과종	1985	1990	1993	1997	1998
사과	37,698	48,833	52,985	39,995	34,692
포도	16,206	14,962	14,957	28,290	24,612
감귤	15,688	19,287	22,413	25,731	25,800
배	9,022	9,058	10,339	21,983	24,612
감	9,838	13,581	17,584	단감 22,563	30,031
				떫은감 6,249	
복숭아	13,138	12,333	10,635	10,892	12,012
자두	4,029	3,191	2,933	3,126	3,615
기타	3,128	12,064	23,246	16,023	15,114
계	108,747	133,309	155,092	176,102	175,708

자료: 원예작물 재배현황, 원예연구소(1999)

최근 우리나라의 과수 재배면적은 많은 변화를 가져오고 있다. 그 중 특이한 것이 사과 재배면적의 격감인데, '93년 53,000ha에 달하던 면적이 '94년부터 줄기 시작하여 '95년 50,103ha, '96년 43,857ha, '97년 39,995ha에서 '98년 34,692ha로 감소하고 있다. 이와 달리 포도는 '85년 16,206ha에서 '98년 24,612ha로 184%증가하였고, 배는 '85년 9,022ha에서 '98년 24,612ha로 272%나 증가하였다. 복숭아는 '85년 13,138ha에서 '93년 10,635ha로 계속 감소하였으나 '97년부터 다소 증가하기 시작하여 '98년에는 12,012ha로 최근 점차 재배 면적이 증가하는 추세에 있다. 이와 같이 복숭아 재배면적이 증가하는 것은 최근 사과, 배, 포도 재배면적의 증가에 따른 가격하락이 지속된 반면, 복숭아는 맛좋은 품종의 보급으로 소비가 촉진되고 그에 따라 시중가격이 급등하였을 뿐 아니라 생과 수입이 잘 되지 않아 수입으로 인한 가격 하락의 위험이 없는 것 등이 재배면적의 증가로 이어진 것으로 생각된다.

복숭아의 지역별 재배면적을 보면 '97년 현재 경북이 5,750ha로 전체 면적의 53%를 차지하여 가장 많이 재배되고 있는데 그 중에서도 청도군이 1,941ha로 가장 많고 그다음은 경산시로 1,457ha가 재배되고 있다. 충북은 1,374ha로 주로 음성군과 충주시에서 많이 재배되고 있으며 다음이 전북, 충남지역이다.

복숭아의 생산성을 보면 '85년의 1,001kg/10a에 비하여 '97년은 1,348kg/10a로서 점차 10a당 생산량이 증가하고 있기는 하나 아직도 외국

표1-2〉 지역별 복숭아 재배면적 및 생산량 (1997) (단위 : 톤/ha)

구분	전국	경기	강원	충북	충남	경북
면적	10,892	563	458	1,374	735	5,750
생산량	146,793	5,562	5,739	17,752	10,481	79,178

경남	전북	전남	대구	인천	광주	대전
745	490	455	244	13	4	61
11,920	7,365	5,592	2,225	137	44	798

자료: 한국농림수산정보센타 통계정보

표1-3〉 년도별 복숭아의 생산성

구분	'85	'90	'95	'96	'97
단수(kg/10a)	1,001	929	1,266	1,275	1,348
수량(천톤)	132	115	130	128	147

자료: 농림수산통계연보, 농림부

의 수준에는 미흡한 실정인데, 우리나라 복숭아의 호당 재배면적 규모를 보면 0.2ha~0.5ha의 규모농가가 52%로 대부분의 농가가 영세성을 벗어나지 못하고 있다. 특히 600평 이하의 재배농가도 7,700호 정도로 26%나 되는 반면 1ha 이상의 농가는 6%에도 미치지 못하여 다른 과종에 비하여 소면적 재배를 하고 있는 실정이다. 이와 같은 결과는 아직도 우리나라가 가공용이 아닌 생과 품종 위주로 재배하고 있기 때문에 수확 및 판매의 편이를 위하여, 또한 수확기에 비가 많이 와서 수확작업의 어려움 등이 작용한 것으로 생각된다.

표1-4〉 호당 재배면적 규모비율('97)

총 농가수	0.1ha미만	0.1~0.2	0.2~0.3	0.3~0.5	0.5~0.7	0.7~1.0
29,930(호) (100)	1,984 (6.6)	5,703 (19.1)	7,242 (24.2)	7,493 (25.0)	3,417 (11.4)	2,332 (7.8)
1.0~1.5	1.5~2.0	2.0~2.5	2.5~3.0	3.0~5.0	5.0~10.0	10ha이상
1,297 (4.3)	299 (1.0)	98 (0.3)	42 (0.14)	36 (0.12)	4 (0.01)	-

자료: '97 과수실태조사, 농림부, 1997

나. 품종현황

복숭아는 해에 따라 품종의 변화가 많은 과종이다. '92년도에는 조생종으로 창방조생, 중생종으로는 대구보, 만생종으로는 유명이 가장 많이 심어져 왔으나 '97년도에는 이들 품종의 비율이 감소하고 품질이 좋고 시중 가격이 높은 암킹, 선광, 천홍 등의 천도계 복숭아와 중생종인 미백도(장호원백도), 월미복숭아(유명계 복숭아), 만생종으로는 장호원황도의 재배비율이 높아지고 있다. 이와 같이 '98, '99년도에 새로 재식되는 복숭아는 맛 위주로, 보다 다양하게 재식될 것으로 예측되고 있다.

표1-5〉 우리나라의 복숭아 품종별 재식비율(%)

품종	연도				품종	연도			
	1983	1987	1992	1997		1983	1987	1992	1997
백도	25.7	11.0	11.1	8.0	아부백도	-	-	-	0.1
창방조생	15.2	23.1	22.4	13.6	포목조생	0.4	0.1	-	0.03
대구보	10.8	11.2	10.5	8.7	레드골드	-	-	-	1.0
황도(금도)	9.5	7.1	4.1	2.6	수봉	0.3	1.4	2.9	2.0
사자조생	3.7	4.6	3.9	2.4	장호원황도	-	-	-	1.5
미백도	3.3	3.8	3.9	5.3	고창	0.2	-	-	0.14
대화백도	2.4	1.2	0.9	0.7	천홍	-	-	-	7.2
유명	2.2	15.1	22.7	15.7	백봉	0.1	0.1	0.4	0.4
기도백도	1.7	3.2	2.2	2.5	월미복숭아	-	-	0.1	2.11
신백도	0.6	0.4	-	1.0	백미조생	-	0.8	1.0	1.51
선광	-	-	-	2.6	월봉조생	-	-	0.1	1.6
고양백도	0.5	0.2	-	0.1	기타	23.4	16.7	14.0	18.62
					계	100	100	100	100

자료: 과수실태조사, 농림부, 1997

다. 가공현황

복숭아의 가공은 '90년도 초에는 복숭아 통조림, 주스 등의 가공량이 많았으나 가공품의 수입이 자유화되어 가격경쟁력이 떨어지고 난 다음부터 복숭아의 가공 비율은 점차 감소되고 있다. 이러한 현상은 복숭아 뿐만 아니라 감귤, 사과, 포도 등 모든 과종에 공통적이며, 외국 가공원료의 도입으로 국내 과실 가공 산업은 위축되고 있다. 특히 배는 혼탁주스의 개발로 배 주스의 소비가 많아져 배 가공비율이 점차 높아졌으나 값싼 중국산의 원액 도입이 많아지고 최근 소비마저 감소하여 배의 가공비율은 '96년 이후 큰 변화는 없는 실정이다.

표1-6〉 과실의 종류별 가공량

(단위 : 천톤)

과종	'90	'92	'94	'95	'96	'97
사과	28	107	128	142	62	60
배	-	0.2	0.2	0.7	26	29
복숭아	26	27	11	17	15	7
포도	27	22	15	29	25	17
감귤	150	161	50	32	21	6

자료 : 농림부, '97

2. 외국의 재배 현황

세계 복숭아 총 생산량은 '97년 현재 10,923천톤으로 전체 과실 생산량 429,447천톤의 2.6%에 불과하다. 복숭아의 주요 생산국 중국이 2,992천톤으로 전체 생산량의 27.4%를 생산하며 미국이 1,442천톤으로 13.2%, 이태리가 1,218천톤으로 11%, 스페인이 904천톤으로 8.3%를 생산하고 있다. 우리나라는 147천톤으로 1.3%에 불과하며, 북한은 전체 생산량의 1%, 일본은 1.6%를 생산하고 있다.

표1-7〉 세계 주요국의 복숭아 생산량

(단위 : 천톤)

년도	전세계	중국	미국	그리스	이태리	스페인	프랑스	일본	한국	북한
1995	10,779	2,727	1,204	1,182	1,329	661	529	163	130	100
1996	11,269	2,772	1,180	876	1,754	892	464	161	128	110
1997	10,923	2,992	1,442	530	1,218	904	467	176	147	110

자료 : FAO 생산통계연보, 1997

복숭아의 재배품종은 백육계와 황육계 또는 무모종과 유모종, 가공용과 생식용 등으로 크게 구분할 수 있는데 중국의 경우 50여개 주요 재배 품종 중 백육계가 78%, 황육계가 12% 재배되고 있으며 일본과 우리나라는 96% 이상이 생식 위주의 백육계통 복숭아를 재배하고 있다. 그러나 미국이나 유럽지역에서는 가공용 위주의 황육계 복숭아가 주로 재배되고 있어 동양과 서양의 재배 품종차이는 뚜렷한 차이점을 나타내고 있다.

복숭아의 세계 수출입 물동량은 다른 과수에 비하여 그다지 많지 않으나 전세계 수입량은 1,003천톤에 934,180천＄에 달한다. 수입을 가장 많이 하는 나라는 독일로서 전체 수입량의 32%를 차지하고 있고 다음이 영국, 캐나다, 미국, 네델란드, 프랑스의 순이다. 수출물량은 전세계 994,650톤, 892,419천＄로서 이 중 이태리가 523,237톤으로 복숭아를 가장 많이 수출하고 있고 다음이 스페인, 칠레, 미국, 프랑스, 그리스 순이다. 중국과 일본도 '97년에 약간의 복숭아를 수출하기는 했으나 그 양은 미미하다.

표1-8〉 국가별 복숭아 수출입량 및 수출입액

(단위 : 톤, 천$)

수입			수출		
국별	수입량	수입액	국별	수출량	수출액
전세계	1,003,648	934,180	전세계	994,650	892,419
독일	320,685	288,839	이태리	523,237	371,538
영국	83,992	104,235	스페인	118,292	172,906
캐나다	46,382	45,732	칠레	93,593	60,806
미국	44,265	52,068	미국	79,971	78,848
네델란드	41,865	40,367	프랑스	58,307	83,454
프랑스	36,619	65,915	그리스	44,676	26,943
스위스	29,839	33,919	중국	194	285
멕시코	13,632	9,027	일본	11	80

자료 : FAO 무역통계연보, 1996

가. 일본의 복숭아 재배

일본의 복숭아 재배는 '96년도 10,800ha에서 17만 6,000톤이 생산되고 있다. 연도별 생산량을 보면 '89～'91 평균 185,000톤, '95 163,000톤, '96 169,000톤, '97 176,000톤으로 연도간 큰 변화는 없다. 지역별 재배면적을 보면 야마나시현(山梨縣)이 3,350ha로 가장 많이 재배되고 그 다음이 후쿠시마현(福島縣)으로 1,600ha가 재배되고 있다. 나가노현(長野縣) 1,260ha, 와까야마현(和歌山縣) 805ha로 이 4개 현이 전체 면적의 65%를 재배하고 있다.

복숭아의 재배농가는 43,503호에 달하며 평균 재배면적 규모는 27.8a(830평) 정도이다('95).

표1-9〉 일본의 복숭아 연도별 생산현황

(단위 : ha)

구분	'87	'89	'95	'96	'97
재배면적(ha)	14,700	14,300	12,100	11,900	
생산량(톤)	212,400	180,200	163,000	169,000	176,000

자료 : 과수통계 일본원예농협, 1997

표1-10〉 일본의 주요 품종별 재배면적(1990~1995)

(단위 : ha)

품종명	'90	'92	'95	품종명	'90	'92	'95
무정조생백봉	484.8	517.2	354.5	백봉	2870.4	2426.5	2082.5
포목조생	209.7	106.5	68.6	천간백도	350.6	351.8	487.9
일천백봉	364.5	462.6	728.7	청수백도	508.2	481.8	442.1
사자조생	319.9	138.3	63.1	대구보	1763.3	1284.2	827.0
창방조생	607.4	316.7	135.3	장택백봉	-	169.4	281.1
팔번백봉	381.5	380.4	323.8	애지백도	750.5	720.5	450.9
아까쯔끼	611.2	821.7	1083.1	천중도백도	504.2	685.4	860.9
				백도	386.8	314.4	206.1

자료 : 일본과수시험장 핵과류 육종연구실

품종별 재배면적을 보면 가장 많이 재배하고 있는 것이 백봉으로 전체면적의 18%가 재배되고 있으나 점차 감소하는 추세이다. 다음이 아까쯔끼 품종으로 1,083ha가 재배되고 있으며 그 재배면적이 증가하고 있는 추세이다. 그동안 재배비율이 많았던 대구보, 백도, 백봉 등은 감소추세이며 애지백도, 무정조생백봉, 청수백도, 팔번백봉 등은 약간 감소하고 있으며, 아까쯔끼, 천중도백도, 일천백봉, 천간백도, 장택백봉 등은 최근 재배면적이 증가하는 추세이다.

그림1-1〉 일본의 복숭아 증가 품종의 연도별 구성변화

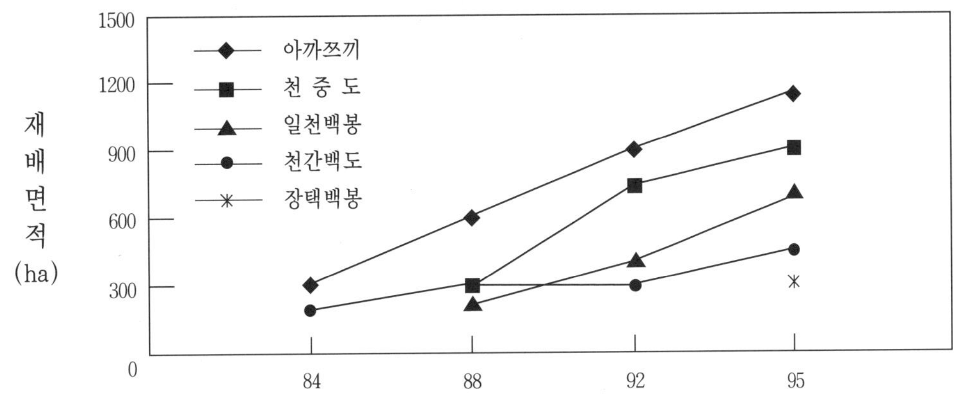

나. 중국의 복숭아 재배

중국의 복숭아 재배는 최근 그 생산량이 급격히 증가하고 있는 추세에 있다.

'90년도 786천톤에서 '95년도 2,727천톤으로 급증하였으며 '96년 2,772천톤, '97년 2,992천톤으로 최근 생산량도 다소 증가하고 있는 추세에 있다. 주요 생산지는 하북성(河北省), 산동성(山東省), 강소성(江蘇省), 절강성(浙江省), 요령성(遼寧省)이다.

표1-11〉 중국의 연도별 복숭아 생산량(1981~1997)

구분	'81	'85	'90	'95	'96	'97
생산량(천톤)	395	447	786	2,727	2,772	2,992

재배품종은 90여 품종 중 78품종이 백육계통의 생식용이며 12품종이 황육계로 대부분 생식 위주인 백육계가 재배되고 있다. 주요 재배품종은 대구보, 백봉, 강산백도, 조생수밀, 흥진유도 등의 일본품종의 재배면적이 많으며 중국에서 육성 또는 선발된 품종으로 맥향(麥香), 조풍(早風), 조향옥(早香玉), 백록저(白鹿咀), 추향도(秋香桃), 경홍도(京紅桃), 경옥도(京玉桃),

오월선도(五月鮮桃), 백풍도(白豊桃), 경밀도(京蜜桃), 우화로(雨花露), 조하(朝霞), 경풍도(慶豊桃), 연홍(燕紅), 북농1호(北農1號) 등이 재배되고 있다(자료:北京果樹誌, 桃樹豊産栽培).

황육계 복숭아는 중국계는 섬서예천황감도(陝西禮泉黃甘桃), 부평황감도(富平黃甘桃), 대황도(大黃桃), 사천서창황행도(四川西昌黃杏桃), 신강엽성점핵황육도(新彊葉城粘核黃肉桃) 등이 재배되고 있으며, 일본계 품종은 관도 5호, 관도 14호, 명성(明星) 등과 미국계 품종으로는 Elberta, Dixired, Redhaven, Golden Baby 5 등이 재배된다. 반도계 품종으로는 오월선편간(五月鮮扁干), 추반도(秋蟠桃) 등이 재배되고 있다.

다. 미국의 복숭아 재배

미국의 복숭아 재배면적은 다소 감소하는 추세에 있으나 생산량은 증가하는 추세에 있다. 미국의 복숭아 생산량은 북·중미 생산량 1,636천톤('97년)의 88%를 차지하여 중요한 복숭아 생산국이다. 미국의 복숭아는 주로 캘리포니아주에서 생산되며 전체 생산량의 60%가 이곳에서 생산된다. 그 다음이 사우스 캐롤라이나로서 생산량의 12%, 조지아주 5.9%, 뉴저지주가 4.7%를 재배하고 있다.

재배품종은 Redhaven, Halford, Elberta, Loring, Junegold 등의 재배가 많으며 천도계 복숭아는 May Grand, Fantasia, Firebrite, Flavortop, Spring Red 등이 많이 재배된다. 캘리포니아 지역에서는 천도계 복숭아가 많으며 기타 지역은 생식 가공 겸용인 황육계 복숭아 재배가 많다. 일반 복숭아는 생식과 가공 비율이 1 : 1 이나 천도계 복숭아는 98%가 생식용이며 가공에는 이용하지 않는다.

표1-12〉 미국의 복숭아 재배면적 및 생산량

구분	'81	'85	'90	'95	'96	'97
재배면적(천ha)	100.5	78.5	75.0			
생산량(천톤)	1,359.1	1,392	1,012	1,329	1,180	1,442

복숭아의 수출입 현황을 보면 '96년 수입량은 44,263톤, 52,068천$이며 수출은 79,938톤에 69,085천$를 수출하여 수입보다 수출량이 많은 국가이다.

라. 유럽지역의 복숭아 재배

유럽지역의 복숭아 재배는 전체 생산량 3,474천톤 중 이태리가 35%에 해당하는 1,218천톤을 생산하며 그리스 15%, 프랑스 13%로 이 3개국이 전체 유럽 생산량의 63% 이상을 생산하고 있다.

표1-13〉 유럽지역의 국별 복숭아 생산량

(단위 : 천톤)

국별	'91~'95	'95	'96	'97
유럽계	3,985	4,033	4,396	3,474
이태리	1,591	1,329	1,754	1,218
그리스	760	1,182	876	530
프랑스	475	529	464	467
불가리아	84	72	60	60

이태리의 복숭아 생산은 1,754천톤('96년)으로 전체 과실 생산량 15,494천톤의 11%에 해당되나 포도의 생산량 8,231천톤(53%)을 제외하면 비교적 많은 편이다. 복숭아 주산지는 Emilia Romagna 지역이 전체면적의 40%가 재배되며 다음이 Campagna 23%, Pimonte 1.1%, Toscana 4%, Lazio 3%, Veneto 2% 등으로 동서 해안가에 많이 분포되어 있다. 재배품종은 전체면적 1,218천ha 중 백육계 복숭아는 12%에 불과하며 황육계가 88%에 달한다. 주요 품종은 백육계는 Springtime, Michelini, Pieri 81 등이며 황육계는 Redhaven, Suncrest, Dixired, Cardinal, Cresthaven 등이 재배되고 있다. 이태리에서 생산된 복숭아는 수출이 많으며 '96년 전체 생산량의 30%에 해당하는 523천톤('96년)을 수출하여 년간 371,538천$의 외화를 획득하고 있다.

다음으로 생산량이 많은 그리스는 포도가 40%, 오렌지 21%, 다음으로 복숭아가 20%가 생산되고 있는 나라이다. 복숭아의 생산은 주로 Naoussa,

Thessalonika 지역에서 생산되고 있다. 재배 품종은 Redhaven, Redtop, Fayette, Elberta, Armking, SunGlo 등이 재배되고 있다. 그리스도 세계 6번째로 수출량이 많은 나라로 ('96년)44,676톤을 수출하여 26,943천＄를 획득한 나라이다.

프랑스는 전체 과실 생산량 10,193천톤 중 포도가 5,244천톤으로 가장 많고 복숭아는 467천톤으로 전체생산량의 5%에 불과하다. 주산지는 Rhone Alpes 지역이 37%로 가장 많이 재배되고 있으며 다음이 Languedoc 34%, Provence 13%, Mid Pyr 10% 등이다. 재배품종은 황육계가 66%, 백육계가 34%이며 황육계의 주요품종은 Dixired, Redhaven, Springcrest, Suncrest, Genadix 4, Fairhaven, Hale, Loring 등이며, 백육계는 Snow Queen, Springtime, Amsden, Redwing, Micheline 등이 재배되고 있다. 천도계복숭아는 Crimson, Fantasia, Armking, Mayred 등이 재배된다.

마. 남미지역의 복숭아 재배

남미지역의 복숭아 생산량은 총 747천톤에 불과하며 칠레가 36%, 아르헨티나 27%, 브라질이 20%로 이 3개국에서 전체 생산량의 83%를 생산하고 있다.

칠레는 전체 과실생산량 3,885천톤('97년)중 포도 42%, 사과 24% 다음으로 복숭아 생산이 많은 나라이다. 칠레는 과실의 수출이 많은 나라로 복숭아의 경우 전체 생산량 275천톤('96년)의 34%인 93,594톤을 수출하며 수입은 전혀 하지 않고 있다.

표1-14〉 남미지역의 국별 복숭아 생산량 (단위 : 천톤)

국별	'89～'91	'95	'96	'97
남미계	626	747	753	747
칠레	191	257	275	270
브라질	96	150	150	150
아르헨티나	237	199	199	199

자료 : FAO 농업생산연감, 1997

아르헨티나는 총 과실 생산량 6,184천톤 중 포도가 33%, 감귤류 32%, 사과 19%, 복숭아는 3%에 불과하다. 브라질은 전체 과실 생산량 37,765천톤('97년) 중 오렌지가 64%로 생산의 대부분을 차지하고 포도 2%, 사과는 2%가 재배되며 복숭아는 0.4%에 불과하다.

3. 전망

우리나라의 복숭아 재배는 생식위주의 백육계통이 주로 재배되고 있다는 것이 특색이다. 생식위주의 복숭아는 저장성 및 수송성이 없어 이러한 품종은 외국에서의 수입이 극히 제한되고 있고 수출 또한 어려운 상태이다. 결국 한국인이 좋아하는 복숭아는 우리나라에서 생산된 것만으로 우리의 영역을 능히 지킬 수 있다는 것이다. 최근 복숭아 재배가 증가하고 있는 이유는 1)과거의 품종은 수확기에 비가 오면 당분이 빠져 맛이 없었으나 최근 유망 품종은 이러한 결점이 보완된 것이 많아 맛이 좋아졌다는 것 2)최근 계속하여 판매가격이 다른 과종에 비하여 높고 생산성이 높아 소득이 많다는 것 3)사과나 배에 비하여 결실연령이 빨라 투자 회수가 빠르다는 것 4)생산비가 적게 소요된다는 것 등이며, 복숭아 재배에 흥미를 느끼게 하는 요인이 되고 있다.

표1-15〉 주요과실의 생산비, 농가판매가격 및 소비자가격 (단위 : 원)

과종	직접생산비	농가판매가격	소비자가격
사과	818	1,034	1,878
배	920	1,861	2,588
감귤	349	1,103	2,018
포도	978	1,548	3,555
복숭아	934	1,515	3,176

자료 : 직접생산비 - '97 농축산물 표준소득, 농촌진흥청
농가판매가격 - 농협조사월보(중품기준)
소비자가격 - 통계청(중품기준)

복숭아의 재배 전망은 해에 따라 많은 차이가 있다. 복숭아는 '97년 이후부터 맛 좋은 품종이 나오면서 시장가격이 높게 형성되고 재배도 용이하다는 이점으로 재배 면적이 확대되어 가고 있다. 사과나 배가 그동안 재배면적의 확대로 현재 가격면에서 고전을 하고 있는 것을 보면 복숭아도 수요를 고려하여 면적의 무작정 확대는 고려하여야 한다. 특히 복숭아는 저장성도 없고 가공 문제도 외국의 값싼 제품에 비교하여 경쟁력이 떨어질 것임으로 생과위주의 재배에 알맞는 면적 및 고품질과 생산에 역점을 두고 재배에 임해야 할 것이다.

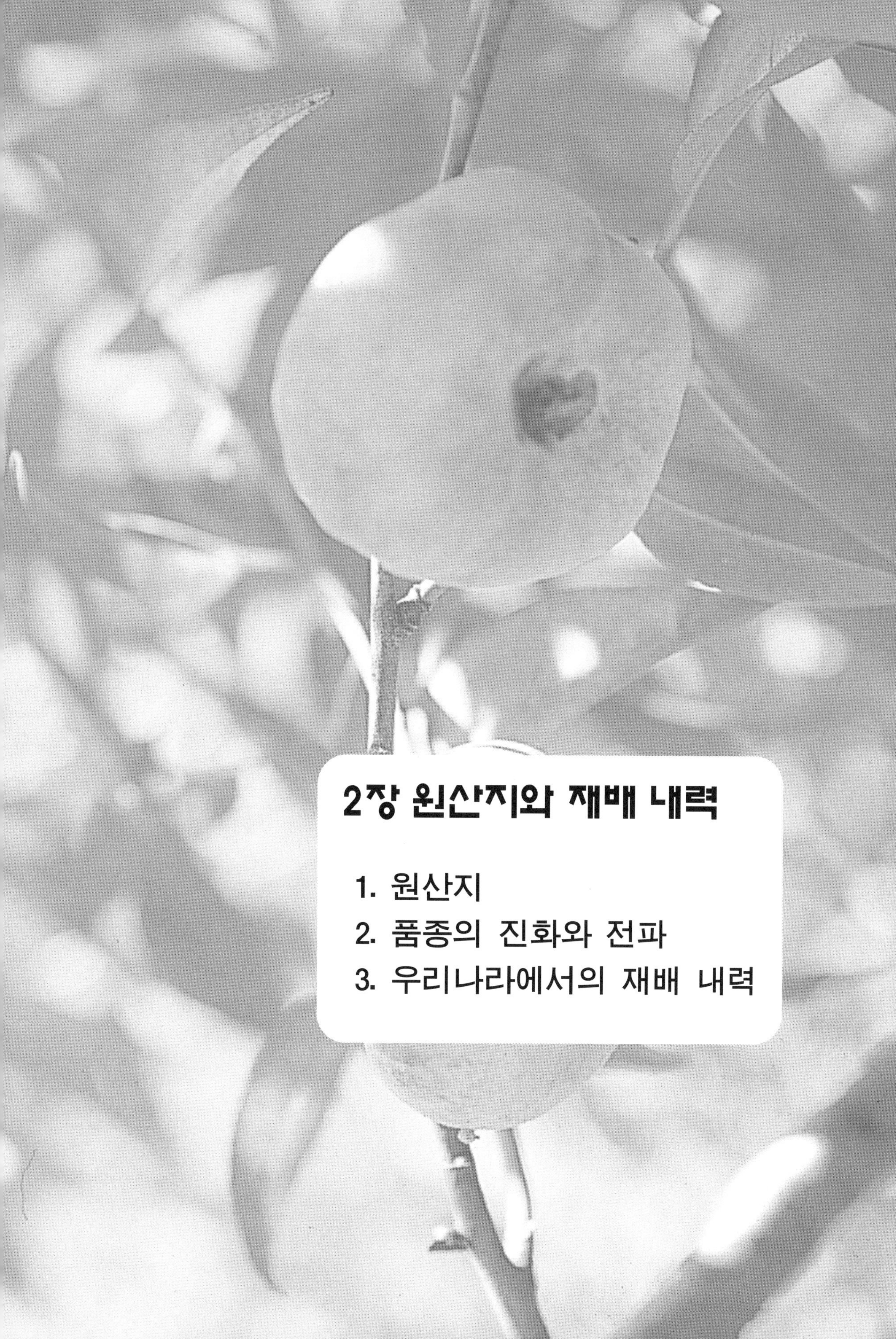

2장 원산지와 재배 내력

2장 원산지와 재배 내력

1. 원산지

복숭아[*Prunus persica* (L.) Batsch]는 장미과(Rosaceae) 자두속(Prunus) 복숭아아속(Amygdalus)에 속하는 온대 낙엽성 과수로 원산지는 중국의 싼시성(陝西省)과 깐쑤성(甘肅省)이며 황하상류의 고원지대가 그 원산지인 것으로 알려져 있다. 복숭아의 근연종으로는 *P. kansuensis* Rehd.(甘肅桃, 毛桃), *P. davidiana* (Carr.) Franch.(山桃), *P. mira* Koehne(光核桃, 西藏桃), *P. ferganensis* (Kost. et Rjab) Kov. et Kost(新疆桃, 大宛桃)가 있다.

2. 품종의 진화와 전파

중국대륙에서 기원된 복숭아는 오랜 기간에 걸쳐 중국전역에 분포하게 되었고, 야생종인 毛桃(*P. kansuensis*)로부터 재배종인 수밀도에 이르기까지 진화하게 되었는데, 그 중에는 과피의 털이 없는 天桃(油桃, nectarine, *P. persica* var. *nectariana*), 과형이 편평한 蟠桃(*P. persica* var. *platycarpa*), 나무가 왜성인 壽星桃(*P. persica* var. *densa*) 등 다양한 변종들이 있다.

이와 같이 복숭아는 그 원산지인 중국으로부터 실크로드를 거쳐 기원전 1~2세기경에 2차 원산지인 페르시아지방으로 전파되었고, 그곳으로부터 다시 그리스, 로마로 전파되었으며, 지중해연안국으로의 전파는 주로 로마인들에 의해 이루어졌다. 또한 아메리카 대륙으로의 전파는 주로 스페인과 포르투칼의 신대륙 탐험과 더불어 이루어지게 되었다.

3. 우리나라에서의 재배 내력

우리나라에서 복숭아 재배가 언제, 어떻게 시작되었는지는 불명확하나 三國史記 新羅本紀 婆娑 尼師今 23년(A.D. 102) 및 奈解王 8년(A.D. 203)에 이미 복숭아가 기록되어 있는 것으로 미루어 보아 그 재배기원이 매우 오래된 것으로 추정되고 있다. 또한 新增東國與地勝覽(1530)에는 복숭아가 고려말에서 이조 개국초의 과일의 하나로 소개되어 있으며, 허균의 屠門大爵(1615)에 紫桃, 黃桃, 盤桃, 僧桃, 蒲桃 등 5품종이, 海東農書(1776~1800)에 毛桃, 僧桃, 鬱陵桃, 甘仁桃, 遍桃, 紅桃, 碧桃, 三色桃 등 9품종이, 1910년대에 경기도청에서 조사한 경기도의 복숭아 재래품종으로 五月桃, 六月桃, 七月桃, 八月桃, 僧桃, 甘香桃, 柿桃, 支那桃, 小桃 등 10품종이 재래종으로 기록되어 있는 것으로 미루어 보아 복숭아의 재배과정에서 품종의 분화가 이루어져 왔고, 이들 재래종들의 재배가 상당한 정도의 규모로 이루어지고 있었음을 짐작할 수 있다.

현재와 같은 복숭아 품종의 재배에 대한 기록으로는 1902년 소사부근(현재의 경기도 부천시)의 소사농원과 1904년 송병준씨가 소사부근에 일본으로부터 도입한 복숭아 품종을 재배하였다는 기록이 있으며, 1904년 소사부근의 한 농장에서는 天津 등 4품종이 재배되었다고 한다.

그러나 이들 도입품종의 보다 본격적인 재배는 1906년 뚝섬에 원예모범장이 설치되면서 미국, 중국 및 일본에서 도입된 품종들이 재배시험을 거쳐 일반에게 보급되면서부터 시작된 것으로 판단되고 있다.

3장 분류 및 품종

1. 분류
2. 품종

3장 분류 및 품종

1. 분 류

가. 생태학적 분류

복숭아는 전세계적으로 약 5,000 품종 이상이 존재하는 것으로 알려져 있는데 이들을 생태학적으로 분류하면 다음과 같이 4개의 품종군으로 분류할 수 있다.

1) 유럽 및 페르시아 품종군

중국으로부터 이란, 터어키, 이태리, 스페인 등의 서아시아 및 지중해연안국으로 전파된 것으로 오늘날 유럽 및 미국에서 재배되는 품종들은 이 품종군에서 대부분 유래된 것이다. 이 품종군은 오랜 선발과정을 거쳐 생육기 동안의 낮은 강우량, 높은 광도, 서늘한 기후에 적응해 온 것들이다. 나무의 자람세가 직립성으로 나무의 세력이 강하며, 꽃이 작고 아름답지 못하며, 일찍 개화하는 특징을 가지고 있다.

또한 이 품종군에는 백육종, 황육종과 육질이 용질성인 것으로부터 고무질인 것, 천도에 이르기까지 변이의 정도가 대단히 크다.

2) 중국북부 품종군[화북계(華北系)품종군]

연평균강수량이 400~600㎜이고, 한여름의 낮기온이 높으며, 일교차가 어느 정도 큰 북위 33~35도의 황하유역의 산동, 하북, 하남, 산서, 섬서, 장수, 감숙성에 분포하는 품종들로 밀도(蜜桃), 면도(面桃)가 그 대표적인 품종이며, 여름의 건조조건에 적응하였던 품종군이다.

이 품종군의 특징은 과정부가 다소 뾰족하거나 또는 새의 부리모양을 띠며, 봉합선이 깊고 선명하며, 내건성 및 내한성이 강하다. 특히 중국의 북서지방에는 황육계 복숭아 및 천도가 주로 자생한다.

3) 중국남부 품종군[화중계(華中系)품종군]

연평균강수량이 1,000~2,000㎜이며, 한여름의 낮기온이 보다 높고, 일교차가 크지않은 양쯔강 유역의 강서, 절강성에 주로 분포하는 품종들로, 그 일부는 호남, 호북, 사천성에도 분포한다. 이 품종군은 온난다습한 기후에 잘 적응한 것으로 북부 품종군에 비해 내한성이 약하며, 여름의 고온조건하에서 최상의 품질을 나타낸다. 차이니스클링(Chinese Cling), 상해수밀이 대표적인 품종으로 우리나라와 일본의 주요 품종들은 대부분이 이 품종군에서 유래된 것이다. 미국의 많은 품종들은 Chinese Cling의 혈통을 가지고 있는데 그 대표적인 것이 제이 에이치 헤일(J. H. Hale), 엘버타(Elberta)이다.

4) 반도계(蟠桃系) 품종군

이 품종군은 중국남부 품종군에 포함되는 것으로 상해를 중심으로 남으로 연장된 해안선을 따라 절강성의 항주, 회홍, 영파 등에 분포한다. 이 품종군은 과실의 모양이 원반형의 납작한 모양을 띠는 것이 특징이다. 대부분의 품종은 점핵성, 백육종이며, 짧은 저온 요구도를 가진다. 수량은 타 품종군에 비해 떨어지지만 당도는 높은 편이다.

나. 형태학적 분류

1) 과피의 털 유무에 의한 분류

■유모종(有毛種, Fuzzy skin)

과피에 털이 있는 품종으로 대부분의 복숭아가 이에 속한다. 그러나 과모 발생정도와 그 길이는 품종에 따라 상당히 차이가 많다.

■무모종(無毛種, Smooth skin)

과피에 털이 없는 품종으로 天桃(油桃, nectarine)가 이에 해당된다.

일반적으로 천도는 복숭아의 과피 돌연변이로부터 유래된 것으로 알려져 있으며, 식물분류학상 천도는 *P. persica* var. *nucipersica* Schneider에 해당된다.

2) 과형에 의한 분류

■원형종(圓形種, Round type)

과형이 둥근 복숭아로 대부분 품종이 이에 해당된다.

■원반형종(圓盤形種, Flat type 또는 Peen-to type)

과형이 원반형태로 납작하고, 과정부와 과경부가 움푹한 것으로 蟠桃가 이에 해당된다.

■새부리형종(Beaked type)

과실의 전체모양은 원형이나 과정부가 새부리모양과 같이 뾰족한 형태를 띠고 있는 것으로 중국 북부 원생의 품종들에서 많이 볼 수 있다.

3) 핵의 분리성에 의한 분류

■점핵종(粘核種, Cling stone)

과실이 완전히 성숙된 경우라도 핵이 과육으로부터 분리되지 않는 품종으로 우리 나라 및 일본에서 재배되고 있는 대부분의 백육계 복숭아 품종과 가공용 복숭아 품종이 모두 이에 해당된다.

■이핵종(離核種, Free stone)

핵이 과육으로부터 쉽게 분리되는 품종으로 미국과 유럽에서 재배되고 있는 대부분의 품종이 이에 해당된다.

■반점핵종(半粘核種, Semicling stone)

점핵과 이핵의 중간 성질을 나타내는 품종

4) 과육색에 의한 분류

■백육종(白肉種, White flesh)

과육이 백색인 품종으로 우리 나라와 일본에서 재배되는 대부분의 품종이 이에 해당된다.

■황육종(黃肉種, Yellow flesh)

과육이 황색인 품종으로, 미국과 유럽에서 재배되고 있는 대부분의 복숭아와 천도가 여기에 해당된다.

■혈도(血桃, Blood flesh)

과육이 핏빛으로 붉게 착색되는 품종을 말한다.

5) 육질에 의한 분류

■용질성(溶質性, Melting flesh)

육질이 연하고, 과즙이 많은 것으로 주로 생식용으로 이용되며, 보구력은 약하다.

우리나라와 일본에서 재배되는 대부분의 품종이 이에 해당된다.

■불용질성(不溶質性, Non-melting flesh)

육질이 치밀하고, 고무질성으로 탄력이 있는 것으로 보구력이 강하다. 가공용 품종이 여기에 해당된다.

6) 화형에 의한 분류

■화려(Showy flower)

보통 복숭아에서와 같이 꽃이 화려하고, 꽃잎이 크고 서로 겹쳐서 핀다. 창방조생, 백도, 유명 등 대부분의 복숭아가 이에 해당된다.

■비화려(Non-showy flower)

꽃이 화려하지 않고, 꽃잎이 작으며 서로 겹쳐서 피지 않는다. 이 경우 꽃잎의 길이가 짧아 개화되기 전에 주두 때로는 수술이 노출되기도 한다. 백향, 암킹, 선광 등이 이에 속한다.

2. 품 종

가. 품종 선택의 요건

품종을 선택함에 있어서 고려되어야 할 사항은 다음과 같은 것들을 들 수 있다.

1) 상당한 기간동안 수익을 보장받을 수 있는 품종이어야 한다.

신품종에 대한 정확한 정보와 판단없이 그저 신품종이라면 맹목적으로 선호하는 사람들이 많은 것이 우리의 현실인 듯하다. 따라서 하나의 신품종을 선택하기 전에 반드시 전문가와 상의해 보거나, 그렇지 않으면 직접 시험재배하여 나름대로의 시장성을 판단해 보는 것이 우선적으로 필요하다.

2) 단경기 출하 또는 출하량이 적은 시기에 수확될 수 있는 품종이어야 한다.

아무리 좋은 과실을 생산할 수 있는 품종이라 하여도 그 품종의 과실이 수확되는 시기에 출하량이 많다면 높은 가격을 보장받기가 힘들기 마련이다. 따라서 출하될 공판장에서의 물동량을 면밀히 분석한 다음 단경기 출하가 가능한 것을 선택한다.

3) 시장성이 좋은 품종이어야 한다.

동일한 품종이라 하여도 재배기술에 따라 큰 차이가 있긴 하지만 근본적으로 좋은 시장성을 보장해 줄 수 있는 특성을 가진 품종을 선택하는 것이 바람직하다.

또한 아직까지는 과실 크기 위주로 판매가격이 형성되고 있지만 앞으로는 크기 뿐 아니라 단맛, 향기, 부드러운 육질, 착색정도 등도 크게 고려될 것으로 예상된다.

4) 생력재배가 가능한 품종이면 더욱 좋다.

적은 노력으로 많은 수익을 올리는 것이 경영의 기본적인 원칙이므로, 병해충 피해가 적고, 착색성이 좋으며, 수세가 지나치게 강하지 않은 품종을 선택하는 것이 바람직하다.

5) 경영규모 확대를 위하여 다양한 품종을 선택한다.

단일 품종 재배시에는 노동력의 집중투하가 이루어지게 되어 고품질과 생산을 위한 결실관리가 정상적으로 이루어지지 못할 수 있다. 따라서 조생종으로부터 만생종에 이르기까지 우량한 품종을 다수 선택하여 경영규모 확대를 기하고, 품종별 결실관리를 철저히 할 수 있도록 안배하는 것이 좋다.

6) 재배지의 기후, 토양조건에 맞는 품종이어야 한다.

품종에 따라 수세가 다르고, 강우에 따른 과실 단맛의 변화가 다르므로, 재배지의 기후조건, 토양 비옥도 및 토심 정도에 맞는 품종을 선택하는 것이 바람직하다.

나. 우리나라 복숭아 품종의 숙기별 분포

1) 털복숭아

우리나라에서 재배되고 있는 털복숭아 품종은 35여 품종이 재배되고 있고, 고른 숙기분포를 보이고 있지만, 출하량은 창방조생이 수확되는 7월 하순, 대구보, 백도, 유명이 수확되는 8월 중하순에 집중되어 있다. 그러나 백미조생과 월봉조생 사이, 유명과 장호원황도 사이의 단경기에 출하될 수 있는 신품종과 창방조생, 백도와 유명을 대체할 수 있는 신품종이 필요하다.

2) 천도 복숭아

천도 복숭아 품종은 과거의 흥진유도, 수봉 위주에서 탈피하여 암킹, 선프레, 천홍, 선광, 레드골드, 환타지아 등의 신품종 재배면적의 증가로 품종이 다양화되어가고 있는 추세이다. 그러나 선프레와 천홍 사이, 천홍과 선광 사이, 환타지아와 수봉 사이의 단경기에 출하될 수 있는 품종과 암킹 이전 및 수봉 이후에 출하될 수 있는 극조, 극만생 신품종이 필요하다. 또한 복숭아 총재배면적의 5.0%('97 현재)를 차지하고 있는 암킹은 열과 발생이 많고 과실의 산미가 높으며 감미가 낮아 대체 신품종이 필요하며, 총재배면적의 2.6%를 차지하고 있는 선광은 과실의 품질은 우수하나 과실크기가 작아 동시기 출하될 수 있는 대가성, 고품질 신품종으로의 대체가 필요한 실정이다.

그림 3-1〉 복숭아 재배품종의 숙기표

구분	품종명	6월		7월			8월			9월			10월		
		중	하	상	중	하	상	중	하	상	중	하	상	중	하
털복숭아	백미조생		■												
	포목조생				■										
	무정조생백봉				■										
	찌요마루				■										
	월봉조생				■										
	사자조생				■										
	일천백봉					■									
	창방조생					■									
	월미복숭아						■								
	백약도						■								
	감조백도						■								
	기도백도						■								
	백봉							■							
	도백봉							■							
	대구보							■							
	왕도							■							
	애지백도							■							
	장택백봉							■							
	미백도							■							
	진미							■							
	백도								■						
	유명								■	■					
	천중도백도									■					
	백향										■				
	장호원황도											■			
	서미골드											■	■		
천도	암킹			■	■										
	와인버그				■										
	선프레				■	■									
	천홍						■								
	흥진유도							■	■						
	선광								■						
	레드골드								■						
	환타지아								■	■					
	수봉										■				

다. 주요 품종의 특성

1) 털복숭아(有毛種 복숭아, Peach)

가) 조생종

① 백미조생(白美早生, Baekmijosaeng)

원예시험장에서 1963년 기도백도에 포목조생을 교배하여 선발, 육성한 품종으로 1983년 명명되었다. 수세는 중간 정도이며, 반개장성이다. 꽃눈 착생 및 겹눈 형성은 좋은 편이며, 화분은 많은 편이다. 숙기는 6월 하순으로 우리나라 재배품종 중 가장 빠르다. 과중은 180g 정도, 당도는 11°Bx 정도이며 산미는 적다. 과형은 단타원형이다. 과피는 유백색의 바탕색 위에 과정부가 붉게 착색되며, 과육은 유백색이다. 핵은 반점핵성이며 핵 주위는 붉게 착색되지 않는다(원색화보 참조). 보구력이 극히 약하므로 과정부에 붉은 색이 나타날 때 수확하는 것이 바람직하다.

표3-1〉 백미조생의 수체 및 과실특성

수세	나무 자세	만개일 (월, 일)	꽃눈 잎눈 착생습성	결과지	화분량	수확전 낙과
중	반개장	4. 23	겹눈	중장과지	중 ~ 다	소

숙기 (월, 순)	과형	과중 (g)	당도 (°Bx)	과피색	육색	육질	보구력
6하	단타원	180	11.0	백	유백	용질	극약

② 찌요마루(Chiyomaru)

일본 과수시험장에서 중진백도와 포목조생의 교잡실생에 포목조생의 자연교잡실생을 교배하여 육성, 선발한 품종으로 1987년 명명되었다. 원예시험장에는 1988년에 도입되어 1995년에 선발되었다.

수세는 강한 편이며, 수자는 개장성으로 신초발생이 많고, 신초굵기는 다른 품종에 비하여 가는 편이다. 유목기에는 꽃눈 착생량이 다소 적으나 성목이 되면서 꽃눈량은 급증한다. 화분량은 많으며, 자가결실성이다.

숙기는 7월 상순이며, 과중은 160~180g 정도로서 다소 작으나 당도가 높은 품종이다. 과피는 선황색의 바탕색에 과정부 주위 또는 햇빛을 받는 면이 적색으로 약하게 착색된다. 과육은 황색이며, 핵주위의 착색은 거의 없고, 점핵성이다. 과형은 원형에 가까운 단타원형이며, 핵할 발생율이 낮고 과실 균일도가 높다(원색화보 참조).

이 품종은 수세가 강하므로 재식거리 확보에 유의하여야 하며, 신초발생량 및 착과수가 많으므로 전정시 결과지 제한 및 철저한 적과를 실시하여 대과생산을 도모하여야 한다. 또한 성숙전의 지나친 가뭄후에 비를 만나게 되면 열과가 발생될 수도 있으므로 열과 방지를 위해서 적당량의 관수를 실시하는 것이 바람직하다.

표 3-2〉 찌요마루의 수체 및 과실특성

수세	나무 자세	만개일 (월, 일)	꽃눈,잎눈 착생습성	결과지	화분량	수확전 낙과
중~강	개장	4. 22	겹눈	중과지	다	소

숙기 (월, 순)	과형	과중 (g)	당도 (°Bx)	과피색	육색	육질	보구력
7상중	단타원~원	170	12.0	적황	황	용질	약

③ 포목조생(布目早生, Nunomewase)

일본 愛知縣의 布目씨가 백도, 이핵수밀, 대구보, 강산조생 등의 혼식원에서 자연교잡실생으로부터 발견한 품종으로 1951년 품종등록되었으며, 원예시험장에는 1958년에 도입되었다. 수세는 보통이며, 수자는 다소 개장성이다. 꽃눈 착생은 양호하며, 화분은 많다. 숙기는 7월 상순이다. 병충해 발생 및 열과가 비교적 적기 때문에 무대재배가 가능하다. 과형은 단타원형이며, 과중은 200g 정도이다. 과실의 착색성은 낮은 편이므로 수확 10일전에 봉지를 벗겨 착색을 도모하는 것이 바람직하다(원색화보 참조).

표 3-3〉 포목조생의 수체 및 과실특성

수세	나무 자세	만개일 (월, 일)	꽃눈 잎눈 착생습성	결과지	화분량	수확전 낙과
중	반개장	4. 22	겹눈	중과지	중	소

숙기 (월, 순)	과형	과중 (g)	당도 (°Bx)	과피색	육색	육질	보구력
7상	장타원	200	10.5	백	백	용질	약

④ 무정조생백봉(武井早生白鳳, Takei Hakuho)

일본 야마나시현 武井義正씨의 백봉 복숭아원에서 발견된 우연실생을 육성한 품종으로 원예시험장에는 1982년에 도입되었다.

수세는 중정도이고, 수자는 개장성이며, 화아 착생은 많다. 다른 백봉계 품종들과 마찬가지로 화분은 많다. 숙기는 사자조생보다 약간 빠른 7월 상순이다. 과형은 원형이고, 과피색은 유백색의 바탕색 위에 선홍색으로 착색되며, 용질성인 과육은 유백색이며, 핵주위 착색은 거의 없다(원색화보 참조). 과중은 230g 정도이며, 당도는 11°Bx 정도이나 수확전 강우시에는 당도 저하가 심한 편이다.

⑤ 사자조생(砂子早生, Sunagowase)

1933년경 일본 岡山縣의 上村씨가 구입한 대구보 묘목중에서 발견하고, 砂子씨가 접목 흔적이 없는 우연실생으로 판정하여 1958년에 명명한 품종으로 원예시험장에는 1959년에 도입되었다.

수세는 강한 편으로 개장성이며, 꽃눈 착생이 좋고, 홑눈 착색이 많다. 결과지는 굵고 발생밀도는 중간이다. 숙기는 7월 중순이며, 과중은 220~250g이다. 과형은 원형 또는 타원형이고, 과피는 유백색이나 과정부가 붉게 착색된다(원색화보 참조). 과육은 백색으로 치밀하고 섬유질이 적다. 당도는 조생종으로서는 높은 편이며, 산미는 적다. 핵은 점핵 내지 반점핵성이며, 핵 주위착색은 없고, 핵할은 적은 편이다. 화분이 없기 때문에 수분수 혼식이 필요하다.

표3-4〉 사자조생의 수체 및 과실특성

수세	나무 자세	만개일 (월, 일)	꽃눈 잎눈 착생습성	결과지	화분량	수확전 낙과
강	개장	4. 22	홑눈, 겹눈	중과지	무	중

숙기 (월, 순)	과형	과중 (g)	당도 (°Bx)	과피색	육색	육질	보구력
7중	타원형	230	10.5	유백	백	용질	약

⑥ 일천백봉(日川白鳳, Hikawa Hakuho)

일본 야마나시현의 田草川利幸씨가 백봉의 조숙변이를 발견하여 1981년에 종묘등록한 품종으로 원예연구소에는 1992년에 도입되었으며, 1998년에 선발되었다.

수세는 중정도이고, 수자는 개장성이며, 꽃눈 착생은 좋으며, 겹눈 형성이 많은 편이다. 화분량은 많다. 숙기는 7월 중순으로 무정조생백봉, 사자조생, 월봉조생과 비슷하거나 늦으며 창방조생보다는 약간 빠르다. 과형은 편원형 내지 원형이고, 과중은 230g 정도이다. 과실은 연녹색의 지색 위에 선홍색으로 착색되며, 용질성인 과육은 유백색이고, 핵주위 착색이며, 점핵성이다. 당도는 11°Bx 이상으로 조생종으로서는 높은 편이며, 산미는 적다(원색화보 참조).

표 3-5〉 일천백봉의 수체 및 과실특성

수세	나무 자세	만개일 (월, 일)	꽃눈 잎눈 착생습성	결과지	화분량	수확전 낙과
중	반개장	4. 24	홑눈, 겹눈	중단과지	다	소

숙기 (월, 순)	과형	과중 (g)	당도 (°Bx)	과피색	육색	육질	보구력
7중	편원~원	230	11.0	선홍	유백	용질	약

재배상 유의점으로는 과실이 다소 작은 편이므로 전정시 불필요한 결과지를 정리하거나 조기 꽃봉오리 및 적과 실시로 대과 생산을 도모하는 것이 바람직하며, 조기 착색성이 강한 편이므로 미성숙과가 수확되지 않도록 하여야 한다.

⑦ **월봉조생**(月峰早生, Wolbongjosaeng)

충남 아산군의 황웅서씨 과원에서 발견된 창방조생의 조숙성 아조변이지로부터 육성된 것으로 1987년 월봉조생으로 명명되었다.

수체의 특성은 창방조생과 거의 비슷하여 수세가 강하고, 반직립성이며, 꽃눈 착생과 겹눈 형성이 잘 된다. 그러나 화분이 거의 없으므로 수분수 혼식이 필요하다.

숙기는 창방조생보다 7일정도 빠른 7월 중순이다. 과형은 원형이며, 과중은 250g 정도로 조생종으로는 대과성이다. 과실의 착색은 좋은 편이며, 과피에는 적색의 줄무늬가 형성되기도 한다(원색화보 참조).

과육은 백색으로 치밀하고 연화가 늦어 수송력이 좋은 편이다. 핵할 발생정도는 창방조생보다 적은 편이다.

표3-6〉 월봉조생의 수체 및 과실특성

수세	나무 자세	만개일 (월, 일)	꽃눈, 잎눈 착생습성	결과지	화분량	수확전 낙과
강~중	반개장	4. 22	홑눈, 겹눈	중과지	극소	소

숙기 (월, 순)	과형	과중 (g)	당도 (°Bx)	과피색	육색	육질	보구력
7중	원	250	10.0	선홍줄무늬	백	용질	약~중

⑧ **창방조생**(倉方早生, Kurakatawase)

1945년 倉方씨가 長生種(투스칸×백도)에 고무질의 조생종인 실생을 교배하여 선발, 육성한 품종으로 1951년 명명되었으며, 원예시험장에는 1963년에 도입되었다.

수세는 강하고, 약간 직립성이다. 꽃눈 착생과 겹눈 형성은 잘 되며, 단과지에는 거의 홑눈이 형성된다. 숙기는 7월 하순으로 장마 뒤에 수확이 가능하다. 과형은 원형이며, 과중은 230g 정도이다. 과피색은 적색으로 착색성이 매우 우수하며, 과피에는 때로 줄무늬가 나타나기도 한다(원색화보 참조).

과육의 연화가 다소 늦어 보구력 및 수송성이 좋은 편이며, 수확기간이 비교적 길어 분산 수확이 가능하다. 핵은 점핵성이며, 핵 주위는 붉게 착색되며, 핵할은 다소 많이 발생되는 편이므로 지나친 적과는 피하는 것이 바람직하다. 또한 과실의 착색성이 우수하여 미성숙과가 수확되지 않도록 하여야 한다.

표 3-7〉 창방조생의 수체 및 과실 특성

수세	나무 자세	만개일 (월, 일)	꽃눈 있눈 착생습성	결과지	화분량	수확전 낙과
강	반개장	4. 22	홑눈, 겹눈	단, 중과지	극소	소

숙기 (월, 순)	과형	과중 (g)	당도 (°Bx)	과피색	육색	육질	보구력
7하	원	230	10.8	선홍줄무늬	백	용질	약~중

⑨ 월미복숭아(月美복숭아, Wolmiboksunga)

1985년 충남 연기군 서면의 임중경씨 복숭아 과원에서 발견된 유명의 조숙변이지로부터 육성된 품종으로 1987년 명명되었다.

수세는 중간 내지 약간 강한 편이며, 개장성이다. 결과지는 다소 가늘고 길며, 꽃눈 착생이 양호하고, 화분량은 많다. 과형은 편원형 내지 원형이며, 과중은 270g 정도이다. 과피색은 선홍색이며, 과육은 유백색으로 붉은 반점이 다소 발생되며, 불용질로서 보구력 및 수송성이 강하다. 핵은 점핵성이며, 핵 주위 착색은 없다. 이 품종은 모본인 유명과는 달리 수확전 낙과가 거의 없다(원색화보 참조).

표 3-8〉 월미복숭아의 수체 및 과실특성

수세	나무 자세	만개일 (월, 일)	꽃눈 잎눈 착생습성	결과지	화분량	수확전 낙과
중	개장	4. 23	홑눈, 겹눈	장과지	다	소

숙기 (월, 순)	과형	과중 (g)	당도 (°Bx)	과피색	육색	육질	보구력
7하~8상	편원~원	270	10.5	선홍	유백	불용질	극강

나) 중생종

① 백약도(白藥桃)

충남 연기군 서면 월하리의 임중경씨가 유명의 자연교잡실생을 선발, 육성한 품종이다. 숙기는 8월 초이며, 과중은 300g 정도, 당도 12°Bx 정도이며, 산미는 적은 편이다. 과형은 원형이며, 과피는 착색이 전혀 이루어지지 않은 담녹색이며, 과육은 백색이고, 핵은 점핵성이다. 수세는 약한 편이며, 꽃가루가 없기 때문에 수분수의 혼식이 반드시 필요하고, 모본인 유명과 같이 보구력은 매우 우수한 편이다.

재배생의 유의점으로는 초기 수세가 약하므로 토심이 깊고 비옥한 곳에서 재배하는 것이 좋으며, 세균성구멍병과 회성병이 약하므로 봉지재배 및 예방차원의 방제를 실시하는 것이 바람직하다. 또한 무대재배시 전착제에 의해 과피에 녹이 발생될 우려가 있다.

② 감조백도(勘助白桃, Kansuke Hakuto)

일본 愛知縣 山本씨가 愛知白桃의 조숙변이를 발견하여 육성한 것으로 원예시험장에는 1989년에 도입되어, 1996년에 선발되었다.

숙기는 7월 하순에서 8월 상순이며, 과실은 편원형 내지 원형이고, 과중은 230g 정도이다. 과피는 붉은 색이 중정도로 전면 착색되며, 육질은 백봉과 유사하고, 당도는 비교적 높다. 열과가 작아 무대재배가 가능하다. 화분은 많은 편이다(원색화보 참조).

재배상 유의점으로는 풍산성이므로 과다결실되지 않도록하고, 착색성 향상을 위하여 수확 5일전에 봉지벗기기를 실시하는 것이 바람직하다.

표3-9〉 감조백도의 수체 및 과실특성

수세	나무 자세	만개일 (월, 일)	꽃눈 잎눈 착생습성	결과지	화분량	수확전 낙과
중	반개장	4. 23	홑눈, 겹눈	중장과지	다	소

숙기 (월, 순)	과형	과중 (g)	당도 (°Bx)	과피색	육색	육질	보구력
8상	편원~원	220	13.5	선홍	백	용질	중

③ 기도백도(箕島白桃, Mishima Hakuto)

1935년 일본에서 발견되었으나 1949년부터 널리 재배된 품종으로, 수세는 왕성하고 다소 개장성이다. 원예시험장에는 1958년에 도입되었다.

숙기는 8월 상중순이며, 화분은 없다. 과형은 편원형 또는 원형이며 과피색은 백색으로 과정부는 약간 붉은 빛을 띠며, 과중은 250g 정도이다(원색화보 참조). 과육은 유백색이고 육질은 치밀하며, 산미가 다소 있으나 당도는 11°Bx 정도이다. 결실량이 적어 과실이 너무 커지거나 시비량이 지나쳤을 때 또는 성숙기에 햇빛이 부족하고 저온인 해에는 과실의 단맛이 적고 떫은 맛이 나기도 한다.

표 3-10〉 기도백도의 수체 및 과실특성

수세	나무 자세	만개일 (월, 일)	꽃눈 잎눈 착생습성	결과지	화분량	수확전 낙과
중	반개장	4. 23	겹눈	중장과지	무	소

숙기 (월, 순)	과형	과중 (g)	당도 (°Bx)	과피색	육색	육질	보구력
8상중	원	250	11.0	유백	유백	용질	약

④ 도백봉(都白鳳, Miyako Hakuho)

일본 나가노현의 小平忠雄의 과원에서 발견된 백봉의 아조변이 품종으로 1976년에 명명되었으며, 원예시험장에는 1983년에 도입되었다.

수세는 중정도이고, 수자는 개장성이며, 중단과지의 발생이 많은 편이다. 화분은 많다.

숙기는 백봉보다 2~3일 정도 빠른 8월 상순이며, 과형은 원형이다. 과중은 230~250g 정도로 백봉보다는 큰 편이며, 당도는 11°Bx 정도이다. 과피는 유백색의 바탕색 위에 선홍색이 중정도로 착색되며, 과육은 유백색이고, 핵주위 착색은 거의 없다.

표 3-11〉 도백봉의 수체 및 과실특성

수세	나무 자세	만개일 (월, 일)	꽃눈 잎눈 착생습성	결과지	화분량	수확전 낙과
중	개장	4. 23	홑눈, 겹눈	중단과지	다	소

숙기 (월, 순)	과형	과중 (g)	당도 (°Bx)	과피색	육색	육질	보구력
8상중	편원~원	240	11.5	선홍	유백	용질	약

⑤ 백봉(白鳳, Hakuho)

일본 농사시험장에서 白桃에 橘早生을 교배하여 선발, 육성한 품종으로 1925년 명명되었으며, 원예시험장에는 1961년 도입되었다.

수세는 약한 편이며, 다소 개장성이다. 가지는 밀생하고, 길고 가늘며, 꽃눈 착생이나 겹눈 형성이 대단히 많으며, 화분량이 많다. 숙기는 8월 상순이다. 과형은 원형이고, 과중은 200~230g 정도로 약간 소과이나 외관이 아름답다. 과육은 백색으로 치밀하며, 섬유질이 적고 산미도 적으며 당도가 높아 식미가 우수하다. 핵은 점핵성이고, 핵 주위는 붉게 착색된다(원색화보 참조).

재배상 유의점으로는 과실이 다소 작은 편임으로 전정시 불필요한 결과지를 철저히 정리하고, 꽃솎기와 과실솎기를 조기에 실시하여 대과 생산을 도모하는 것이 바람직하다. 또한 수확전 강우에 의한 과실 당도 저하가 심한 편이므로 수확전 강우차단을 위한 적절한 대책이 필요하다.

표 3-12〉 백봉의 수체 및 과실특성

수세	나무 자세	만개일 (월, 일)	꽃눈 잎눈 착생습성	결과지	화분량	수확전 낙과
약	반개장	4. 23	홑눈, 겹눈	중단과지	다	소

숙기 (월, 순)	과형	과중 (g)	당도 (°Bx)	과피색	육색	육질	보구력
8상중	원	220	11.5	선홍	유백	용질	약

⑥ 대구보(大久保, Okubo)

1920년경 일본 岡山縣 大久保씨의 백도 과원에서 발견된 우연실생으로 1927년 명명되었으며, 원예시험장에는 1953년에 도입되었다.

수세는 다소 약한 편이며, 수자는 개장성이고, 결과지는 약간 작은 편이다. 화아 착생과 겹눈 형성이 많고, 화분량이 많기 때문에 타품종의 수분수로도 적당하다. 숙기는 8월 중순이다. 과형은 원형이고, 과중은 250~300g 정도이며, 과피는 선홍색으로 착색된다. 과육은 백색이고, 섬유질은 약간 많은 편이다. 핵은 이핵성이며, 핵 주위는 붉게 착색된다(원색화보 참조).

표 3-13〉 대구보의 수체 및 과실 특성

수세	나무 자세	만개일 (월, 일)	꽃눈 잎눈 착생습성	결과지	화분량	수확전 낙과
약	개장	4. 25	홑눈, 겹눈	중과지	다	소

숙기 (월, 순)	과형	과중 (g)	당도 (°Bx)	과피색	육색	육질	보구력
8중	원	280	10.5	선홍	백	용질	중

⑦ 왕도(王桃)

충남 연기군 서면 월하리의 임중경씨가 유명의 자연교잡실생을 선발, 육성한 품종이다. 숙기는 8월 중순이며, 과중은 300g 정도로 대과성이며, 당도는 13°Bx이고, 산미는 낮은 편이다. 과형은 원형이며, 과피는 선홍색으로 착색성이 우수하며, 과육은 백이나 적색소의 발현이 있으며, 핵은 점핵성이다. 수세는 강하고, 꽃가루는 많으며, 보구력은 15일 이상으로 매우 우수한 편이다.

재배상 유의점으로는 착색과 동시에 과실 비대가 시작되고, 비대속도가 늦기 때문에 미숙과가 수확되지 않도록 유의하여야 한다.

⑧ 고양백도(高陽白桃, Kouyou Hakuto)

1937년 일본에서 발견된 백도의 아조변이 품종으로, 원예시험장에는 1953년에 도입되었다.

수세는 강하고, 약간 개장성이며, 화분은 극히 적다. 숙기는 8월 중하순이다. 과형은 원형이며, 과피색은 백색의 바탕색 위에 선홍색으로 착색되며, 과중은 260g 정도이다. 과육은 유백색이며, 과육 및 핵 주위 착색은 많은 편이다. 육질은 치밀하며, 과즙이 많고, 당도는 12°Bx 정도로 품질은 양호하다. 핵은 점핵성이다.

표 3-14〉 고양백도의 수체 및 과실특성

수세	나무 자세	만개일 (월, 일)	꽃눈 잎눈 착생습성	결과지	화분량	수확전 낙과
강	반개장	4. 23	홑눈, 겹눈	중과지	무	중

숙기 (월, 순)	과형	과중 (g)	당도 (°Bx)	과피색	육색	육질	보구력
8중~하	원	260	12.0	선홍	유백	용질	중

⑨ 애지백도(愛知白桃, Aichi Hakuto)

일본 小牧市의 山田씨가 발견한 우연실생으로 산근백도(山根白桃), 소화백도(紹和白桃)로도 불리워지는 품종으로 원예시험장에는 1972년에 도입되었다.

수세는 중간 정도이며, 수자는 약간 개장성이다. 꽃눈 착생은 양호하고 화분이 많으며 풍산성이다. 숙기는 8월 중순경이며, 과형은 편원형이고, 과중은 250g 정도이다. 과피 착색은 잘 되며 과육도 쉽게 착색된다(원색화보 참조). 보구력은 중정도이며, 당도가 높아 식미가 우수하다. 열과는 수관 상부에 결실된 과실에서 약간 발생되며, 열과방지를 위해서는 유대재배가 바람직하다. 또한 나무가 노령화되어 수세가 떨어지면 유대재배를 하여도 과면에 작은 금이 발생하기 쉽고, 핵할과도 생겨 품질이 떨어지기 쉽다. 따라서, 이 품종은 토양내 수분의 변화가 적은 중점질토에 재배하는 것이 우량 품질과 생산을 위하여 바람직하다.

표 3-15〉 애지백도의 수체 및 과실특성

수세	나무 자세	만개일 (월, 일)	꽃눈 잎눈 착생습성	결과지	화분량	수확전 낙과
중	반개장	4. 23	겹눈	중과지	다	소

숙기 (월, 순)	과형	과중 (g)	당도 (°Bx)	과피색	육색	육질	보구력
8중	편원	250	11.5	선홍	백	용질	중

⑩ 장택백봉(長澤白鳳, Nagazawa Hakuho)

일본 山梨縣 長澤씨가 백봉으로부터 만숙 대과성 아조변이지를 발견하여 1985년에 등록한 품종으로 원예시험장에는 1988년에 도입되어, 1996년 선발되었다.

숙기는 8월 중순이다. 과실은 원형 내지 편원형이며, 과실 크기는 250g 이상으로 백봉계 품종으로서는 큰 편이다. 과피색은 적백색으로 착색성이 매우 좋다. 과육은 유백색이며, 과육 및 핵주위의 착색은 적은 편이며, 과육은 치밀하며, 육질은 용질성이다. 당도는 13°Bx 정도이며, 산미는 적고, 핵할은 적다(원색화보 참조).

재배상 유의점으로는 착색성이 빨라 조기수확될 우려가 있으므로 적숙기 수확에 유의하여야 한다.

표 3-16〉 장택백봉의 수체 및 과실특성

수세	나무 자세	만개일 (월, 일)	꽃눈 잎눈 착생습성	결과지	화분량	수확전 낙과
중	개장	4. 23	홑눈, 겹눈	중단과지	다	소

숙기 (월, 순)	과형	과중 (g)	당도 (°Bx)	과피색	육색	육질	보구력
8중	편원~원	250	13.5	적백	유백	용질	중

⑪ 미백도(美白桃, Mibaekdo)

1950년대 초 경기도 이천시 장호원읍 이황리의 이차천씨가 대전소재 미국인 선교사 소유의 복숭아원에서 가지고 온 품종불명 복숭아의 접목변이로부터 발견된 품종으로 1970년대 후반에 급속히 보급되었다. 이 품종은 청수백도(淸水白桃)와 유사하나 화분이 없고, 과실 모양이 보다 편원형이라는 점에서 구분된다.

수세는 강하고, 수자는 반개장성이며, 꽃눈의 착생과 겹눈 형성은 좋은 편이다. 화분이 없으므로 수분수 혼식이 필요하다. 숙기는 8월 중순이고, 과형은 편원형이며, 과중은 280g 이상이다. 과실의 당도는 11°Bx 정도이고, 산미는 적다. 과피는 유백색의 바탕색 위에 선홍색으로 약하게 착색되며, 착색성은 약한 편이다(원색화보 참조). 과육은 유백색이고, 육질은 치밀하고 유연다즙하다. 보구력은 극히 약하기 때문에 수확, 선과 및 수송시에 특히 주의를 요한다.

⑫ 진미(珍美, Jinmi)

1982년 원예시험장에서 백봉에 포목조생을 교배하여 선발, 육성한 품종으로 1998년에 명명되었다. 수세는 중간 정도이고, 개장성이며, 중과지 발생 비율이 높다. 꽃눈 착생과 겹눈 형성은 좋다.

숙기는 8월 중하순으로 미백도와 유명 사이에 출하될 수 있는 중만생종으로 풍산성이다. 과형은 원형이며, 과중은 270g 정도로 미백도보다 약간 적은 편이고, 당도는 13°Bx 이상이다. 과피는 유백색 바탕위에 선홍색으로 착색되나 착색성은 다소 낮은 편이다. 과육은 유백색이며, 용질성이고, 핵 주위는 암적색으로 짙게 착색되며, 점핵성이다.

재배상 유의점으로는 대과 생산을 도모하고, 착색성이 약한 편이므로 전면착색을 위해서는 수확 5일전에 봉지벗기기를 실시하여야 하며, 수확전의 지나친 건조에 의해 과실발육 저하 및 떫은 맛 발생이 일어날 수 있으므로 적절한 관수대책을 세우는 것이 바람직하다.

표 3-17〉 진미의 수체 및 과실특성

수세	나무 자세	만개일 (월, 일)	꽃눈 잎눈 착생습성	결과지	화분량	수확전 낙과
중	개장	4. 23	홑눈, 겹눈	중단과지	다	소

숙기 (월, 순)	과형	과중 (g)	당도 (°Bx)	과피색	육색	육질	보구력
8중하	원	270	13.0	선홍	유백	용질	중

다) 만생종

① 백도(白桃, Hakuto)

1899년 일본 岡山縣의 大久保씨 과수원에서 발견된 우연실생으로 원예시험장에는 1953년에 도입되었다.

수세는 강하며, 개장성이고, 결과지는 약간 굵고 짧으며, 꽃눈의 착생이나 겹눈 발생은 좋다. 숙기는 8월 하순이다. 과형은 원형이고, 과중은 250~300g 정도이다. 과피는 유백색 바탕에 과정부가 선홍색으로 곱게 착색되나 과실 전면 착색은 양호하지 않다(원색화보 참조). 과육은 백색으로 당도가 많고, 유연 치밀하며, 과즙은 많다. 핵은 점핵이며, 핵 주위는 붉게 착색된다. 화분이 없으므로 수분수 혼식이 필요하며, 수확전 낙과는 다소 있는 편이다.

재배상 유의점으로는 착색성이 약하기 때문에 수확 10일 이전에 봉지를 벗겨 전면착색을 유도하거나, 그렇지 않으면 과피에 엽록소가 형성되지 않도록 수확시까지 봉지를 씌워두어 유백색의 과실을 생산하는 것이 바람직하다.

표 3-18〉 백도의 수체 및 과실특성

수세	나무 자세	만개일 (월, 일)	꽃눈 잎눈 착생습성	결과지	화분량	수확전 낙과
강	개장	4. 23	홑눈, 겹눈	중단과지	무	중~다

숙기 (월, 순)	과형	과중 (g)	당도 (°Bx)	과피색	육색	육질	보구력
8하	원	250	13.0	녹적	백	용질	약

② 유명(有明, Yumyeong)

1966년 원예시험장에서 대화조생에 포목조생을 교배하여 선발, 육성한 품종으로 1977년에 명명되었다. 수세는 중간 정도이고, 개장성으로 결과지는 가늘고 길다. 꽃눈 착생과 겹눈 형성이 좋다. 숙기는 8월 하순에서 9월 상순으로 수확기간이 길며, 풍산성이다. 과형은 원형이며, 과중은 250~300g 정도로 대과에 속한다. 과피는 유백색 바탕위에 선홍색의 줄무늬가 약하게 형성된다(원색화보 참조). 과육은 백색이나 적색소가 다소 착색된다. 육질은 불용질로서 보구력 및 수송성이 극히 강하다. 핵은 점핵성이며, 핵 주위는 다소 착색된다. 화분은 많다.

표 3-19〉 유명의 수체 및 과실특성

수세	나무 자세	만개일 (월, 일)	꽃눈 잎눈 착생습성	결과지	화분량	수확전 낙과
중	개장	4. 22	겹눈	장과지	다	다

숙기 (월, 순)	과형	과중 (g)	당도 (°Bx)	과피색	육색	육질	보구력
8하~9상	원	300	12.0	선홍	백	불용질	극강

③ 백향(白香, Baekhyang)

1978년 원예연구소에서 가든스테이트(Garden State Nectarine)의 방임수분 실생으로부터 선발, 육성한 품종으로 1994년 명명되었다.

수세는 다소 강한 편으로 특히 유목기 세력이 강하다. 수자는 반직립성으로서 신초 발생이 용이하고 중간굵기의 장과지 발생이 많다. 화아 착생은 우수하여 단아와 복아가 혼재하며, 꽃은 화판이 작고 화려하지 않은 유형(non-showy)이며, 화분은 많다.

숙기는 9월 상순으로 유명, 백도 이후에 출하된다. 과형은 단타원형이며, 고향기성의 이핵성 품종이다. 핵 주위는 붉은색으로 착색되며 과피색은 녹적색이나 봉지를 벗긴 2~3일후 연적색으로 과면 전체가 착색되는 착색성이 중정도인 품종이다(원색화보 참조). 과중은 300g 정도이며, 당도가 높고 산미가 다소 있는 감산조화형 품종으로 육질은 유연다즙하다.

재배상 유의점으로는 과다 적과시에는 과육과 핵 사이에 공동이 발생될 수 있으므로 지나친 적과는 피하는 것이 바람직하며, 착색도 향상을 위해서는 봉지재배를 실시하는 것이 좋다.

표 3-20〉 백향의 수체 및 과실특성

수세	나무 자세	만개일 (월, 일)	꽃눈 잎눈 착생습성	결과지	화분량	수확전 낙과
강	반개장	4. 20	홑눈, 겹눈	중장과지	다	중

숙기 (월, 순)	과형	과중 (g)	당도 (°Bx)	과피색	육색	육질	보구력
9상	단타원	300	12.0	녹적	백	용질	중

④ 천중도백도(川中島白桃, Kawanakajima Hakuto)

일본 長野縣의 池田씨가 백도에 상해수밀을 교배하여 육성한 것으로 1977년 명명되었으며, 원예연구소에는 1983년 도입되어 1990년에 선발되었다.

수세는 강하며, 수자는 반개장성으로 결과지는 중과지이며, 꽃눈은 단아와 복아가 혼재한다. 화분이 극히 적으므로 수분수가 필요하다. 생리적 낙과는 적다.

숙기는 8월 하순으로 백도와 동시기인 만생, 대과종이다. 과형은 원형이며, 과피는 유백색 바탕에 선홍색으로 곱게 착색된다(원색화보 참조). 과중은 300g 정도이며, 풍산성이다. 과육은 백색이고, 핵 주위는 연한 홍색으로 착색되며, 육질은 다소 치밀한 편이며 보구력은 좋다. 당도가 높고 산미가 적다.

표 3-21〉 천중도백도의 수체 및 과실특성

수세	나무 자세	만개일 (월, 일)	꽃눈 잎눈 착생습성	결과지	화분량	수확전 낙과
강	반개장	4. 20	홑눈, 겹눈	중과지	무	소

숙기 (월, 순)	과형	과중 (g)	당도 (°Bx)	과피색	육색	육질	보구력
8하	편원~원	300	12.0	선홍색	유백	용질	약

⑤ 서미골드(西尾 Gold, Nishio Gold)

일본 岡山縣 山陽農園의 西尾씨가 골든피치(Golden Peach)의 아조변이를 발견하여 육성한 것으로 원예연구소에는 1991년 도입되어 1993년 선발되었다.

수세는 강하고 수자는 개장성이다. 꽃눈 및 겹눈의 착생은 양호하다. 화분이 없기 때문에 수분수 혼식이 필요하다.

숙기는 9월 중하순이다. 과중은 300g 이상이며, 결실관리를 철저히 하면 훨씬 대과를 생산할 수 있다. 과형은 편원형이며, 과피는 황색의 바탕색에 선홍색으로 착색되나 수확시까지 봉지를 벗기지 않는 봉지재배시에는 착색이 거의 이루어지지 않는다(원색화보 참조). 과육은 황색이며, 과육내 적색소 발현은 없고, 핵주위는 연하게 착색된다. 육질은 불용질로 치밀하며 섬유소는 다소 적다. 과즙은 적은 편이며, 당도는 13°Bx 정도이며 산미가 적고 향기가 많아 품질이 우수하다. 핵은 점핵성이며, 생리적 낙과가 다소 있고, 핵할은 많이 발생되지 않는다.

이 품종은 육질이 불용질로 보구력이 강하고 과실이 나무에 매달려 있는 기간이 길기 때문에 수확이 지나치게 늦어질 경우 과실 분질화(바람들이)가 초래될 수 있으므로 적기 수확에 유의하여야 한다.

표3-22〉 서미골드의 수체 및 과실특성

수세	나무 자세	만개일 (월, 일)	꽃눈 잎눈 착생습성	결과지	화분량	수확전 낙과
강	개장	4. 25	홑눈, 겹눈	중과지	무	중

숙기 (월, 순)	과형	과중 (g)	당도 (°Bx)	과피색	육색	육질	보구력
9중~10상	편원	300	13.0	적황	황	불용질	강

⑥ 장호원황도(長湖院黃桃, Changhowon Hwangdo)

경기도 이천군 장호원읍 최상용씨의 과수원에서 일본으로부터 도입된 황육계 복숭아의 접목변이로 발견된 것을 1993년 과수연구소에서 선발, 명명한 품종이다.

수세는 유목시에는 강하나 성목이 되면 중간정도이며, 수자는 유목시기에는 직립성이나 성목이 되면 약간 개장성이 된다. 꽃눈 및 겹눈착생이 많고 화분이 많은 자가결실성 품종으로 풍산성이다.

표 3-23〉 장호원황도의 수체 및 과실특성

수세	나무 자세	만개일 (월, 일)	꽃눈 잎눈 착생습성	결과지	화분량	수확전 낙과
중	반개장~개장	4. 26	홑눈, 겹눈	중, 장과지	다	소

숙기 (월, 순)	과형	과중 (g)	당도 (°Bx)	과피색	육색	육질	보구력
9중~10상	원	300	12.5	적황	황	용질	강

숙기는 9월 중순부터 10월 상순인 극만생 황육계 품종이다. 과중은 300g 이상으로 대과성이며, 과형은 원형이다. 과피는 봉지재배시 황색의 바탕색

위에 햇볕을 받는 부위가 적색으로 착색된다(원색화보 참조). 과육은 황색이며, 핵 주위가 다소 붉게 착색되며, 핵은 점핵성이다. 용질성인 과육은 향기가 많고, 당도가 12.5°Bx로 높고, 산미가 적어 식미가 매우 우수하다. 보구력 및 저장력은 좋은 편이다.

2) 털없는 복숭아(天桃, Nectarine)

가) 조생종

① 암킹(Armking)

미국 캘리포니아주 Armstong Nurseries의 암스트롱씨가 (Palomar×Springtime)×(Palomar×Springtime) 교배조합으로부터 1962년에 육성한 품종으로, 원예시험장에는 1985년에 도입되었다. 숙기는 6월 하순으로 극조생 천도품종이다. 수세는 강하고, 직립성으로 가지 발생이 적다. 꽃은 화판이 작고 화려하지 않은 유형이며, 꽃가루가 많다. 과형은 단타원형이고, 과중은 180g 정도이며, 과피는 녹색의 바탕색위에 진홍색으로 착색된다(원색화보 참조). 과육은 황색이며, 당도는 9°Bx 정도로 낮고, 산미는 강한 편이다. 핵할 발생 및 동녹 발생이 많으며, 수확 직전 강우에 의한 열과 발생이 많은 편이므로 수확 직전의 토양수분 변화가 심하지 않도록 적당량의 관수를 실시하는 것이 좋다.

표 3-24〉 암킹의 수체 및 과실특성

수세	나무 자세	만개일 (월, 일)	꽃눈, 잎눈 착생습성	결과지	화분량	수확전 낙과
강	직립	4. 23	홑눈, 겹눈	중과지	다	소

숙기 (월, 순)	과형	과중 (g)	당도 (°Bx)	과피색	육색	육질	보구력
7상	단타원	180	10.0	진홍	황	용질	중

② 선프레(Sunfre)

미국 플로리다농업시험장과 캘리포니아 프레스노 USDA-ARS의 육종사업으로부터 1982년 명명된 품종으로 원예연구소에는 1986년 도입되어, 1995년에 선발되었다.

수세는 다소 강하고, 꽃가루가 많아 자가결실이 가능하며, 세균성구멍병에 강하다. 숙기는 7월 중순으로 천홍보다 10~15일 정도 일찍 출하된다. 과실은 원형~단타원형이며, 과중은 190g 정도이다. 과육색은 황색이며, 과피는 황색의 바탕색 위에 선홍색으로 전면착색되어 외관은 수려하다(원색화보 참조). 당도는 10°Bx 정도이며, 향기가 높고 산미가 적당한 감산조화형 천도품종이다.

표 3-25〉 선프레의 수체 및 과실특성

수세	나무 자세	만개일 (월, 일)	꽃눈 잎눈 착생습성	결과지	화분량	수확전 낙과
강	직립	4. 25	홑눈, 겹눈	중과지	다	소

숙기 (월, 순)	과형	과중 (g)	당도 (°Bx)	과피색	육색	육질	보구력
7중	단타원	190	10.0	진홍	황	용질	중

나) 중생종

① 천홍(天紅, Cheonhong)

1978년 원예시험장에서 가든스테이트(Garden State Nectarine)의 자가교배실생으로부터 선발, 육성한 품종으로 1993년 명명되었다.

수세는 중정도이며, 수자는 다소 개장성이고, 화분량은 많다. 숙기는 7월 하순 내지 8월 상순이다. 과형은 단타원형이며, 과중은 250g 정도로 다른 천도 품종에 비하여 과실이 큰 편이다. 과피색은 진홍색으로 착색성이 좋으며, 과육은 황색으로 핵 주위는 대부분 붉게 착색된다(원색화보 참조). 핵은 이핵성이다. 당도는 12°Bx 정도로 높은 편이며, 향기가 많고, 산미가 적어 식미가 극히 우수하다.

표 3-26〉 천홍의 수체 및 과실 특성

수세	나무 자세	만개일 (월, 일)	꽃눈, 잎눈 착생습성	결과지	화분량	수확전 낙과
중	반개장	4. 23	홑눈, 겹눈	중, 장과지	다	중

숙기 (월, 순)	과형	과중 (g)	당도 (°Bx)	과피색	육색	육질	보구력
8상	단타원	250	12.5	진홍	황	용질	중

② **선광**(鮮光, SunGlo)

미국 캘리포니아주 California and Stark Brothers Nurseries의 Anderson 씨가 Sungrand 자연교잡실생의 자연교잡실생으로부터 육성한 품종으로 1962년 SunGlo로 명명되었다. 원예시험장에는 1972년에 도입되어 1988년에 선광으로 선발되었다.

수세는 강하고, 수자는 다소 직립성이다. 결과지는 장과지이며, 꽃눈은 단아와 복아가 혼재한다. 꽃은 화판이 작고 화려하지 않은 유형(non-showy)이며, 개화기는 다른 품종에 비하여 빠른 편이다. 화분량은 많고 자가결실이 잘 되므로 수분수가 필요없다.

표 3-27〉 선광의 수체 및 과실특성

수세	나무 자세	만개일 (월, 일)	꽃눈, 잎눈 착생습성	결과지	화분량	수확전 낙과
강	반직립	4. 20	홑눈, 겹눈	중, 장과지	다	소

숙기 (월, 순)	과형	과중 (g)	당도 (°Bx)	과피색	육색	육질	보구력
8중	단타원	200	11.8	선적황	황	용질	중

숙기는 홍진유도보다 빠르거나 비슷한 시기인 8월 중순이며, 과형은 원형 내지 단타원형이고, 과중은 200g 정도이다. 과피는 황색의 바탕색 위에

선홍색으로 착색되며, 과육은 황색으로 향기가 많고, 육질은 치밀하며 용질로서 과즙이 많다(원색화보 참조). 당도는 11.8°Bx 정도이다. 핵은 이핵성이며, 핵 주위는 보통 붉게 착색된다. 이 품종은 천홍과 같이 동녹 및 열과가 거의 발생되지 않아 무대재배가 가능하나 세균성구멍병과 잿빛무늬병(회성병)은 다소 발생된다.

다) 만생종

① 수봉(秀峰, Shuho)

일본 長野縣 曾根씨가 발견한 우연실생으로 1970년 명명 및 등록된 품종이다. 원예시험장에는 1977년 도입되었다.

수세는 강하고 다소 직립성이며, 결실이 잘 되는 품종이다. 꽃눈 착생은 다소 적은 편이나 화분량이 많은 자가 결실성 품종으로 착과는 양호하다.

숙기는 우리나라 주요 천도 재배 품종 중 가장 늦은 9월 중순이다. 과형은 원형 내지 단타원형이고, 과중은 220g 정도로서 천도 품종 중에서는 과실이 큰 편이다. 과피는 등황색의 바탕에 햇볕을 받는 면이 붉게 착색되며, 과육은 황색이고, 과즙은 많으며, 당도는 높고 산미가 다른 품종보다 낮아 식미가 좋다. 핵은 점핵성이다.

표 3-28〉 수봉의 수체 및 과실특성

수세	나무 자세	만개일 (월, 일)	꽃눈, 잎눈 착생습성	결과지	화분량	수확전 낙과
강	반직립	4. 20	홑눈, 겹눈	중, 장과지	다	중

숙기 (월, 순)	과형	과중 (g)	당도 (°Bx)	과피색	육색	육질	보구력
9중	단타원	220	11.5	적황	황	용질	중

3) 기타

가) 반도(蟠桃, Peen-To)

반도는 과실 외관이 극히 납작한 모양을 띠고 있는 복숭아를 총칭하는 것으로, 생태학적으로는 중국남부 품종군에 포함되며, 상해를 중심으로 남으로 연장된 해안선을 따라 절강성의 항주, 회홍, 영파 등에 분포한다. 반도계 품종들은 대부분 점핵성, 백육종이며, 저온요구도가 짧아 아열대성 기후대에도 잘 적응할 수 있으며, 수량은 일반 복숭아에 비해 떨어지지만 당도는 높은 편이다.

주요 품종으로는 중국에서 육성된 민괴반도(玫瑰蟠桃, Mei Gui Pan Tao), 대홍반도(大紅蟠桃, Da Hong Pan Tao) 등의 백육계 품종과 프랑스에서 육성된 황육계 Ferjalou 등이 있다(원색화보 참조).

나) 꽃복숭아

꽃복숭아는 나무의 자람세에 따라 교목성인 것, 왜성인 것, 수하성인 것, 빗자루 모양으로 직립성인 것 등으로 구분될 수 있다.

① 교목성 꽃복숭아

일반 재배종 복숭아와 같이 교목성인 꽃복숭아로는 꽃잎이 크고, 겹꽃인 만첩홍도, 꽃잎이 국화처럼 피는 국도(菊桃) 등이 있다.

② 왜성 꽃복숭아

잎이 길고 넓으며, 신초의 마디길이가 짧고 수고가 2m 이내의 특성을 갖는 일중 백수성도, 일중 홍수성도, 팔중 백수성도, 팔중 홍수성도 등의 왜성 꽃복숭아가 있다. 이들의 과실은 작으며, 식용할 수 없다.

③ 수하성 꽃복숭아

능수버들과 같이 가지가 늘어지는 꽃복숭아들로서 잔설시다래와 같은 품종이 있다. 꽃색은 백색, 분홍색, 적색인 것이 있으며, 품종에 따라서는 한 가지내에서도 분홍색인 꽃과 백색인 것이 동시에 피는 경우도 있다(원색화보 참조).

④ 빗자루모양의 꽃복숭아

나무의 자람세가 마치 서 있는 빗자루와 같은 꽃복숭아 품종들이 관상용으로 이용되고 있다.

4장 재배 환경

1. 기상
2. 토양

4장 재배 환경

1. 기상

가. 온도

복숭아는 비교적 온난한 기후를 좋아하므로 경제적 재배의 북쪽 한계는 여름철의 저온과 겨울철의 극저온에 의하여 많이 좌우된다. 우리나라에서의 복숭아재배는 겨울철에 기온이 너무 내려가는 북한 지방을 제외한 모든 지방에서 가능하지만, 재배적지는 대부분 중남부지방이라 할 수 있다. 그러나 일부 중부 내륙지방에서는 겨울철 저온으로 인하여 꽃눈이 동해를 받아 수량이 감소하거나 수확을 거의 못하는 경우가 간혹 발생하기도 하는데, 이러한 지역에서는 15년에 한번꼴로 -25～-27℃ 이하의 저온이 예상되므로 재배가 불안정하다.

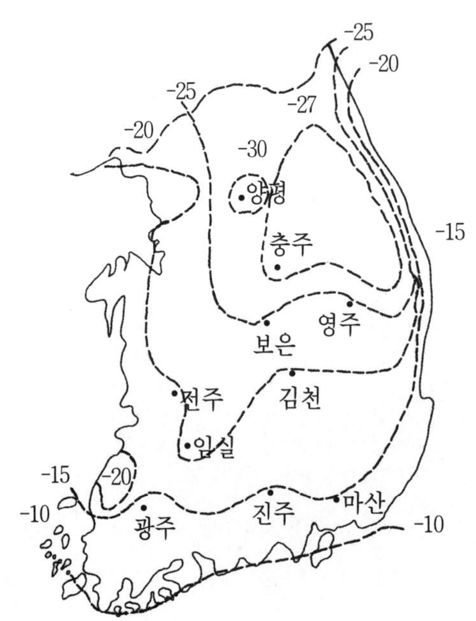

그림 4-1〉 연 최저 기온의 재현 기간 15년 기대치

복숭아 꽃눈의 내한성(耐寒性)은 사과, 배, 포도보다 약하며 자발휴면기간일지라도 기온이 -25.5℃ 이하로 떨어지면 대부분 동사한다. 꽃눈의 내한성은 시기와 나무의 영양상태 또 저온이 내습하기전의 기상조건에 따라 크게 차이가 나며, 가을에 낙엽후 시일이 경과함에 따라 내한성이 증가하여 12월중순~1월중순에 최고에 달하고 이후에는 감소하며, 꽃봉오리 시기에는 -1.7℃, 개화기 및 유과기에는 -1.1℃에서 30분 정도만 경과하여도 피해를 받는다.

표 4-1〉 과수 적지의 연평균 기온, 강수량 및 겨울철 한계 저온

과종	연평균 기온(℃)	4~10월 강수량(mm)	한계기온(℃)
사 과	8~11	600 ~ 800	-30 ~ -35
배	12~15	900~1,000	-25 ~ -30
복숭아	12~15	800~1,300	-20 ~ -25
살 구	11~15	800~1,000	-20 ~ -25

표 4-2〉 과수 종류와 동해 위험 온도(℃)

과종	꽃봉오리시기	개화기	결실기
사 과	-2.8	-1.7	-1.1
살 구	-1.1	-0.6	0
양앵두	-5.5 ~ -1.7	-2.8 ~ -1.1	-2.8 ~ -1.1
포 도	-0.6	-0.6	-1.1
복숭아	-1.7	-1.1	-1.1
배	-2.2	-1.7	-1.7
자 두	-1.1	-0.6	-0.6

※ Went. Edlefsen. 1917.

일반적으로 낙엽과수의 내한성은 휴면기에 극히 강한데, 복숭아의 경우도 -15~-20℃까지 지초는 저온장해를 받지 않으며, 뿌리는 지초보다 내한성이 약하기 때문에 지온이 -10℃ 이하가 되면 피해를 받게 된다. 봄에 기온이 상승하고, 수액이 유동하기 시작하면 -5℃ 정도에서도 한해가 발생하

고 동고병이 유발된다. 특히 이 시기에 꽃눈은 내한성이 극히 약하여 늦서리의 피해를 쉽게 받게 된다.

나. 일조와 강수량

복숭아는 낙엽과수중에서 사과 다음으로 내음성이 약하고 일조 부족에 의하여 해마다 과실의 품질 변화가 심하게 나타나는 과수의 하나이다. 따라서 밀식이나 과번무한 과원과 정지전정이 불완전한 경우 수관 내부에 투과되는 광이 부족하여 아랫가지가 고사되기 쉬우므로 광환경 개선을 위한 재배관리가 필요하다. 5~6월경에 바람이 강한 많은 지대에서는 세균성구멍병 발생이 많아 새가지의 기부에서 조기낙엽이 시작되는 경우가 많으므로 과원조성을 피하는 것이 좋다. 이러한 조기 낙엽은 과실 생산만이 아니고 수체내 저장양분을 감소시켜 다음해 생육에 큰 영향을 주게 된다.

동양계 복숭아는 여름철 고온, 다습한 조건에도 생육이 가능하고 결실이 양호하지만 본래는 건조기후에 적합한 과수이다. 유럽계 복숭아는 생육 기간 중 비가 많이 오면 영양생장이 지나치게 왕성하게 되고, 꽃눈의 착생이 불량하고, 탄저병이 많이 발생하므로 비가 적게 오는 지방에서 재배가 용이하다. 최근에 보급되고 있는 우량 품종은 꽃가루가 없는 것이 많아 강우에 의하여 매개 곤충의 활동이 떨어지면 결실량이 현저하게 저하된다.

또한 5~6월의 새가지 신장기에 비가 많이 내리면 일조량이 부족하여 동화작용이 떨어질 뿐만 아니라 토양이 다습하게 되어 뿌리의 생리기능이 떨어지고 새가지의 생장이 왕성하게 되어 양분의 소모가 많으므로 배의 발육과 양분 경쟁이 일어나 생리적 낙과가 심하게 된다.

성숙기인 여름철에 비가 많이 오면 역시 일조 부족으로 과실내의 당분 축적이 저하되어 품질이 떨어지고, 품종에 따라서는 열과의 원인이 되기도 한다. 다습 상태에서는 병해 발생도 심한데, 생육 초기 비가 많으면 잎오갈병, 5~6월에 강우가 많으면 검은별무늬병, 세균성구멍병, 탄저병 등, 수확전에는 회성병과 부패병 등이 많이 발생한다.

따라서 복숭아는 원래 내습성이 약한 과수이므로 비가 적게 오는 지방에서 재배하는 것이 유리하다.

표 4-3〉 복숭아 주산지의 기상

주산지	평균기온(℃)		강수량(mm)		일조시간	
	년간	생육기간(4~9월)	년간	생육기간(4~9월)	년간	생육기간(4~9월)
대 전	12.1	20.4	1,360	1,095	2,186	1,193
충 주	11.1	19.9	1,162	954	2,506	1,401
전 주	12.9	20.9	1,296	1,010	2,094	1,112
광 주	13.2	20.9	1,357	1,063	2,257	1,186
영 천	12.2	20.2	982	783	2,366	1,252
영 덕	12.6	19.6	1,021	729	2,836	1,492

2. 토 양

가. 토 질

복숭아는 척박하고 배수가 불량한 토양에서는 발육이 불량하거나 말라죽어 수명이 짧아지기 때문에 수량도 적어진다. 따라서 복숭아 재배의 적지는 배수가 양호하고 뿌리가 뻗을 수 있는 유효토층이 깊고 지하수위가 높지 않은 비옥한 양토나 사양토 지대이다.

나. 내습성

복숭아나무는 원래 내습성이 약하므로 배수상태가 나쁘거나 지하수위가 높아 침수상태가 되면 잎이 황변낙엽되고 생육이 정지되거나 심하면 고사하게 된다. 이것은 주로 뿌리 주위의 산소 결핍에 의한 증상이다.

건습의 차가 심한 토양의 복숭아나무는 과실 비대가 불량하고 낙과가 심하므로 배수가 불량한 토양 조건인 경우 가급적 과원조성을 피하는 것이 좋다. 토양이 과습하지 않더라도 토양 공극이 적은 곳에서는 뿌리의 장해가 심하므로 심한 점질 토양은 피해야 한다.

다. 내건성

복숭아나무는 낙엽 과수중 포도나무 다음으로 내건성이 강하다. 그 이유는 증산량이 적은 까닭이다. 복숭아나무의 단위 엽면적당 증산량은 사과나무의 1/6에 불과하다. 그러나 온도의 변화가 심하고 보수력이 적은 모래땅에서는 일소장해가 발생되어 가지의 발육불량이 서서히 나타나 수세가 떨어진다. 복숭아나무는 통기가 좋은 토양 조건에 적당하고, 배수가 불량한 토양을 가장 싫어하는 작물이므로 약간 건조한 땅에서 생육이 양호하다.

라. 토양반응

복숭아나무가 자랄 수 있는 토양 반응의 범위는 넓으나, 생육에 가장 적당한 것은 pH 4.9~5.2 범위로서 약산성 토양에서 생육이 양호하다.

마. 지형

복숭아도 평탄지에서 재배하는 것이 관리면에서 유리하지만 내건성이 강한 과수이므로 조금만 관리에 유의한다면 경사지에서도 성공적으로 재배할 수 있다.

경사의 방향이 남 또는 동남일 때는 일조가 양호하므로 과실의 성숙이 촉진되고 품질이 좋아지나 한발의 피해를 받기 쉽다. 서향일 때에는 주간에 동해 또는 일소의 피해를 받기 쉬우므로 주의해야 한다. 북향일 때에는 일조가 부족한 경향이 있으나 건조의 피해가 적으며, 개화전에 따뜻한 날씨가 계속되다가 갑자기 저온이 닥칠 경우 남향면 경사지에서는 꽃눈이 동해를 받기 쉬우나 북향일 때에는 피해를 받는 일이 드물다.

사방이 산으로 막힌 분지에서는 개화전후에 늦서리 피해가 흔히 있으므로 복숭아원의 선정에 있어서는 이러한 지형을 피해야 한다. 경사지 재배에 있어서는 토양의 침식을 방지하기 위하여 초생재배를 하든가 부초재배를 하는 것이 유리하다.

바람이 센 곳에서는 복숭아 세균병의 발생이 심하므로 바람이 세게 불어오는 경사면에는 복숭아를 심지 않는 것이 좋으며, 또 거센 바람을 막을 수 있는 방풍림을 조성하면 상당한 방제효과가 있다. 평지라도 바람이 센 곳에서는 같은 조치가 필요하다.

바. 기지성(忌地性)

동일 작물을 동일 장소에서 매년 재배하면 비배 관리를 합리적으로 하더라도 생장이 불량하고 수량이 떨어지는 경우를 기지현상이라고 한다.

복숭아나무의 기지성은 전작의 복숭아나무 뿌리에 함유되어 있던 유해물질에 의하여 발생한다. 이 유해물질은 목질부에 포함되지 않고 피질부에 포함되어 있다는 것이다. 노쇠한 복숭아 밭을 개원할 때는 몇 해 동안 휴경하거나, 심을 구덩이를 깊게 파고, 여기에 객토를 하여 심을 구덩이에는 복숭아나무의 뿌리가 남아 있지 않도록 해야 한다(6장 참조).

산지 밑에 조성된 복숭아 밭

겨울 동해 방지를 위하여 석회유도포

5장 번식

1. 대목 이용 현황
2. 묘목 양성

5장 번식

복숭아의 번식은 유성번식(종자번식, 실생번식)과 무성번식(접목, 삽목, 조직배양)으로 이루어질 수 있지만 실생번식의 경우에는 재배상으로 유용한 유전형질이 분리되어 모품종의 특성과 동일한 묘를 얻을 수 없기 때문에 특정한 접수품종의 번식을 위해서는 이용될 수 없다. 또한 삽목이나 조직배양과 같은 무성번식에서는 포장에서의 활착율이 낮아 아직까지는 실용성에 문제가 있다. 따라서 복숭아 접수품종의 번식은 주로 공대를 이용한 접목번식에 의존하고 있다.

1. 대목 이용 현황

일반 과수에서와 마찬가지로 접수품종의 번식에 있어서 대목은 1)사질토 및 사양토 지대에서 근계의 내한성 증대, 2)내습성 증대, 3)내건성 증대, 4)강알카리성 토양에서의 적응력 증대, 5)토양의 기지성 및 선충저항성 증대, 6)수세 조절 등과 같은 다양한 목적을 위해서 이용되고 있는데, 나라와 지역의 재배여건에 따라 다양한 대목이 이용되고 있다(표 5-1).

전세계적으로 볼 때 복숭아 번식에 이용되는 대목은 복숭아 재배품종 및 야생 복숭아의 종자로부터 얻어진 실생(공대) 뿐 아니라 복숭아의 근연종인 산도(*P. davidiana*), 아몬드(P. *amygdalus*), 앵두(*P. tomentosa*), 자두(*P. cerasifera, P. insititia, P. besseyi*) 및 기타 앵두나무속내 종간잡종들이 이용되고 있으며, 이러한 대목의 종류에 따른 접수품종의 활착율은 크게 다르다(표 5-2).

우리나라의 경우 복숭아 대목은 주로 종자 발아율이 높은 야생 복숭아 종자를 대목양성에 가장 일반적으로 이용하고 있다. 그러나 최근 들어와 야생 복숭아 종자의 가격인상에 따라 중국으로부터 도입된 산도(*P. davidiana*)가 상당량으로 이용되고 있다.

표 5-1〉 복숭아 공대 이외 대목의 종류와 특성

대목종류	접목 친화성	대표적 품종 / 계통	특성	이용국가 / 지역
산도(*P. davidiana*)	양호	BD-SU	활착 양호, 건조토양에 적당, 습윤토양에 부적합 수세는 다소 약해짐	중국, 체코
아몬드(*P. amygdalus*)	양호		건조토양에 적당, 습윤토양에 부적합	
Myrobalan 자두 (*P. cerasifera*)	다소 양호	Myrobalan 29C	삽목번식, 활착성은 양호하나 계통에 따라 접목불친화성이 있음	오스트리아, 캘리포니아
		Myrobalan B	중점, 과습토양에 적합, 수령이 짧아짐	오스트리아, 캘리포니아
Mariana 자두 (*P. cerasifera*×*P. munsoniana*)	다소 양호	Mariana 2624	선충에 강함, 품종에 따라 접목불친화성이 나타남, 중점토에 적합	
유럽계 자두(*P. domestica*)	다소 양호	GF 43	수세양호, 습윤토양에 적합	프랑스
Insititia 자두(*P. insititia*)	-	GF 655.2	수세는 중정도, 중점토에 적합, 품종에 따라 접목불친화성이 나타남	프랑스, 이태리, 그리스
앵두(*P. tomentosa*)	중		왜화효과 큼, 중점토양에 부적합, 계통에 따라 왜화정도와 접목친화성이 다름	일본(시험중)
이스라지, 정매(*P. japonica*)	중		왜성대목으로 이용됨, 중점토에 비교적 강함	일본(시험중)
기타잡종 (*P. domestica*×*P. spinosa*)	다소 양호	French Damas 1869	겨울부터 봄에 걸쳐 습윤한 토양이나 석회질 토양에 적당함	지중해연안국

표 5-2〉 대목 종류에 따른 복숭아 활착율

대목 종류	접목수	활착율(%)	대목 종류	접목수	활착율(%)
상해수밀도 실생	261	58.2	Mariana 자두	62	32.3
수성도	30	56.7	St. Julien 자두	21	23.8
아몬드	7	57.1	매 실	30	60.0
산도(*P. davidiana*)	5	60.0	살 구	50	34.0
Myrobalan 자두	28	55.6	감과 양앵두	24	87.5

또한, 그동안 앵두(*P. tomentosa*)는 복숭아와 접목친화성이 낮고, 초기고사율이 높으며, 수확시 건조가 계속될 경우에는 과실에 떫은 맛이 발생되는 등의 문제점이 있어 활용되지 못하고 있으나, 최근 연구 결과 중간대목으로 이용한다면 어느 정도의 활용성이 있을 것으로 평가되고 있다.

2. 묘목 양성

가. 대목용 종자관리

접목을 위해서는 무엇보다도 접목친화성과 접목활착율이 높은 대목종류를 선택하여 사용하여야 한다.

대목용 종자는 완전히 성숙한 과실로부터 채취되어야 하며, 일단 채취된 종자는 과육을 핵으로부터 깨끗이 제거한 다음 휴면타파를 위한 층적저장을 실시한다. 층적 저장을 위하여 노천매장하는 경우에는 종자와 모래를 교호로 층을 형성시켜가면서 매장하도록 하고, 저장중에 습해를 받지 않도록 물빠짐에 유의해야 한다. 대목용 종자가 소량일 경우 노천매장 대신 7℃ 이하로 유지되는 냉장고 내에 70일 정도 보관함으로써 휴면을 타파할 수 있는데, 핵은 깨뜨려 저장하는 것이 바람직하고, 종자의 부패를 방지하기 위하여 톱신수화제 등과 같은 살균제로 살균후 음건시킨 다음 저장하는 것이 좋다.

그러나 냉장고 내에서 종자의 휴면을 타파하고자 하는 경우에는 파종할 시기에 맞게 종자휴면이 타파되도록 하여야 한다.

나. 대목육성

층적저장되었던 종자들은 봄철 땅이 완전히 녹기 전에 휴면이 이미 타파된 상태이므로 이들을 파종포내에 일정한 간격으로 파종하여 대목으로 양성시킨다. 파종간격은 작업성과 활착후 묘목생장 정도를 충분히 고려하여 결정한다.

파종후 관리로는 가뭄이 계속되는 경우에는 종자 발아가 불량해질 수 있으므로 관수를 실시하여 주고, 발아 이후부터는 잎오갈병, 순나방, 진딧물 등의 피해를 받지 않도록 한다. 또한 경우에 따라서는 들쥐, 두더지 등에 의한 피해가 발생될 수 있으므로 발아전까지의 세심한 관찰이 필요하다. 양성된 대목이 너무 가늘면 접목후 생장이 약하며, 너무 굵은 경우에는 활착율이 낮고, 비닐감기 등에 노력이 많이 들 수 있기 때문에 접목에 이용할 대목은 연필 굵기 정도가 되도록 키우는 것이 바람직하다.

다. 묘목육성

묘목육성은 접목과 삽목에 의해 이루어질 수 있지만 복숭아의 경우 삽목번식은 발근은 양호하나 이식이 잘 되지 않아 이용도가 낮을 뿐 아니라 자근묘 양성으로 얻어지는 특별한 이점이 없기 때문에 거의 사용되지 않는다.

1) 접목(Grafting)

가) 눈접(芽接, Budding)

눈접에는 여러 가지 방법이 있으나, 실용적으로 이용되고 있는 방법은 T자형 눈접(T-budding)과 깎기눈접(Chip budding)이다.

눈접의 시기는 8월 하순~9월 중순 사이로 대목의 수액이동이 완만해지는 시기이다. T자형 눈접에서의 접목활착은 대목의 수액 유동이 적당하고 수피가 잘 벗겨져야 좋은데, 비가 온 4~5일 후이거나, 가물거나 접목시기가 다소 늦어져 대목의 껍질이 잘 벗겨지지 않을 때에는 접목 4~5일 전에 관수를 하여 작업능률과 활착율이 높아지도록 해야 한다. 접눈은 그 해에 자란 충실한 자람가지의 중앙부의 것을 이용한다.

■T자형 눈접

T자형 눈접은 그림 5-1에서 보는 바와 같이 먼저 접눈의 잎자루만 남기고 자른 후 이것을 물통에 넣어 다니면서 접눈을 채취한다. 접눈은 눈의 위쪽 1cm되는 곳에 껍질만 칼금을 긋고, 눈의 아래쪽 1.5cm 정도 되는 곳에서 목질부가 약간 붙을 정도로 칼을 넣어 떼어낸다.

대목은 땅위에서 5~6cm 되는 곳에 길이 2.5cm 정도로 T자형으로 칼금을 긋고, 대목껍질을 벌려 접눈을 끼워 넣은 다음 비닐테이프로 잡아맨다(그림 5-2).

접눈이 완전히 활착되기까지는 1개월이 걸리지만, 접목 7~10일 후 접눈에 붙여둔 잎자루가 쉽게 떨어져 나가면 접목이 된 것으로 판정할 수 있다. 접목한 대목은 그림 5-3에서와 같이 이듬해 봄 신초생장이 어느 정도 이루어진 후 접눈 위 1.0~1.5cm 부위에서 잘라버리고 비닐테이프를 풀어준다. 그러나 이 눈접법은 작업 시기가 대목의 껍질이 잘 벗겨져야 하는 시기에 한정되어 있을 뿐 아니라 작업 효율도 낮은 단점을 가지고 있다.

■깎기눈접(芽接)

접목시기에 건조가 심하거나, 접목시기가 다소 늦어 수액의 이동이 좋지 않아 대목의 수피가 목질부로부터 잘 벗겨지지 않는 경우에 깎기눈접을 실시하면 활착율이 높다. 깎기눈접은 그림 5-4에서 보는 바와 같이 접눈의 위쪽 1.5cm정도되는 곳에서 아래쪽 1.5m 정도까지 목질부가 약간 붙을 정도로 깎은 다음 칼을 다시 접눈 아래쪽 1cm 정도되는 곳에서 눈의 기부

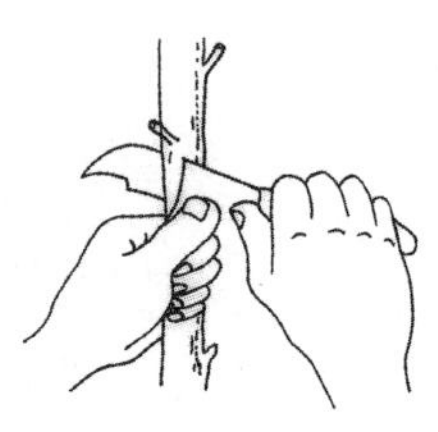

그림 5-1〉 접눈따기

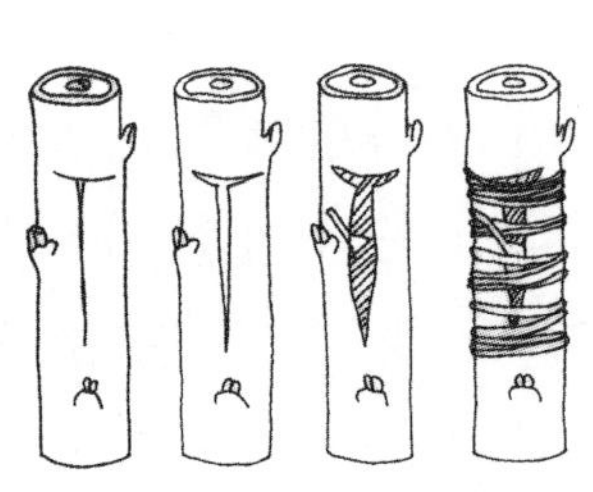

그림 5-2〉 T자형 눈접순서 (좌→우로)

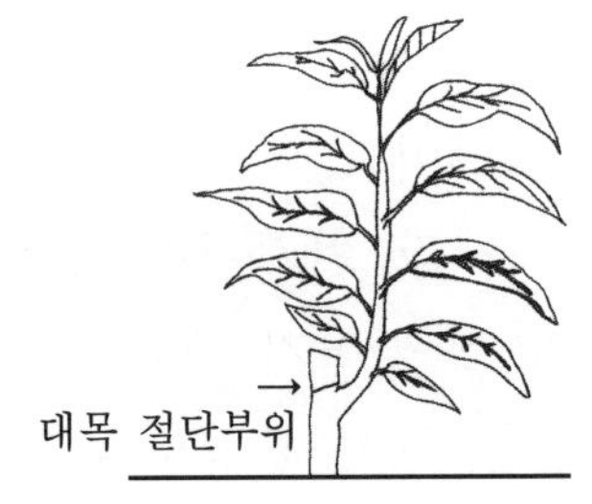

그림 5-3〉 T자형 눈접묘의 이듬해 봄관리

를 향하여 비스듬히 칼을 넣어 접눈을 떼어낸다.

대목은 목질부가 약간 붙을 정도로 하여 깎아 내리고, 다시 아래쪽을 향하여 비스듬히 칼을 넣어 접눈의 길이보다 약간 짧게 2.2cm 정도 잘라낸 다음 접눈을 끼우고 대목과 접눈의 부름켜(형성층)를 한쪽면을 맞춘 다음 비닐테이프로 잡아맨다.

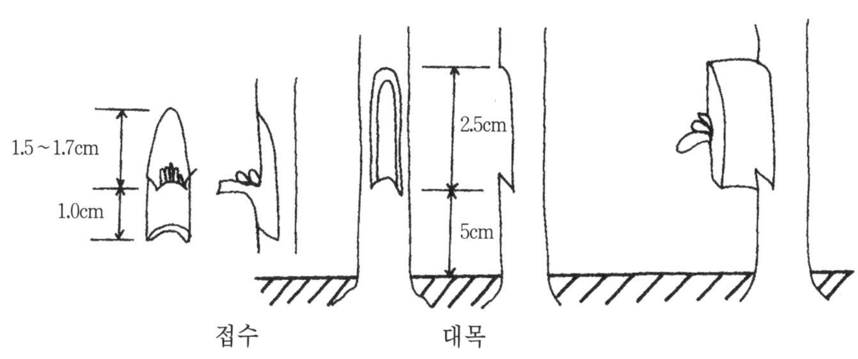

그림 5-4〉 깎기눈접의 순서

나) 깎기접(切接)

깎기접에 사용하는 접수는 겨울에 전정할 때 충실한 1년생 가지를 골라 물이 빠지고 그늘진 땅속에 묻었다가 사용하거나 비닐로 밀봉하여 1~5℃로 유지되는 냉장고 내에서 보관하였다가 사용한다. 접목시기는 수액이동이 활발한 3월 중하순 또는 꽃눈이 약간 부풀어 오르기 시작하는 때가 적당하다. 접목시기가 이보다 늦어지면 잘라진 대목에서 지나친 수액이 흘러나와 유합을 방해하므로 접목활착율이 떨어지게 된다.

접목은 그림 5-5에서와 같이 대목을 땅위에서 5~6cm되는 곳을 자른 다음 접을 붙이고자 하는 쪽의 끝을 45도 방향으로 약간 깎는다. 그런 다음 접붙일 면을 다시 2.5cm 정도 수직으로 목질부가 약간 깎일 정도로 얇게 깎아 내린다. 그 다음으로 대목의 깎은 자리에 접수를 끼워 넣고 대목과 접수의 부름켜(형성층)가 최소한 한 쪽이 서로 맞닿도록 한 후 비닐 테이프로 잡아매고, 접수로부터의 수분증발을 방지하기 위하여 발코트(톱신페스트) 등을 발라준다. 그러나 다량의 접목을 할 경우에는 미리 접수를 준비해야 하기 때문에 이 경우에는 접수의 양쪽면에 송진가루와 혼합 가열처리된 촛농을 발라 보관기간동안과 접목 후 절단면으로부터의 수분 손실을 방지할 수 있다.

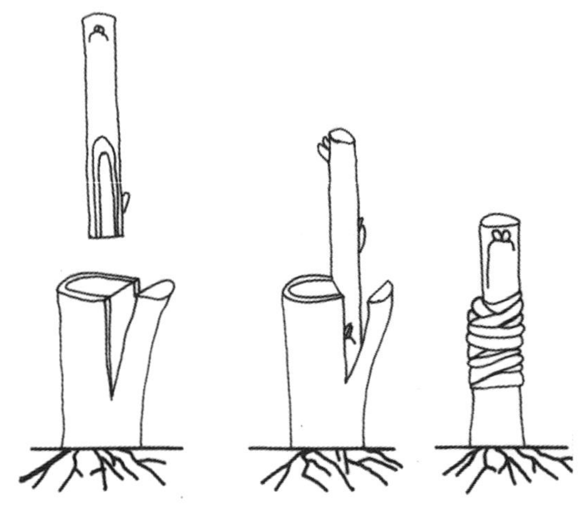

그림 5-5〉 깍기접의 순서

접목후 대목에서는 부정아가 계속 발생되므로 이들을 수회에 걸쳐 제거해 주어야 하며, 6월 중하순경에는 비닐로 감은 자리가 잘록해지지 않도록 비닐을 제거하여 주고, 연약한 접목부위가 바람 등에 의해 부러지지 않도록 지주를 세워 보호해 주는 것이 바람직하다. 또한 활착후 신장되는 신초가 잎오갈병, 순나방, 진딧물 등의 피해를 받지 않도록 하여야 한다.

6장 개원 및 재식

6장 개원 및 재식

1. 개원

가. 입지조건별 장단점

1) 평지

평지는 토양이 비옥하고 농로개설, 관수 및 방제 시설과 기계화 작업 등이 용이하여 작업의 생력화에 유리한 장점이 있다. 그러나 평지는 땅값이 비싸고, 또 복숭아나무는 특히 내습성이 약하기 때문에 평지는 배수 불량한 곳이 많아 습해를 받을 위험이 있고, 곡간 지대에서는 개화기에 서리의 피해를 받을 염려도 있다.

2) 경사지

경사지는 평지에 비하여 토양이 척박하고, 운반작업, 약제살포, 유기물 투입 등 기계화에 불리하며, 토양침식이 심하여 토심이 얕아 영양부족, 건조피해, 일소 등을 받기 쉽지만, 대개 배수가 양호하고 서리의 피해를 받을 염려가 적은 장점이 있다. 특히 경사면의 방향이 서향 또는 남서향일 때에는 나무의 줄기쪽이 일소를 받아 줄기마름병이 걸리는 경우가 많은데, 경사면의 남쪽가지는 2월의 기온이 5℃일 경우 가지의 온도는 25℃까지 올라가며 여름철 오후에 나무의 수분소모가 많아질 때 직사광선을 받게 되면 증산활동이 제대로 이루어지지 못하는 상태에서 국부적으로 나무의 온도가 40℃이상 되는 경우에 일소가 발생한다.

나. 과원 조성 과정

1) 기반 조성

복숭아 나무는 유효토층의 깊이에 따라 과실의 생산량이나 품질, 경제수령, 재배관리의 생력화와 깊은 관계가 있어서 유효토층이 깊을수록 유리하다. 그러므로 기계 이용이 용이한 경우에는 개원시 가능하면 40~50cm 정도로 깊이갈이를 하고 충분한 유기물과 고토석회, 용성인비 등을 토양 전층에 잘 섞이도록 시용하여 토양의 물리성과 화학성을 개량해주는 것이 좋다.

또한, 평지의 배수가 불량한 중점토양에서는 반드시 배수시설을 이용한 배수대책을 세워야 한다(그림 6-1).

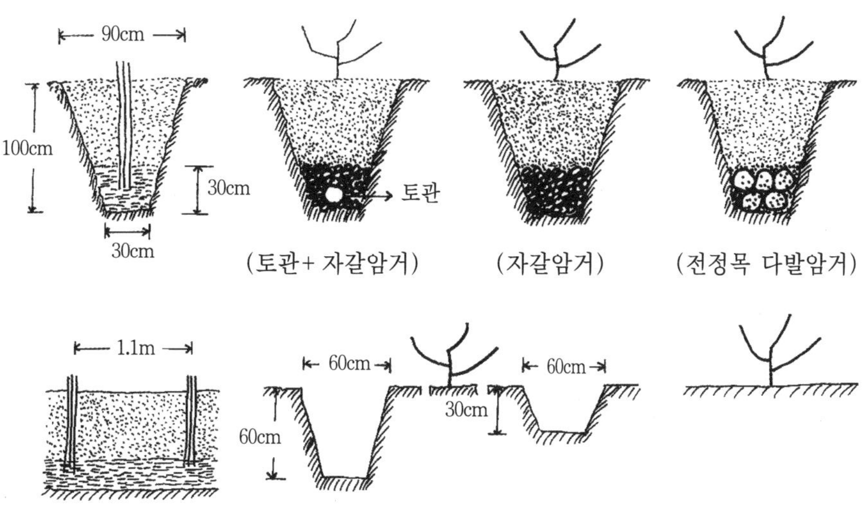

그림 6-1〉 중점토 살구원의 배수시설 단면도(김, 조, 김 1980)

경사지에서는 배수는 양호하나 건조의 피해를 받기 쉽고 장마기에는 표토가 유실되기 쉽고 묘목을 심은 후에는 과원을 재조성하기가 어렵기 때문에 가능한 한 묘목을 심기 전에 기계화가 가능하도록 경사를 8~10도 이

내로 하고, 과원이 조성되면 초생재배를 하거나 짚 또는 풀 등으로 피복하여 표토유실을 방지한다.

냉기류가 정체되어 동해 혹은 상해를 받지 않도록 지형을 개조하고(그림 6-2), 경사지의 경우 상부의 숲은 바람이나 냉기류를 막아 주지만 하부의 차폐물은 냉기류가 정체되기 때문에 제거하며, 냉기가 빠져나가는 상도(霜道)를 설치한다(그림 6-3).

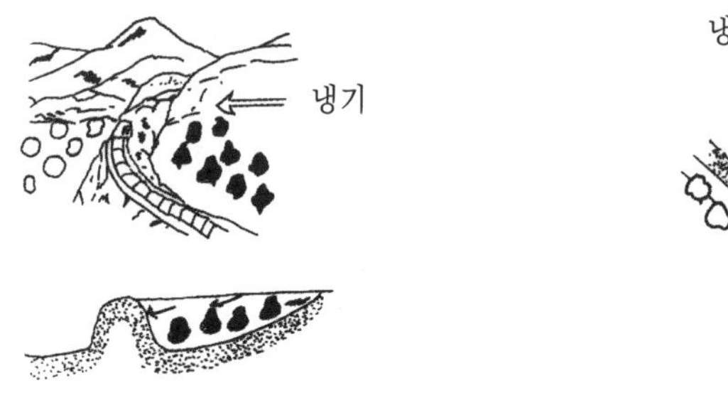

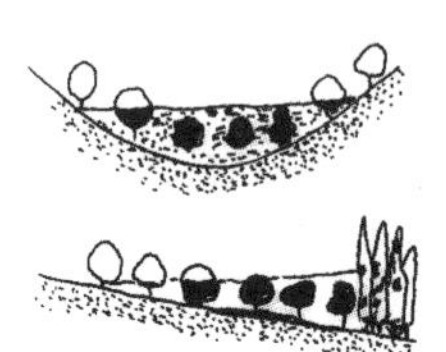

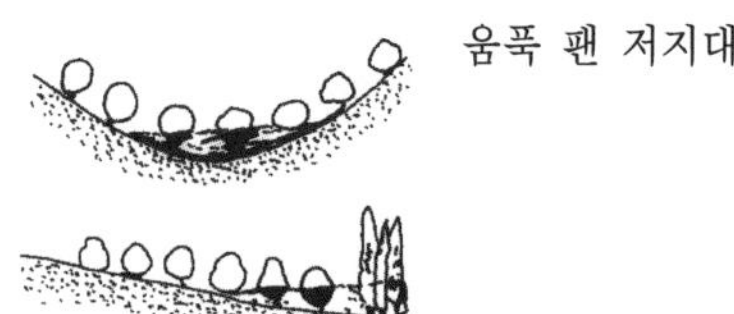

그림 6-2〉 냉기류가 모이는 곳(서리피해지)

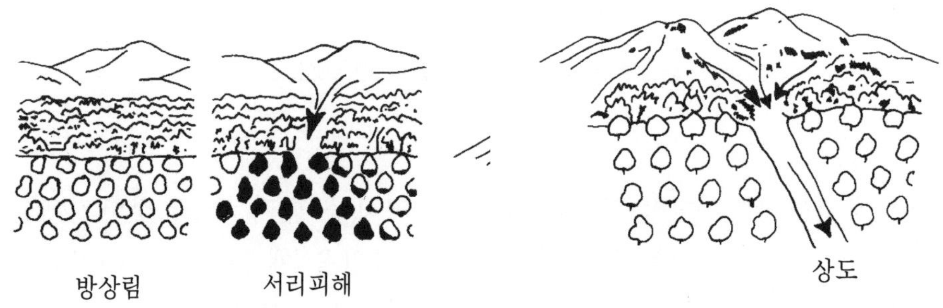

그림 6-3〉 방상림의 조성과 상도(霜道)

2) 농로 및 배수로 설치

토지의 효율적 이용, 관리작업의 생력화 및 약제살포나 운반작업 등 기계화가 가능하도록 농로와 배수로를 설치하여야 한다. 전 경지에 대한 농로의 비율은 10~20%정도로 하나 과원의 규모나 지형에 따라 다소 다르며, 경사지에서는 경사도가 심할수록 그 비율을 높게 한다.

산지를 개간하여 기계화작업이 쉽도록 하기 위해서는 경사도를 가능하면 줄여주는 평탄작업을 해서 작업기계의 상하운행이 쉽도록 해주어야 하며, 그렇지 못한 경우에는 계단식으로 만들어 등고선에 따른 작업기계의 주행이 가능하도록 농로를 만들고, 토양유실을 막고 유거수를 집수구로 받아내는 승수구를 만들어 놓아야 한다(그림 6-4~6).

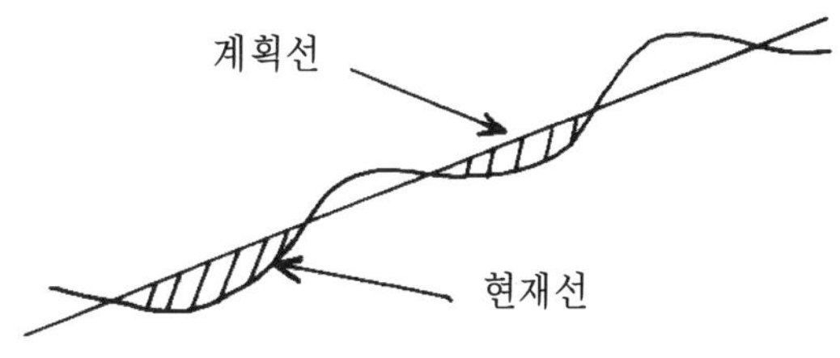

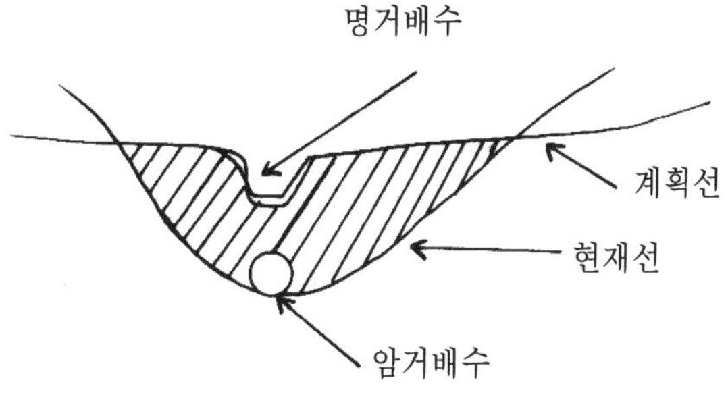

그림 6-4〉 습곡, 계곡의 정형방법(경사완화형)

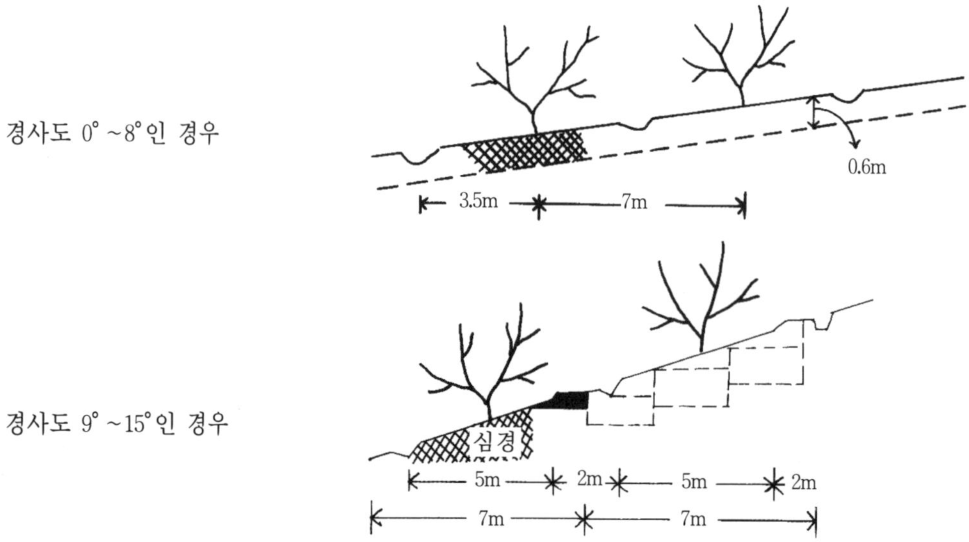

경사도 0°~8°인 경우

경사도 9°~15°인 경우

그림 6-5〉 경사도별 개간방법

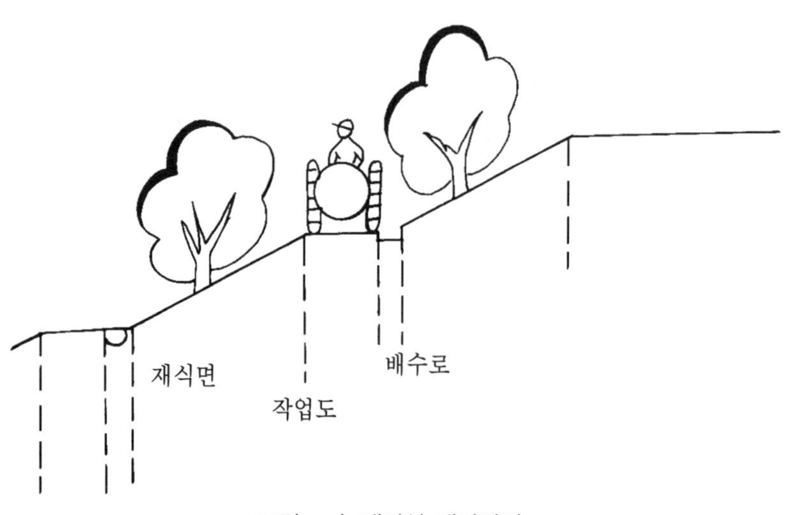

그림 6-6〉 계단식 개간방법

배수로와 집수로는 일반적으로 농로를 따라 설치하는 것이 편리하며, 배수로를 설치할 때에는 다음 사항에 유의한다.

① 배수구는 과거의 최대 강수량과 집수 면적의 크기를 보아 결정하는 것이 안전하다.
② 승수구는 과원내에 물꼬를 만들어 배수구에 직접 연결시키지 말고 토사류를 통하도록 한다.
③ 배수 불량이 염려되는 경우에는 암거시설을 하고 두둑을 만들어 나무를 높게 심는 것이 좋다.
④ 경사지 과원에서는 집수구 시설을 하여 물이 집수구에 모였다가 서서히 흘러내려 가도록 한다.

3) 방풍시설

산간지나 해안지대 등 바람이 많은 곳에 개원할 경우에는 방풍시설이 필요하다. 복숭아는 바람이 잦고 비가 많으면 세균성구멍병의 발생이 많으므로 반드시 방풍시설을 강구해야 한다.

4) 관수 및 방제용 용수 확보

관수 및 방제에 필요한 용수를 확보하기 위해 과원 규모에 적합한 우물 및 저수탱크를 설치하고, 아울러 생력이 가능한 관수시설도 설치하는 것이 좋다.

2. 재식

가. 재식시기

가을심기와 봄심기 중 어느 것을 택해도 무방하지만 가을심기는 낙엽후부터 땅이 얼기전까지로 대략 11월중순에서 12월상순까지이고, 봄심기는 땅의 해빙과 함께 시작하여 늦어도 3월중순까지 심어야 한다.

가을심기는 봄심기보다 활착이 빠르고 심은 후의 생육이 좋으므로 겨울철 동해나 건조의 피해를 받지 않도록 주의해야 한다. 만약 봄에 묘목을 구입하여 심고자할 때에는 너무 늦지 않도록 해야하며 봄철의 건조에 각별히 주의한다.

복숭아는 뿌리의 활동이 빨라 2월 중·하순 경부터 신장이 시작된다. 따라서 재식은 가을철에 실시하는 것이 원칙이나 재식후 겨울 동안 동해가 우려되는 지역에서는 봄철에 재식한다. 가을에 재식하면 겨울에서 봄까지 뿌리가 잘 활착되어 이른 봄부터 생육이 매우 순조롭게 진행된다.

봄심기는 새 뿌리가 상처를 받기 쉬우며 상처난 뿌리의 재생을 위해 체내 양분을 소비하며 수액의 유동이 일시적으로 억제되어 생장주기가 흐트러져 발아가 늦어지며 그 후의 생장에도 영향을 미치게 된다. 봄철 특히 늦봄의 지표 온도는 땅 속보다 높기 때문에 토양 표층의 뿌리 활동이 촉진되어 천근이 되기 쉽다. 그러나 가을심기의 경우에는 토양 내부 온도가 표층보다 높아서 뿌리의 활동이 아래 쪽에서부터 시작되고 봄에 지표 온도가 높아져서 상하 양층에서의 뿌리의 활동 차이가 적어지며 심근으로 되는 장점이 있다.

나. 구덩이 파기

재식구덩이는 정식 직전에 파는 것보다는 정식 1~2개월 전에 준비하여 토양을 어느 정도 풍화시켜주는 것이 좋고, 생땅인 경우에는 구덩이에 물이 고이지 않도록 물이 빠져나가게 조치를 취해야 하며, 배수불량지의 중점토양이나 지하수위가 높은 곳에서는 암거배수시설을 하고 재식을 하든가 명거배수를 하기 위하여 갈이 흙만 긁어 모아서 심도록 해야 한다.

복숭아는 살구, 자두, 매실 등의 핵과류와 마찬가지로 뿌리가 얕게 뻗는 천근성 과수로 산소의 요구량이 많기 때문에 구덩이에 물이 차지 않도록 하는 것이 중요한 사항이다.

경사지 아랫쪽의 재식구덩이는 공기유통이 잘 되고 뿌리가 넓게 퍼져 양분과 수분을 광범위하게 흡수할 수 있도록 넓고 깊게 파서 충분한 유기물을 넣어주는 것이 이상적이다. 구덩이에 채우는 흙은 가능한 한 표토를 이용하고, 유기물은 완숙된 것을 이용한다. 구덩이에 전정한 가지를 넣어 묻거나 미숙퇴비를 많이 이용하면 뿌리에 날개무늬병이 발생되기 쉽다. 그러므로 묘목을 심을 때에는 구덩이에 완숙퇴비, 용성인비(구덩이당 2~4kg) 및 생석회를 흙과 혼합하여 채우는 것이 좋다. 구덩이를 팠던 곳은 쉽게 내려 앉으므로 밟아 다진 후 접목부위가 지면보다 5~6cm 정도 올라올 정도로 높게 심는다.

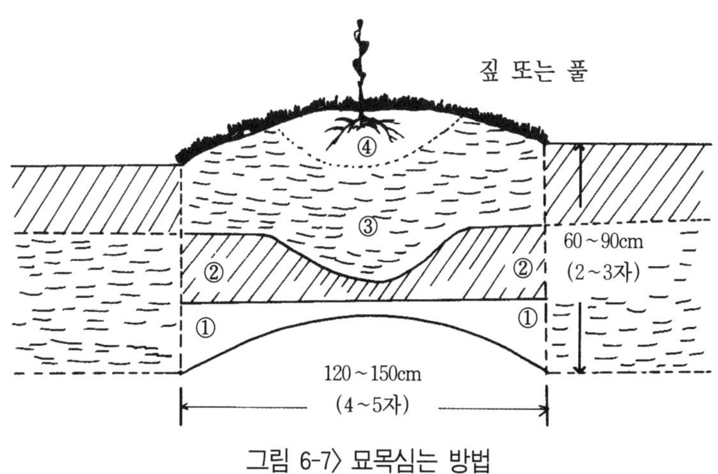

그림 6-7〉 묘목심는 방법

① 전정지 나무가지 + 흙 또는 모래, ② 거친 퇴비 + 겉흙, ③ 잘 썩은 퇴비 + 속흙, ④ 비옥한 흙

다. 재식양식

재식양식에는 정방형식, 장방형식, 5점식, Y자밀식 심기 등이 있는데 입지조건을 고려하여 작업 능률을 향상시킬 수 있도록 재식하여야 한다.

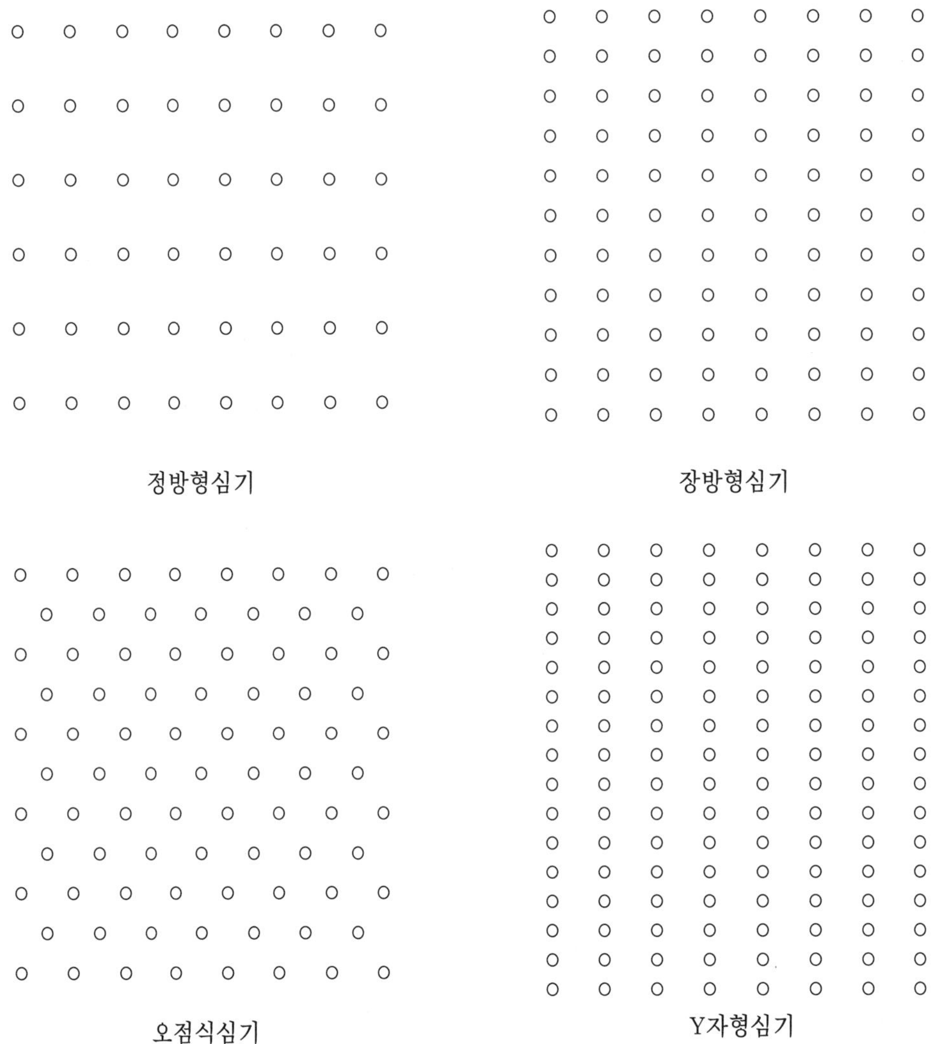

그림 6-8〉 재식양식

라. 재식거리

재식거리는 수형, 품종, 토양조건, 대목 등에 따라 알맞게 재식하는 것이 단위면적당 수량을 최대로 올릴 수 있는 기틀이 된다고 할 수 있다. 그러므로 공간을 적절히 이용하여 조기수량을 올릴 수 있도록 당초부터 계획 밀식(5점식)하여 나무가 커감에 따라 점차 간벌을 해나가는 방법도 좋다.

그러나 최근 배나무나 복숭아나무에서 추천된 Y자수형의 밀식재배도 시도해 볼만 하며 이러한 경우에는 열간을 6~7m, 주간거리를 1.5~2m 정도로 심게 된다. Y자 밀식재배를 시설하는 경우 열과방지 효과도 크고 조기다수는 물론 비닐피복에 의한 조기출하도 시도해 볼만하다(제 8장 참조). 비옥한 땅은 척박한 땅보다, 평지는 경사지보다, 세력이 강한 품종은 약한 품종보다 넓게 심어야 한다. 특히 가공용 품종은 생식용 품종에 비해 세력이 강한 편이므로 넓게 심어야 한다. 재식거리는 수고에 따라서도 다른데, 일반적으로 수고는 재식거리의 1/2정도가 좋다. 또 병충해 방제시에 이용하는 SS분무기의 크기에 따라서도 열간이 넓어지거나 좁아진다. 품종에 따른 수관의 크기는 가공용 품종, 창방조생, 넥타린 품종, 백도, 백봉, 사자조생, 포목조생, 대구보의 순으로 작아진다.

표 6-1〉 복숭아나무 재식양식 및 거리별 나무주수

재식양식	재식거리(m)	주/10a(간벌후)
정방형 심기	6.5×6.5	24
	6.0×6.0	28
	5.5×5.5	33
장방형 심기	7.0×3.0	41(계단식)
	6.0×3.5	33
	6.0×4.5	37
5점 심기	6.5×6.5	42(24)
	6.0×6.0	48(28)
Y자 심기	6.5×2.0	83

표 6-2〉 복숭아나무의 재식거리 기준(정방형식의 경우)

구 분	비 옥 지		척 박 지	
	재식거리(m)	10a당 그루수	재식거리(m)	10a당 그루수
대구보, 백봉	6×6～7×7	20～28	5.5×5.5	33
창방조생, 고양백도	7×7～8×8	15～20	6×6～7×7	20～28
대화백도, 관도 12호				
통조림용 품종	8×8～9×9	12～15	7.5×7.5	18

마. 묘목의 선택

묘목을 선택하는데 있어서는 1)품종이 정확하고, 2)대목이 확실하며, 3)뿌리의 발달이 좋으며, 4)병균과 해충의 기생이 없어야 하며, 5)웃자라지 않는 것이라야 한다. 묘목은 구입하는 것보다는 재배자가 직접 묘목을 육성하는 것이 가장 안심할 수 있는 방법이라 할 수 있다.

바. 재식시 주의 사항

구덩이의 중심부를 도톰하게 올라오도록 채우고 그 위에 묘목의 뿌리를 사방으로 펼치고 심는데 가능한 한 원형 그대로 접목 부위가 묻치지 않도록 얕게 심는다. 이때 뿌리의 사이 사이에 흙이 스며들어 뿌리와 잘 밀착되도록 관수하여 주는 것이 좋다. 재식시 주의할 점은 다음과 같다.

① 포장하여 운송되어 온 묘목은 특히 뿌리가 자연적으로 뻗을 수 있도록 배치하면서 심는다.

② 굵은 뿌리가 상처를 받아 부러진 부분은 잘라주어 새 뿌리의 발생을 촉진시킨다.

③ 화학비료가 직접 뿌리에 닿지 않도록 충분히 흙을 넣어 심는다.

④ 재식 깊이는 접목부위가 반드시 지상에 노출되도록 심는다. 건조를 우려하여 깊이 심게 되면 생육이 매우 불량하게 된다.

⑤ 가을에 심는 경우에는 겨울 동안의 한해를 방지하기 위해 주간을 짚 등으로 싸주는 것이 좋다.
⑥ 정식시에 충분히 관수한다. 또 그 후의 건조를 방지하기 위해 뿌리 주위에 충분하게 짚이나 풀 등을 덮어준다.
⑦ 묘목은 충실한 부위에서 전정하여 신초의 생장을 촉진시킨다. 눈접한 묘목은 눈접한 부위에서 20㎝정도 상부에서 전정하는 것이 좋다.
⑧ 화학비료가 직접 뿌리에 닿지 않도록 충분히 흙을 넣어 심는다.

사. 수분수의 혼식

복숭아는 자가결실율이 양호한 반면에 품종에 따라서는 완전한 꽃가루를 형성하지 못하거나 형성하더라도 그 양이 적어서 정받이가 충분히 되지 않는 것이 있다. 우리나라에서 재배되고 있는 주요 품종 중에는 이러한 품종이 많은데, 이러한 품종을 재배하려고 할 때에는 주요 품종에 꽃가루를 공급해 줄 수 있도록 수분수를 반드시 혼식하여야 한다.

표 6-3〉 복숭아 품종별 꽃가루의 유무

꽃가루가 없거나 적은 품종	꽃가루가 있는 품종
사자조생, 고양백도, 창방조생, 백도 대화조생, 대화백도, 중진백도	포목조생, 청수백도, 백봉, 넥타린, 대구보, 관도, 마장백도

복숭아의 경제적 주요 품종에는 완전한 꽃가루를 생산하는 것이 많으므로 수분수 선택은 비교적 용이하나, 수분수는 완전한 꽃가루가 없거나 적을 때에 꽃가루를 공급하기 위하여 혼식하는 것이므로 다음과 같은 조건을 갖추고 있어야 한다.

① 완전한 꽃가루를 많이 생산하는 것이여야 한다.
② 개화기가 목적하는 품종보다 약간 빠르거나 같은 시기어야 한다.
복숭아의 꽃은 자예선숙이어서 개화 전부터 정받이 능력이 있고, 개

화 후 5일 정도까지는 정받이 능력이 있으나 개화 후 시일이 경과함에 따라 정받이 능력이 약해지므로 주요 품종이 개화하면 곧 정받이 할 수 있도록 주요 품종보다 개화기가 약간 빠르거나 같은 것이어야 한다.

③ 상품가치가 높은 과실을 생산하는 것이어야 한다. 수분수의 주요 품종에 대한 혼식비율은 20~30%정도 되므로 이에서 수확되는 과실도 상품가치가 높은 것이어야 한다.

④ 병충해 방제, 시비 등의 작업체계가 주요 품종과 같은 것이어야 한다.

아. 재식후의 관리

① 정식시에 충분히 관수하고 겨울 동안에 적설이 적은 지역에서는 토양건조가 심하므로 발아까지의 기간에 2~3회 정도 충분히 관수하는 것이 좋다.

② 눈접한 묘목은 대목으로부터 발생되는 눈은 발견 즉시 제거한다. 바람에 부러지기 쉬우므로 일찍부터 지주를 세워 유인하여 곧게 신장시킨다.

③ 묘목에 잎오갈병이 심하게 발생되어 초기생육이 현저히 저해되는 경우가 있으므로 발아 전에 잎오갈병의 방제를 충분히 한다.

④ 발아가 일제히 되도록 하여 가지의 신장을 도모한다. 주지후보지 보다 하부에서 강하게 발생되는 가지는 강세한 가지로 되기 쉬우므로 유인하여 신장을 억제시킨다. 각 주지후보지는 지주를 세워 신장을 촉진시킨다.

⑤ 뿌리 주변에는 충분히 관수한 후 짚 등으로 피복하여 건조방지와 함께 잡초발생억제를 도모한다.

3. 개식

가. 개식원의 실태

1) 개식원에서의 생육

복숭아를 심었던 토양에 다시 복숭아를 심게 되면 생육이 불량하고 불균일하게 된다. 또 생산량도 기대에 미치지 못하는 경우가 많다. 이와 같은 현상을 기지현상, 연작장해 또는 개식병이라 하며 이러한 기지현상 때문에 복숭아의 산지는 이동되기 쉽다.

개식원에서의 복숭아 생육은 신식원에 비하여 현저히 떨어지고 조피증상을 나타내며, 수지가 발생되고 새가지의 신장이 불량하여 수형 구성 및 수관확대에 좋지 않고 수량도 저하된다. 연작 장해는 특히 통기성과 배수성이 나쁜 점질 토양의 과원에서 많이 발생된다. 또 기지현상에 대한 특별한 대책을 강구하지 않고 토양 중의 잔존 뿌리만 제거한 정도로 개식한 과원에서 발생이 많다.

개식원에서도 신식원에 비하여 생육이 그다지 떨어지지 않는 과원도 있다. 2대째, 3대째에서도 생육장해가 없을 뿐만 아니라 높은 수량이 유지되는 과원도 있는데 이러한 과원의 개식시의 조건은 다음과 같다.

① 토양은 항상 관수를 하면서 재배하여야 할 정도로 배수가 양호한 사양토이다.

② 개식시에는 심을 구덩이를 깊고 넓게 파고 잔존 뿌리를 제거하고 심토와 표토가 반전되도록 하고 깊이갈이를 실시하였다.

③ 정식시에는 심을 구덩이를 중심으로 완숙퇴비를 많이 사용하고 충분한 토양개량을 하였다.

④ 묘목을 정식하는 것이 아니라 3년생의 유목을 이식하였다. 이식한 나무는 상당히 크기 때문에 심을 구덩이도 컸다.

나. 개식원에 심어진 나무의 특징

① 개식원에 심어진 묘목은 발육이나 신장이 정상적으로 되지 않아 주지 구성이 곤란한 수형으로 되기 쉽다.
② 주간이나 주지의 피목이 거칠고 수피가 조피증상으로 된다. 건전한 나무에서는 대목 주변에 움이 발생되지 않으나 개식원에서의 나무는 대목 주변에 움이 발생된다.
③ 수피에 특유한 광택이 없이 검은색을 띄며 수피가 갈라지는 경우가 많다.
④ 수관이 잘 확대되지 않고 나무 전체가 쇠약해진다.

다. 개식원에서의 발육 불량 원인

1) 독성물질의 생성에 의한 뿌리의 발육 장해

복숭아의 수체에는 청산화합물과 당이 결합된 청산배당체가 함유되어 있는데, 이물질은 분해되면서 식물체에 해가 되는 청산이 발생되는데, 청산배당체는 특히 근피에 많다.

이 청산배당체는 이전에는 아미그다린(amygdalin)이라고 하며, 이것은 생육기의 종자에 많이 포함되어 있고 푸르나신이 많은 것으로 판명되었다. 이 푸르나신이 분해되는 과정에서 mandelonitile, benzaldehyde, 안식향산, 청산 등이 생긴다. 이러한 물질들은 복숭아의 뿌리 생장 억제제로 작용하여 기지 혹은 연작장해의 발생 원인이 된다. 이 청산배당체는 수년간 토양 중에 잔존하며 뿌리가 부패되는 과정에서 발생된다. 청산배당체가 분해하는데는 토양 중의 어떤 미생물이 함유한 에멀신 효소가 필요하다. 이 효소에 의해 당과 청산, benzaldehyde로 분해되어 뿌리의 호흡작용을 강하게 억제한다.

2) 토양 선충 증가에 의한 발육 장해

기지현상이 뚜렷한 과원에는 뿌리혹선충, 뿌리썩음선충 등 선충류의 서식이 많은 것으로 알려져 있다. 이러한 선충들이 뿌리 주변의 토양에서 많이 검출되는 과원에 개식을 거듭할수록 기지증상이 심해지고 생산력이 현저히 저하된다.

뿌리썩음선충이 복숭아 뿌리에 침해하면 청산반응을 나타낸다. 그러나 아미그다린을 함유한 한천배지에 넣는 것만으로 청산반응이 나타나기 때문에 이 선충은 에멀신 효소를 가져 아미그다린을 분해하는 능력을 가지고 있는 것으로 알려져 있다.

많은 선충류는 복숭아 뿌리의 식해에 의한 뿌리의 기능 저하와 이때 발생되는 독물질 때문에 뿌리의 호흡장해에 의한 뿌리의 기능 저하를 야기시킨다.

3) 토양병해

복숭아의 기지와 토양 병해와의 관계는 아직 분명하게 밝혀져 있지 않으나 개식원에서 크로르피크린이나 포르마린으로 토양 소독을 하면 효과가 매우 큰 것으로 실증되고 있다.

4) 토양 중의 양분 결핍

개식원에서 생육이 특히 불량한 경우는 전작으로 복숭아를 심었던 구덩이의 토양 양분의 결핍이 현저하기 때문이라고는 할 수 없다.

5) 토양의 물리성 악화

기지가 발생하기 쉬운 복숭아는 내수성도 약하여 기지 발생과 내수성과는 관계가 깊다. 토양의 통기성이 나쁜 혐기조건에서는 뿌리의 청산배당체가 분해되어 청산이 발생되고 그것이 뿌리의 자가 중독증상을 발생시켜 내수성이 저하되는 것으로 말하고 있다. 통기성이 나쁜 곳에서 기지증상이 많이 발생된다.

라. 기지(忌地)의 방지 대책

1) 잔근의 완전 제거

기지, 연작장해을 발생시키는 유독물질은 복숭아의 뿌리, 잎, 종자 등에 많이 포함되어 있기 때문에 개식하는 경우에는 심을 구덩이 주변의 잔근을 완전히 처리할 뿐만 아니라 가지나 잎, 낙과된 과실도 과원 밖으로 처리하여 생육 저해요인이 되는 것들을 가능한 한 모두 제거한다.

2) 토양 선충의 방제

복숭아를 개식할 토양에 선충이 많이 검출되어 피해가 예상되는 경우에는 토양소독을 실시한 후 정식한다. 토양소독은 심을 구덩이의 예정지에 30cm의 간격과 30cm의 깊이로 구멍을 뚫어 크로로피크린 등의 토양 살균제를 주입하여 소독한다.

처리시기는 지온이 높은 8~10월 경이 좋으며, 정식할 때까지의 기간에 가스의 발산이 충분히 이루어진 후에 정식한다.

3) 휴경

복숭아의 연작장해를 방지하기 위해서는 복숭아나무를 제거한 후 2~3년 휴경한 뒤 심는 것이 좋다. 개식하기 전까지는 잡초가 발생된 상태로 휴경하여도 되나 2~3년 동안 계획적인 청예작물을 도입하는 것이 보다 효과적인 대책이 된다.

4) 토양의 심경

복숭아 뿌리의 분포 특히 수직적 분포를 조사한 결과를 보면 뿌리의 70~80%는 30~40cm정도의 비교적 얕은 범위에 집중되어 있다. 가뭄을 방지할 목적으로 볏짚 등으로 멀칭을 매년 하게 되면 잔뿌리가 지표면에 특히 많아지게 된다. 토양 중의 생육저해 물질도 토양중에 광범위하게 분포되어 있는 것이 아니라 뿌리가 집중적으로 분포되어 있는 30~50cm 정도 되는 부위에 많은 것으로 생각된다. 따라서 개식하는 경우에는 대형 쟁기나 심경 로타리 등을 이용하여 50~60cm 깊이로 깊이갈이을 하여 흙을 뒤집어 주는 것이 매우 효과적인 대책이다.

5) 배수

복숭아의 뿌리는 내수성이 매우 약한 것으로 알려져 있다. 토양 통기성의 악화, 배수 불량 등 혐기성의 조건에서는 뿌리의 호흡 저해 작용이 발생된다. 그러므로 복숭아를 개식할 때에는 특히 배수 대책을 철저히 하여 토양의 통기성이 잘 유지되도록 개선한다.

6) 토양의 갱신(객토)

노후화된 복숭아원을 개식하는 경우에 새 흙으로 바꾸기 위한 객토 방법도 있다. 객토방법은 기지를 해소시키기 위한 매우 좋은 방법이나 많은 노력과 비용이 드는 결점이 있다. 객토를 할 경우에 50cm의 유효토층을 확보하기 위해서는 진압되는 양도 고려하여 70cm정도의 객토가 필요하다.

7) 고휴재배법

잔존뿌리를 제거하고 깊이갈이를 하여 퇴비, 토양 개량제를 투입하여 토양을 개량한다. 그리고 정식할 즈음에 객토나 성토를 하여 고휴방식으로 재배하면 배수가 양호하고 연작장해가 적어지는 수단이 된다.

8) 유목의 이식

개식시에는 가능한 한 이전에 심었던 구덩이에 다시 심지 말아야 한다. 그러므로 이전에 심었던 나무와 나무 사이에 심는 것이 가장 좋다.

심을 구덩이는 크고 깊게 파서 퇴비를 충분히 시용하고 별도의 장소에서 육성한 3년생의 큰 나무를 이식하는 것이 좋다. 큰 나무를 이식할 구덩이를 크게 파고 토양개량을 충분히 하였기 때문에 연작 장해가 감소하게 된다. 유목의 이식을 봄에 하게 되면 초봄의 신장이 억제되므로 필히 가을에 이식한다.

7장 정지 및 전정

1. 결과습성
2. 결과지의 종류
3. 수형
4. 전정

7장 정지 및 전정

1. 결과습성

새가지위의 꽃눈형성위치와 과실의 착생특성을 결과습성이라고 하는데 이는 과수의 종류나 품종에 따라 다르므로 전정하기에 앞서 그 특성을 잘 파악해 두어야 한다. 복숭아나무는 꽃눈착생이 잘 되기 때문에 2~3년생만 되어도 과실이 잘 맺히며, 수세가 안정되면 세력이 강한 가지에서도 쉽게 꽃눈이 맺혀 결실이 잘 된다.

복숭아 꽃눈은 그 해에 자란 새가지의 잎겨드랑이에 형성되어 다음해에 개화, 결실한다. 가지의 끝눈은 잎눈이고, 곁눈은 꽃눈과 잎눈이 섞여 보통 2~3개의 눈으로 되어 있다. 한마디에 잎눈의 수는 1개 이하이고 꽃눈은 1~3개가 된다. 보통 기부쪽에는 잎눈만 있는 경우가 많다. 발육이 좋은 가지에는 2눈 이상의 복아(複芽)가 많고, 세력이 좋지 못한 가지에는 단아(單芽)가 많이 착생된다.

이와 같이 눈이 붙는 정도는 품종에 따라 또는 가지의 영양상태에 따라서도 달라진다.

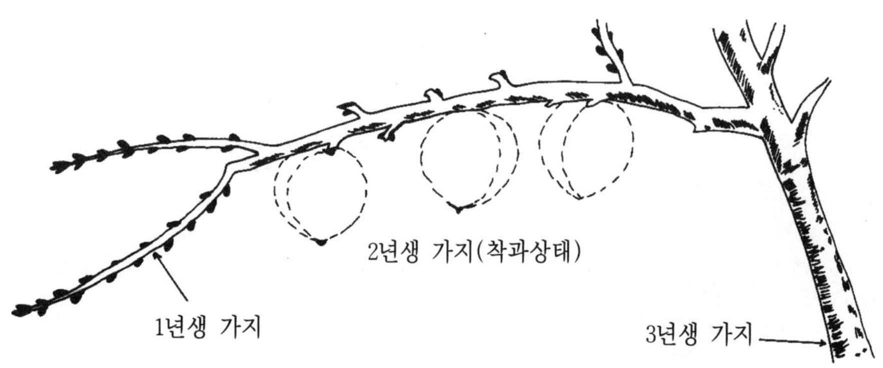

그림7-1〉 복숭아나무의 결과습성

(1년생 가지에서 당년 꽃눈이 형성되고 다음해에 결실됨)

2. 결과지의 종류

가. 장과지(長果枝)

길이가 30cm이상 되는 결과지로서 기부에 2~3개의 잎눈이 있고 중간에는 대개 꽃눈과 잎눈이 함께 붙고, 선단부에는 잎눈 또는 꽃눈이 함께 있다.

일반적으로 장과지는 꽃눈의 발육이 충실하고 새가지가 많이 발생하여 많은 잎이 착생되므로 과실의 발육이 양호하다. 기부쪽의 잎눈은 결과부위가 상승하는 것을 막을 수 있다.

나. 중과지(中果枝)

길이가 10~30cm 정도의 결과지로서 끝눈은 잎눈이지만 중간에는 겹눈의 경우에도 잎눈은 많지 않고 특히 발육이 좋지 않은 것은 꽃눈만 착색하는 홑눈이 많다.

이러한 가지에 착생한 과실은 착과는 잘 되나 잎눈이 적기 때문에 과실의 발육이 장과지보다 불량하며, 또 기부에는 잎눈이 없으므로 중과지의 길이만큼 결과부위가 상승하기 쉽다.

다. 단과지(短果枝)

길이가 10cm이하의 짧은 가지로서 끝눈만이 잎눈이고 나머지는 전부가 홑눈인 꽃눈으로 되어있다.

충실한 단과지는 선단의 엽아가 신장해서 다음해에 단과지로 되지만 세력이 약한 단과지는 결실하면 말라죽는 경우가 많다. 품종에 따라서는 백도(白桃)와 같이 단과지가 많이 생겨 중요한 결과지로 되는 경우가 있으나, 일반적으로 단과지는 주지 아래쪽의 세력이 약한 부분, 측지중 전년에 결실한 부분, 영양불량 또는 노쇠한 가지에서 발생하는 것이 보통이다.

라. 화속상 단과지(꽃덩이 단과지)

꽃덩이 단과지는 길이가 3cm이하인 결과지로서 끝눈만 잎눈이고, 전부 꽃눈인 홑눈이 서로 닿아 마치 꽃덩이를 이룬 모양이다. 단과지와 같이 한 번 결실하면 말라죽거나 다시 꽃덩이 단과지로 되기 쉽다.

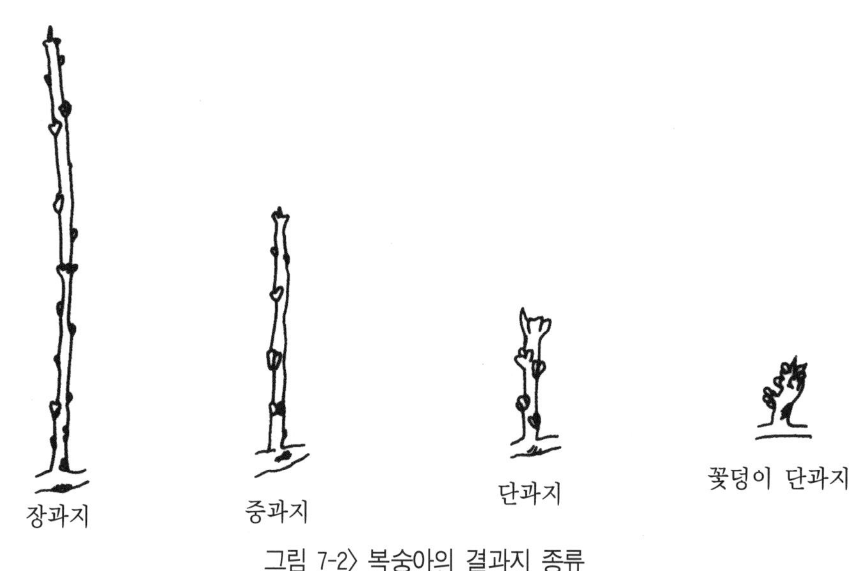

그림 7-2〉 복숭아의 결과지 종류

3. 수형(樹形)

복숭아나무는 방임상태(放任狀態)로 재배하다가 차츰 관리와 정지(整枝)가 편한 배상형(盃狀形)으로 나무를 다듬어 키운다.

배상형은 묘목을 심은후 원줄기를 45~60cm에서 잘라 여기에서 3~4개의 원가지를 내어 벌리고, 이듬해부터 2~3년간 매년 45~60cm에서 자르면서 각 원가지에서 2개씩의 가지를 받아 원가지수를 12~24개로 만들어 벌린다.

이와 같이 수형을 만들기 위해서는 바로선 가지를 벌려주기 위한 유인(誘引)작업을 행하여야 되며, 전정시 눈의 방향에도 세심한 주의를 하면서 기하학적 정지를 하여야 한다.

그러나 배상형은 나무의 자연성(自然性)을 무시한 인공형(人工形) 정지법으로 원가지를 벌려 놓으므로서 도장지의 발생이 많아 여름철 신초관리에 노력이 많이 소모되고, 아랫가지는 그늘에 의한 고사가 심하여 결과부위의 상승을 초래하며 경제적 수명과 수량도 떨어진다.

따라서, 나무공간을 입체적으로 이용하기 위해서 원가지를 자연스럽게 배치하고, 원가지도 줄이고, 부주지를 만들어 가는 이른바 개심자연형(開心自然形)정지법을 적용해야 한다.

개심자연형 정지는 원줄기의 길이를 60~70cm로 하고 원가지 3개를 20cm 내외의 간격으로 배치시킨후 원가지는 분지(分枝)시키지 않고 곧게 연장하면서 원가지위에 덧가지를 2개씩 붙이는데 그 발생위치는 지상 1.5 m 전후로 한다.

배상형과 개심자연형은 상호 약간의 특징이 있으나, 어느 수형을 선택하느냐는 주로 지형과 토양의 비옥도에 따라 선택하는 것이 바람직하다.

최근에는 복숭아나무를 밀식재배하기 위해서 Y자 또는 주간형으로 키우는데, 그러기 위해서는 재식거리를 나무형태나 키우는 방향에 따라 달리 해주어야 하며, 그 일반적 사례를 보면 표에서 보는 바와 같다.

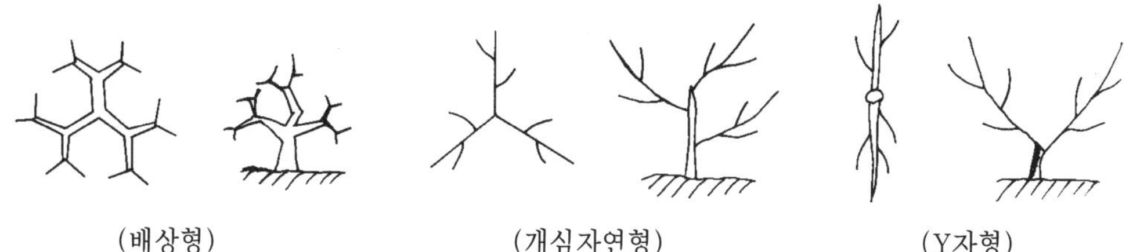

(배상형) (개심자연형) (Y자형)

그림 7-3〉 복숭아 나무의 수형(왼쪽은 위에서 본 모양이고 오른쪽은 옆에서 본 모양임)

표 7-1〉 개심자연형과 배상형의 장 단점

구 분	장 점	단 점
개심자연형	· 착과용적이 크고 수량이 많다 · 수광조건과 과실품질이 좋다 · 경제수령이 길다 · 비옥지 재배에 알맞다	· 수고가 높아 작업이 불편하다 · 최상단주지가 약해지기 쉽다 (3본 주지의 경우) · 수형구성이 어렵고, 그 기간도 길다(6~7년) · 세력을 주지간 고루 분산시키기 어렵다
배 상 형	· 수고가 낮아 작업이 편리하다 · 정지법이 비교적 간단하다 · 세력을 고루 분산시키기 쉽다 · 척박지 재배에 알맞다	· 원가지가 찢어지기 쉽다 · 도장지 발생이 쉽다 · 평면적 착과로 수량성이 낮다 · 수명이 짧아지기 쉽다

표 7-2 〉 복숭아 수형별 재식거리 및 10a당 필요한 나무주수

수형	개심자연형	배상형	Y자형	주간형
재식거리	6×5 ~ 6×4.5	5×5 ~ 5×4	6~7 × 2~2.5	4×2 ~ 5×3
10a당 필요주수	33 ~ 37	40 ~ 50	57 ~ 83	67 ~ 125

4. 전정

가. 전정의 기초

1) 복숭아 나무의 생장특성

가) 생장이 왕성하고 수관확대가 빠르다

유목의 새가지는 발아후 2m이상 왕성하게 자라는 경우도 많고, 곁눈에서 다시 부초(副梢)가 붙는다. 이것을 2번지(2番枝)라고 부르며 3번지를 형성하기도 하며 수관이 크게 확대된다.

부초는 성목에서도 가지세력이 왕성해지면 쉽게 발생하는데 8월 이전에 형성된 부초상의 눈은 꽃눈으로 분화된다.

나) 도장지(웃자람가지)의 발생이 많다

복숭아는 건조에 견디는 성질이 강한 편이나 내습성(耐濕性)이 약하며, 토양의 양분과 수분이 많게 되면 도장지의 발생도 많다. 특히 질소질 비료에 민감하며 강전정은 다비재배(多肥栽培)와 같은 결과를 초래하므로 도장지의 발생이 더욱 많아진다. 또한 강전정은 수지병(樹脂病), 줄기마름병의 발생을 유발하여 수명이 단축된다.

다) 나무자세는 개장성(開張性)이다

유목의 생장은 극히 왕성하여 직립되기 쉬우나 결과기가 되면 점차 개장되어 간다.

또한 뿌리는 얕게 뻗는 성질 때문에 태풍에 약하고 주지(원가지)도 개장되므로 찢어지기 쉽다.

표 7-3〉 복숭아 품종별 개장성 정도

중직립성	중 개 장 성	개 장 성	심개장성
창방조생 백 봉	포목조생, 관도5호 대화조생, 증진백도 증산금도, 유명	백도, 홍진유도 기도백도, 고양백도 대화백도	대구보

라) 정부우세현상이 변하기 쉽다

복숭아나무의 끝눈에서 자란 가지는 하부의 눈에서 신장한 가지보다 세력이 강한 것이 보통이다. 이는 부분적으로 정부우세성이 작용하기 때문이나 때로는 하부의 것이 강하게 되는 성질이 있어 점차 아래쪽 원가지가 상부의 원가지보다 강해져 굵게 되기 쉽다.

마) 노쇠(老衰)가 빠르다

복숭아나무는 2~3년생만 되어도 꽃눈이 쉽게 맺히므로 착과과다(着果過多)상태가 되기 쉽고 이에 따른 수세쇠약은 노쇠를 조장한다. 또한 유리나방, 깍지벌레 등에 의하여 줄기와 큰가지가 피해를 받기 쉽다.

바) 내음성(耐陰性)이 약하다

복숭아는 양성(陽性)과수로 그늘 속에 있는 잎눈은 쉽게 약해져서 수관 내부의 잔가지가 고사(枯死)하기 쉽고, 음아(陰芽)도 적다. 따라서 결과부위의 상승이 쉽고, 주지나 부주지 등의 굵은 가지의 표피가 일소(日燒)를 받는 경우가 많다.

사) 전정부위의 상처 유합(癒合)이 잘 안된다

전정한 곳은 유합이 잘 안되어 말라들어 가기 쉽고, 줄기마름병균의 침입과 동해도 쉽게 받는다.

아) 결실확보를 위한 작업효과가 쉽게 나타난다

2) 수세와 전정의 강약(强弱)

가) 강전정과 약전정

잘라내는 양이 많은 것을 강전정이라 하고, 적은 것을 약전정이라 하는데 전정을 강하게 하면 인접한 곳의 눈에서 나온 가지의 세력은 왕성하게 되지만 나무전체를 생각할 때에는 강전정 할수록 잎면적이 적어지기 때문에 총생장량이 떨어지게 되고, 수명도 단축된다.

나무가 나이를 먹어감에 따라 점차 생장에 대한 전정의 영향은 적게 나타나지만, 늙은 나무나 세력이 약해진 나무는 적당한 전정을 해 주므로써 오히려 나무의 생장을 촉진시킨다.

그와 같은 이유는 늙은 나무일수록 광합성(光合成)을 할 수 있는 잎이 나무 전체 중에 차지하는 비율이 적어지기 때문에 전정에 의해서 광합성을 하지 못하는 부분이 많이 제거되므로 이 부분의 호흡에 의한 양분소모량이 상대적으로 줄게 되고, 겹쳐진 가지가 줄어들므로 나머지 잎과 새로 자란 가지의 잎은 충분한 광합성을 할 수 있게 되기 때문이다.

일반적으로 수세가 강한 가지는 약하게 전정하고 쇠약한 가지는 강하게 전정한다.

지나친 강전정은 화아형성을 나쁘게 하고 도장지의 발생도 많게 한다.

그러나 너무 약한 전정은 자칫 과다착과에 의한 소과(小果)생산비율을 높이고, 과실품질을 떨어뜨리기 쉬울 뿐만 아니라 결과부위를 상승시키게 된다.

유목기에 수세가 쇠약하게 되는 원인은 대개 뿌리가 장해를 받은 경우가 많으나, 성목기의 수세쇠약은 강전정에 의한 폐해나 나무줄기의 병해 또는 뿌리의 장해에 의한 경우이므로 전정의 강약은 수세조절상 매우 중요하다.

표 7-4〉 전정의 정도가 간주(幹周) 비대에 미치는 영향

(단위 : cm)

과 수 종 류	강 전 정	중	약 전 정
복 숭 아	12.0	16.9	19.4
살 구	11.7	12.6	15.3
양 앵 두	10.0	11.2	12.3
자 두	6.3	10.4	11.3
배	8.7	9.1	9.7
평균	9.7	12.1	13.6

나) 전정량의 조절

복숭아나무의 전정량은 대개 전체 눈수의 60~90%의 범위에서 실시하게 된다.

특히 토심(土深)이 깊고 비옥한 땅에서는 80%이상 전정해 내는 경우가 많아 강전정이 계속 반복되기 쉽다.

일반적으로 전정량을 50%로 하면 남아있는 눈에 집중되는 양분이 전정하지 않은 나무에 비해 2배, 75%로 하면 4배, 90%에서는 10배에 달한다고 한다.

복숭아나무에서의 적당한 전정량은 전체 꽃눈수의 60~70%로서 수체(樹體)내의 양분은 남아있는 각 눈에 알맞은 양으로 분배되어 신초신장이 원만하고 적과 등의 작업이 적당하게 되어 세포분열(細胞分裂)과 과실비대도

순조롭게 된다.

이렇게 되면 도장지의 발생도 적고 수광량(受光量)도 충분하여 착색이 좋은 고품질(高品質)의 과실이 생산된다.

그러나 80%이상 강전정을 하는 경우에는 1눈당 분배되는 양수분이 과잉상태가 되어 도장지 발생을 조장한다. 따라서 꽃눈형성이 나빠지고 생리적 낙과(生理的 落果)와 과실품질의 저하원인이 된다.

표7-5는 전정의 정도가 생리적 낙과 및 과실품질에 미치는 영향을 조사한 것으로 전정량의 조절에 의해서 생리적 낙과는 물론 수량, 과실크기 등이 조절될 수 있음을 보여주고 있다.

표 7-5〉 전정정도가 생리적 낙과 및 과실품질에 미치는 영향(1980)

전정강도 (가지 전정량)	봉 지 씌운수	1㎡당 봉지 씌운수	생리적 낙과율(%)	수량 (kg/㎡)	과 중 (g)	당 도 (°Bx)	산도 (pH)
약(37%)	551	13.2	7	2.73	249	11.3	4.50
중~약(47%)	408	7.4	8	1.53	252	11.1	4.52
중(51%)	269	6.7	14	1.36	264	11.5	4.57
강(66%)	243	4.7	18	0.97	275	11.1	4.58

나. 전정의 방법

1) 개심자연형

가) 기본기술

① 원줄기의 길이

원줄기는 원가지를 배치시키는 가장 중요한 중앙부의 기둥을 말하는 것으로 보통 2~3개의 원가지를 발생시킨다. 원줄기가 길수록 기계이용 작업은 편리하나, 적과, 봉지씌우기, 수확 등의 작업은 불편해지고 바람에도 약하다.

복숭아는 기부(基部)의 가지일수록 세력이 왕성해지는 특성이 강하므로 원줄기를 길게 하려고 해도 윗쪽가지는 세력을 얻기 어려워 길게 하기가 어렵다.

복숭아 수형을 배상형이나 개심자연형으로 만들어 온 것은 그러한 특성을 쉽게 이용하기 위한 것이다.

개심자연형 원줄기의 길이는 70cm내외로 하되 비옥한 토양에서는 길게 척박한 토양에서는 짧게 하는 것이 좋다.

② 원가지의 수

원가지수가 많게 되면 아랫쪽에 그늘이 많아지게 되어 곁가지들이 말라 죽기 쉽다. 그러므로 원가지수는 2본으로 하는 것이 좋으며 대체로 비옥한 땅에서는 원가지수를 적게 하고, 척박한 땅에서는 많게 한다.

③ 원가지의 발생위치

원가지는 보통 지상 30cm에 제1원가지를 두고, 그 윗쪽으로 20cm 내외의 간격으로 제2, 제3원가지를 둔다.

원가지의 간격이 너무 가까워 차지(車枝)로 되면 가지가 찢어질 염려가 있을뿐 아니라 결과부위가 평면적으로 될 우려가 있으므로 15cm 이상은 떨어지게 배치하여야 한다.

④ 원가지의 분지각도(分枝角度)

원가지는 벌림각도가 좁을수록 직립성이 강하여 생장이 왕성하고 찢어지기 쉽다.

따라서 벌림각도는 가지 발생 초기에 되도록 수평쪽으로 벌어진 것을 택하는 것이 좋다.

복숭아 나무는 가장 윗쪽의 원가지의 세력이 약해지기 쉬우므로 이 가지의 벌림 각도는 좁게 하고 밑의 가지일수록 각도를 벌려주어 원가지의 세력이 균형있게 발달되도록 해야 한다.

3본주지의 경우 가장 아래에 있는 제1원가지의 벌림각도는 60~70°, 제2원가지는 45~50°, 제3원가지는 30°내외로 하는 것이 좋다. 2본주지의 경우는 상부 원가지는 원줄기를 약간 눕혀 이것을 그대로 이용하고, 아래 원가지는 60° 정도로 벌려 주면 된다.

원가지의 끝부분은 늘어지지 않도록 비스듬히 일어서게 키워서 원가지가 곧바르게 해야 한다.

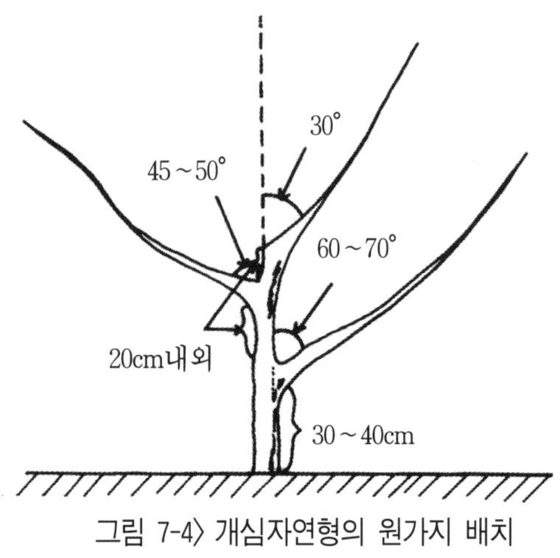

그림 7-4〉 개심자연형의 원가지 배치

⑤ 부주지 (副主枝)의 형성

원가지에 붙이는 큰가지를 부주지라하며 각 원가지마다 1~2개 붙이게 된다. 원가지에 직접 발생한 가지라도 작은 가지는 부주지라 부르지 않는다. 부주지는 원가지와 비슷한 목적으로 결과부위를 확대시키고자 하는 것이므로 곧게 신장시키되 원가지보다 세력을 약하게 만들어야 한다.

부주지 형성은 재식후 3년째부터 하나씩 만들어 가면 된다. 즉, 제3원가지에서는 3년째, 제2원가지와 제1원가지에서는 4년째에 부주지 하나를 선정하고 다음 부주지는 그후 1~2년후에 선정하도록 한다.

원가지의 밑부분에 붙이는 제1부주지는 길게 키우고 그 윗쪽에 붙이는 부주지는 짧게 키워 햇빛 쪼임과 통풍을 좋게 하여야 한다. 부주지의 선정은 원가지의 측면과 아랫쪽의 중간 부위에서 발생한 가지를 택하는 것이 좋다. 부주지의 발생위치는 원가지에 따라 달리 해주어야 세력의 균형을 잘 맞출 수 있게 된다.

제2원가지상의 제1부주지는 원줄기로부터 30cm정도 거리에, 제2원가지상에서는 60cm, 제1원가지상에서는 90cm가 되는 위치에서 발생시킨다.

원가지상의 각 부주지의 간격은 90~120cm가 되도록 배치하는 것이 좋다.

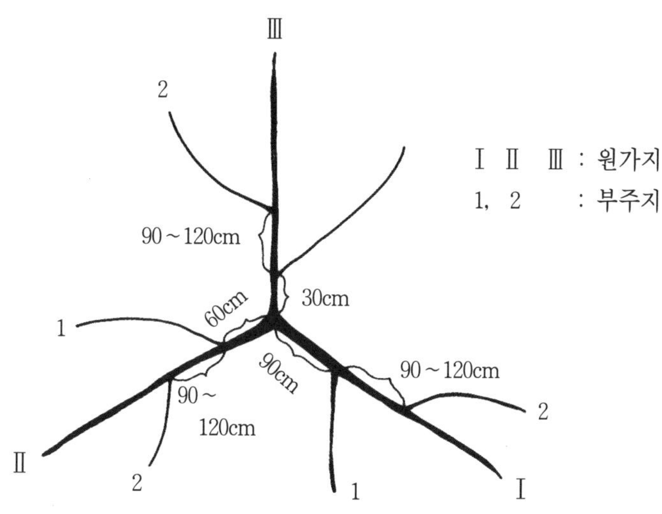

그림 7-5〉 원가지와 부주지의 배치

⑥ 곁가지의 형성

곁가지는 원가지 또는 부주지에 붙는 가지로서 결과지를 착생시키는 가지이다. 원가지와 부주지는 나무의 골격이므로 영원히 유지하여야 하지만 곁가지는 필요에 따라 갱신(更新)하여야 하므로 너무 크게 키울 필요는 없다. 곁가지의 배치나 크기를 잘못 조절하면 나무속에 그늘이 많이 생기고 과실비대가 불량하고 품질이 떨어지며 나무속의 가지들이 말라죽기 쉬우므로 곁가지의 크기를 알맞게 형성시키는 것이 중요하다. 곁가지의 세력은 언제나 부주지의 세력보다 약하게 한다. 수관 윗쪽의 곁가지는 짧게 유지하고 아래로 내려올수록 점차 곁가지의 크기는 크게 한다.

복숭아나무는 직사광선이 굵은 가지에 닿으면 일소를 일으키기 쉬우므로 굵은 가지가 노출되지 않도록 곁가지를 고르게 배치한다.

곁가지는 너무 커지기 전에 갱신하도록 하며 갱신방법은 곁가지 내에서 행하는 방법과 곁가지를 기부에서 제거하고 원가지나 부주지에서 발생한 어린가지로 바꾸는 방법이 있다.

곁가지의 형태는 곁가지의 선단과 각 결과지를 연결하는 선이 삼각형이 되도록 하므로서 아래쪽 가지에 광선이 잘 들어가도록 해야 한다.

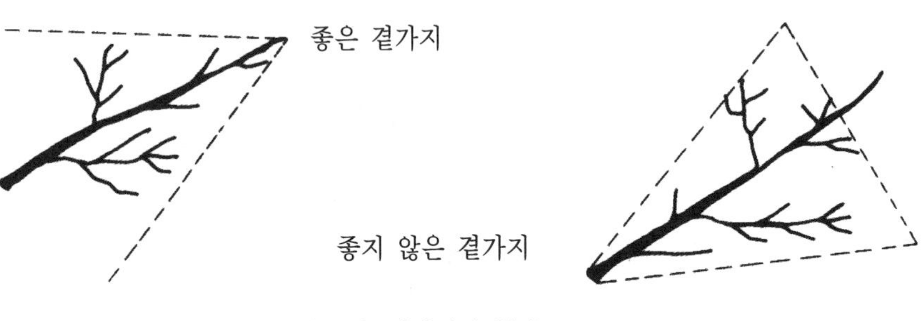

그림 7-6〉 곁가지의 형태

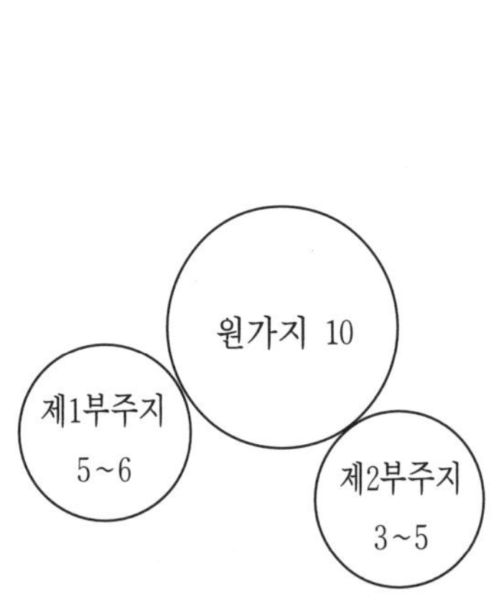

그림 7-7〉 원가지와 부주지와의 적합한 간주비대량

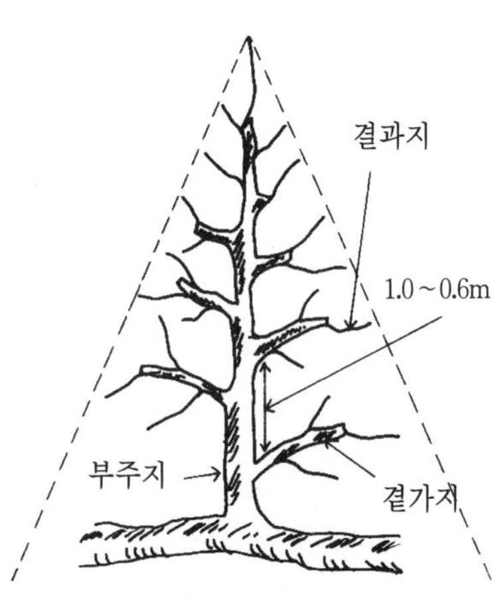

그림 7-8〉 곁가지의 간격

나) 전정의 실제

① 유목기의 전정

(가) 재식당년

복숭아는 앞에서도 말한 바와 같이 지면에 가까운 곳에서 발생한 가지의 세력이 왕성해지기 쉬운 특성이 있으며 불량한 묘목을 심거나 토양조건이 나쁠 때 또 비배관리가 좋지 않은 경우에는 묘목의 윗쪽에서 나오는 가지는 세력을 얻지 못하고 극히 쇠약(衰弱)해 지는 것을 흔히 볼 수 있다. 그러므로 좋은 묘목을 가을 또는 이른 봄에 충분한 퇴비를 주고 심은 후 관리를 잘 해주어야만 가지가 밑에서 윗쪽까지 고르게 배치되어 수형구성을 용이하게 할 수 있게 된다. 나무 심을 자리에 대목을 심어 놓고 절접을 하고 나서 눈접 묘를 심어서 키우면 가지가 강력하게 나오므로 수형구성이 비교적 쉽다.

재식당년의 수형 구성은 새가지가 10cm정도 자라는 초여름부터 시작하는 것이 이상적이다.

❶ 여름철 손질

새가지가 약 10cm 자랐을 때 지표에서 30~40cm정도의 높이에 있는 새가지 중에서 분지각도가 너무 좁지 않은 것을 택하고 이 가지 위를 쪼개서 20~30cm간격으로 방향이 120°정도 어긋나게 붙은 가지를 골라 주지후보지로 정하고 나머지 새가지는 원가지후보지를 키우는데 방해가 될 정도로 세력이 강하거나 가깝게 붙어 있는 것은 기부에서 잘라 버리고 그 이외의 가지는 가지 끝을 1~2회 적심(摘芯)하여 발육을 억제한다.

원가지 후보지는 여름동안에 복숭아 순나방의 피해를 받지 않도록 주의한다. 기부 가까운 곳에 2번지가 나오면 세력이 치우쳐지기 쉬우므로 순을 쳐주어 약화시킨다.

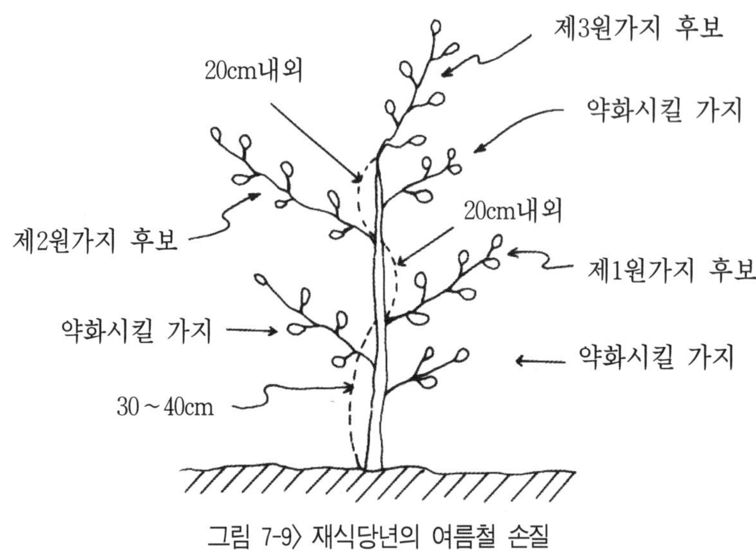

그림 7-9〉 재식당년의 여름철 손질

❷ 겨울전정

1년째 겨울전정(보통 다음해 봄에 하는 것이 좋음)에 있어서는 원가지 후보지가 자란 길이의 1/3~1/4 정도를 가지가 잘 여문 부위에서 잘라주되 잎눈을 반드시 밖으로 두고 자른다.

아래쪽에 붙어있는 원가지일수록 세력이 강해지기 쉬우므로 가지에 붙는 엽면적을 미리 조절함으로써 원가지간의 세력이 균형을 이루도록 한다. 그러기 위하여 제일 윗쪽의 원가지후보지는 길게 남기고 제일 아래 원가지는 짧게 남기며 중간에 붙은 가지는 중간정도의 길이가 되도록 잘라 주는 것이 좋다(그림 7-10 참조).

원가지 끝에서 30cm내외에 붙은 2번지는 모두 잘라내고 그 이외의 2번지는 세력이 지나치게 강한 것과 가지가 긴 것은 잘라내고 나머지는 길이의 1/3 정도를 잘라 준다.

여름철 손질을 하지 않고 키운 나무일 경우에는 발생위치와 분지각도가 원가지로 만들기에 적당한 1년생 가지를 원가지후보지로 정하고 위에서와 같은 요령으로 전정한다. 원줄기 아랫쪽에 붙은 가지일수록 강해지기 쉬우므로 아랫쪽 후보지는 윗쪽보다 약한 것을 택하도록 한다.

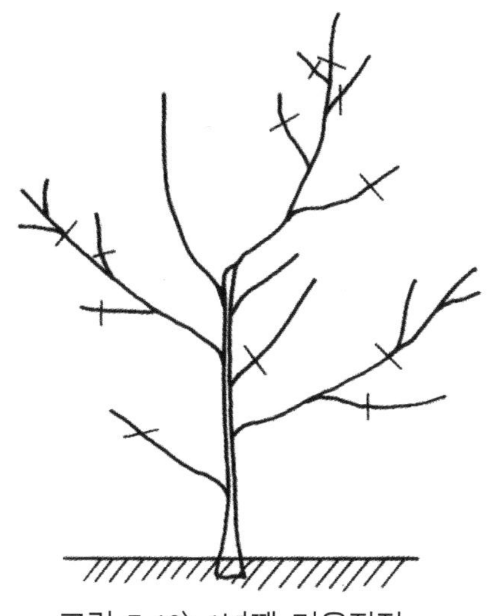

그림 7-10〉 1년째 겨울전정

(나) 재식후 2년째

❶ 여름철 손질

전년도 겨울전정때에 원가지 선단의 눈을 밖으로 두고 잘라 주었어도 원하는 방향으로 새가지가 강하게 자라 나오지 않거나 선단 가까이에서 세력이 비슷한 새가지가 2~3개 나오는 경우가 흔히 있다. 이러한 새가지를 여름에 손질을 하지 않고 그대로 두면 겨울전정때 그중 하나만을 남기고 나머지는 제거해야 하므로 강전정이 되기 쉽고 또 전정부위가 갑자기 가늘어지므로 원가지가 아래로 구부러질 우려가 많다. 그러므로 5월 중 하순에 원가지선단에서 나온 새가지 중 원가지연장지로 키울 가지에 경쟁이 되는 가지는 비틀거나 적심을 해서 세력을 약화시켜야 한다. 또 주지의 등(背面)이나 주간에서 발생하는 도장지도 같은 방법으로 세력을 약화시켜야 한다. 원가지의 분지각도가 너무 좁을 때에는 끈으로 묶어 유인해 주는 것이 좋다.

❷ 겨울전정

원가지 선단은 잎눈을 밖으로 두고 1년에 자란 길이의 1/3~ 1/4을 잘라내되 가지의 세력을 보아서 약한 원가지는 길게 남기고 강한 원가지는 짧게 남기고 잘라 원가지의 세력이 균형을 이루도록 해야 한다. 그러나 앞에서도 말한바와 같이 기부에 가까운 원가지일수록 세력이 강해지기 쉬우므로 이 점을 유의해서 세력을 조절한다.

원가지 연장지 이외의 가지 중에서 원가지의 발육에 방해가 되는 경쟁지나 원가지의 등(背面)에서 나온 도장지 등은 기부에서 솎아 버리고 그 이외의 가지는 복잡한 것만 솎아내고 남긴 가지는 길이의 1/4정도만 잘라둔다.

원가지 연장지에 발생한 부초(副梢:2번지)도 적당한 간격으로 솎아내되 원가지 선단으로부터 30cm이내의 것은 기부에서 잘라 낸다.

(다) 재식후 3년째

❶ 여름철 손질 : 전년과 같은 요령으로 실시한다.

❷ 겨울전정

전년과 같이 원가지 연장지의 선단은 그 길이의 1/3~1/4정도를 표준하여 원가지 세력을 감안하면서 잘라낸다. 금년에는 제1부주지를 선택하는데 아랫쪽 원가지일수록 부주지의 착생위치를 원줄기 기부에 가깝게 하면 세력이 강해지기 쉽고, 경우에 따라서는 원가지보다 세력이 커지므로 아랫쪽 원가지일수록 착생위치를 기부에서 멀리 떨어지게 두어야 한다.

그러므로 제1원가지상에는 그 분기점에서 약 90cm, 제2주지상에는 약 60cm, 제3주지상에는 약 30cm정도의 거리에서 제1부주지를 발생시키고 원가지상의 제2부주지는 제1부주지로부터 90~120cm 거리에서 제1부주지와 반대 방향으로 발생시킨다.

부주지는 원가지의 측면과 하면의 중간부위에서 발생하는 것이 이상적이며 주지의 등(背面)쪽에서 나온 것은 세력이 강해지기 쉬우므로 피하여야 한다.

결정된 부주지는 선단을 길이의 1/3~1/4 가량 절단하고 그 부근에서 발생한 투광에 방해가 되는 가지는 제거하여 광선을 잘 받도록 한다. 3년째가 되면 결가지는 1년생(結果枝)과 2년생 결가지가 있는데, 1년생 결가지는 평행하게 있는 것은 적당한 간격으로 솎아내고 2년생 결가지에서는 원가지와 부주지에 방해가 되지 않는 작은 것으로 절단전정과 솎음전정을 적당히 행하여 배치한다.

이때 윗쪽의 결가지일수록 짧게 절단하고 아랫쪽의 결가지는 솎음 전정을 행하는 정도로 그친다. 원가지 및 부주지의 선단에는 절대로 결실하지 않게 하고, 기타 결과지에서는 나무의 세력을 감안하여 과도하지 않는 범위에서 결실시켜도 무방하다.

(라) 재식후 4년째

❶ 여름철 손질 : 전년과 같은 요령으로 실시한다.

❷ 겨울전정

원가지 연장지는 전년과 같은 요령으로 선단을 절단하여 곧고 튼튼하게 발육하도록 하고 부주지 연장지도 같은 요령으로 선단을 1/3~1/4 정도 절단한다. 다만 부주지의 세력이 원가지보다 강해질 가능성이 있을 때에는 강하게 절단하는 동시에 부주지 위의 가지를 많이 솎아 내어 잎면적을 줄여 주어야 한다.

재식후 4년차에는 각 주지상에 제2부주지를 선택하되 전년에 선정한 제1부주지에서 90~120cm거리에 있고 원가지의 측면과 하면의 중간부위에서 발생된 가지로서 제1부주지와 반대 방향에 있는 가지를 택한다.

선택된 제2부주지도 역시 선단을 1/3~1/4 정도 절단하여 튼튼하게 연장시킨다. 원가지 및 부주지의 발육에 방해가 되는 가지와 수관내부에 발생한 도장지는 기부에서 제거한다. 그 이외의 가지는 벤 것만을 솎아 내고 남길 가지는 가지 끝만 1/4 정도 잘라준다. 재식후 4년차부터는 과실이 많이 열리는데 원가지와 부주지의 끝에 붙은 과실은 따버리고 그 이외의 과실은 나무세력을 보아서 적당히 남기도록 한다.

(마) 재식 5~6년째

수관형성(樹冠形成)이 완료될 때까지 원가지와 부주지의 연장지를 전보다 약간 짧게 남기고 잘라서 발육을 충실하게 한다.

원가지 선단이 밑으로 처지지 않도록 주의하고 부주지도 세력이 너무 강해지거나 아래로 처지지 않도록 한다. 곁가지는 항상 그 크기와 간격에 주의하여 아랫쪽의 곁가지 또는 결과지에 햇빛이 충분히 들어갈 수 있도록 윗쪽에 있는 방해되는 강한 곁가지는 기부에서 제거하거나 일부를 절단해야 한다.

곁가지의 전정방법에는 솎음전정과 절단전정의 두가지가 있는데 지력(地力), 시비량, 수세, 품종 등에 따라서 이 두가지 방법을 적절히 이용하여야 한다.

즉 지력이 좋거나 수세가 강한 것, 통조림용 복숭아와 같이 수세가 강하고 꽃눈 형성이 잘 안되는 품종 및 유목에서는 절단 전정을 피하고 솎음 전정을 이용함과 동시에 가지수가 많아지도록 전정하고 반대로 지력이 별로 좋지 않은 곳, 대구보(大久保), 백도(白桃)와 같은 동양계 품종 및 수세가 약한 나무에 대해서는 절단전정법을 이용하는 것이 필요하다. 남기는 결과지의 수는 각 원가지간 원가지와 부주지간의 균형에 주의하면서 수세, 품종 및 결실량과의 관계를 고려하여 결정하도록 한다.

2) 성목전정(成木剪定)

재식후 정상적인 관리를 행한 나무는 7~8년경이 되면 성목이 된다.

나무 높이도 4m가까이에 달하고 수량도 많아진다. 이때부터는 수형이 흐트러지지 않고 목표로 하는 수형에 가깝도록 유지하면서 작업이 편리하고 좋은 과실을 많이 수확할 수 있는 전정을 행하여야 한다.

(가) 원가지 및 부주지의 전정

주지와 부주지는 이때쯤 되면 상당히 개장(開張)된다. 특히 대구보와 같은 개장성의 품종에서는 더욱 심하다. 그러므로 원가지와 부주지 선단의 절단은 유목시대(幼木時代)보다 강하게 하여야 한다.

그러나 이미 원가지 선단이 심히 개장되었거나 개장되기 시작한 것은 밑에서 나온 도장지를 이용하여 바꾸어 주는 것이 좋은 때가 많다.

또 나무 높이는 작업능률 및 약제살포를 하려할 때 약 4m로 제한하는 것이 좋다. 목표로 하는 나무높이에 도달한 이후부터는 매년 원가지와 부주지의 선단을 새가지로 대체하도록 한다.

(나) 곁가지의 전정

곁가지는 전술한 바와 같이 곁가지 단위로 갱신하는 가지이다. 이 곁가지의 간격이나 크기는 아래쪽에 있는 가지에 햇빛이 잘 들어가 말라 죽지 않도록 유의하면서 조절하여야 한다. 따라서 원가지, 부주지상의 곁가지는 선단으로 갈수록 짧고 작게 하고 갱신의 간격을 조절하여 서로 교차되기 직전 상태에서 적절히 실시하도록 한다.

(다) 결과지 전정

유목시대에는 장과지가 많으나 성목이 되면 점차 장과지는 적어지고 중과지와 단과지가 많아진다. 결과지로는 장과지가 좋지만, 품종에 따라서 결과지의 착생상태나 결과습성(結果習性)이 다르므로 품종의 특성을 잘 고려하여 전정하여야 한다. 일반적으로 조생종은 장과지가 잘 착생되고, 결실 또한 잘 되나, 단과지나 꽃덩이 결과지에는 착과가 불량하며 결실되어도 낙과되기 쉬우므로 장과지를 잘 활용하고 길게 남기며 그 대신 수를 줄인다. 그러나 백도계통은 장과지가 잘 착생하지 않고, 중과지와 단과지에도 잘 결실되므로 이들을 이용하고 중생종은 그 중간 성질이므로 장과지, 중과지를 남기고 단과지는 될 수 있는 한 솎아낸다. 보통 장과지는 30~45cm, 중과지는 20~30cm간격으로 솎아 주고, 단과지는 적당히 솎아낸다.

❶ 예비지전정 (豫備枝剪定)

복숭아나무는 결과부위가 상승하기 쉬우며, 일단 상승하면 회복하기 어려우므로 상승하기 전에 자주 갱신하여야 한다. 유목기에는 발육이 왕성하여 한가지 갱신법은 어려우므로 두가지 갱신법으로 하여야 한다.

예비지(豫備枝)는 세력이 왕성한 가지를 기부의 눈 2~3개를 남기고 자르며 이렇게 하여 2~3개의 가지가 발생하면 다음해에는 그 중에서 세력이 좋고 원가지나 부주지에 가까운 1개의 가지를 다시 2~3눈 위에서 잘라 또 예비지로 하며 나머지의 1~2개 가지는 결과지로 이용한다. 이때 이미 결실했던 가지는 잘라 버리게 된다. 이와 같은 갱신법을 두가지 갱신법이라고 한다.

이러한 전정법은 항상 기부에 예비지를 두게 한다.

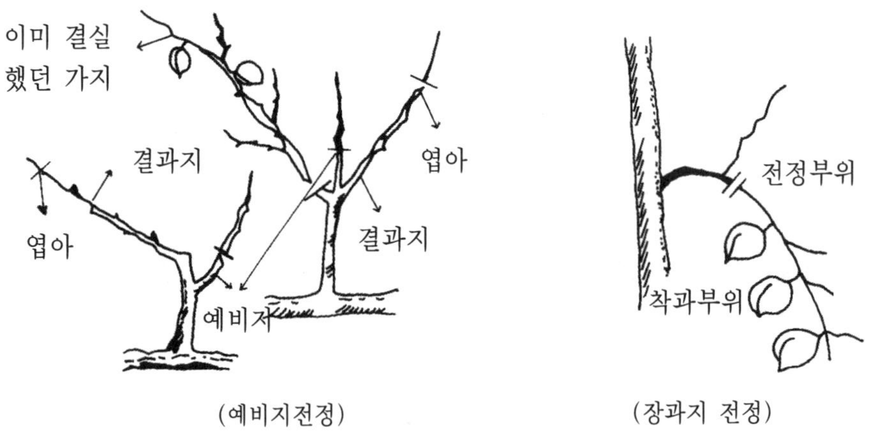

그림 7-11〉 결과지 갱신법

❷ 장과지전정(長果枝剪定)

복숭아의 장과지나 중과지는 끝을 절단하게 되는데 길이를 짧게 남기고 절단하는 것을 단초(短梢)전정이라 하고, 장과지를 길게 남기고 절단하는 것을 장과지전정이라 한다.

장과지는 보통 끝을 1/3~1/4 정도 절단하거나 그대로 두며 중과지는 선단부를 약간 자르거나 그대로 두고 단과지는 선단을 자르지 않는다. 장과지를 길게 두어 이용하면 착과량을 늘릴 수 있고, 엽면적 확보가 용이하여 과실품질에 효과적으로 대처할 수 있는 장점도 있으나 자칫 결과부위의 상승과 과다착과에 의한 수세쇠약의 원인이 되기도 쉽다. 그러나 장과지의 지나친 강전정은 반대로 수량 및 품질저하와 도장지의 발생 등을 유발할 수 있으므로 전정의 강약이나 이용에도 세심한 주의가 필요하다.

표7-6은 장과지 길이별로 복숭아를 착과시킨 후 명년도에 사용할 수 있는 새가지의 발생정도를 장과지의 기부(基部), 중부(中部) 및 선단부(先端部)로 나누어 조사한 결과로서 가지가 45° 각도로 발생한 장과지의 기부에서 충실한 새가지가 많이 나왔다.

그러므로 장과지를 이용할 경우에는 직립지나 늘어진 가지보다는 45°각도로 뻗은 장과지를 이용하는 것이 결과부위의 상승을 줄일 수 있어 좋다.

표 7-6〉 복숭아 장과지별 발생각도에 따른 부위별 새가지 발생상태 (趙 : 1978)

장과지 길이	발생각도	새가지 1본 평균길이(cm)		
		기부	중부	선단부
30~40cm	25°	1.0	7.1	15.9
	45°	12.3	1.9	22.6
	70°	2.2	9.7	35.7
40~60cm	25°	1.3	5.2	11.8
	45°	19.7	4.6	11.9
	70°	10.2	8.6	17.3
60~90cm	25°	10.4	13.1	19.1
	45°	14.7	7.1	11.2
	70°	1.1	9.7	19.7

(1) 배상형

배상형은 짧은 원줄기 상에 3~4개의 원가지를 거의 동일한 위치에서 발생시켜 외관이 술잔모양으로 되는 수형으로서 1950년대까지 우리나라와 일본의 복숭아나무에 많이 이용되었다.

이 수형은 수관 내부에 햇볕의 투과가 좋고 수고가 낮아 관리하는데 편리한 장점이 있지만, 수령이 증가함에 따라 과실의 무게로 원가지가 늘어져서 결과부위가 평면적으로 되기 때문에 수령이 짧아지고 기계작업이 곤란하며 원가지가 바퀴살 가지를 이루고 있어 찢어지기 쉬운 결점이 많아 근래에는 별로 이용되고 있지 않다.

그러나 척박지 과수원의 경우에는 수세의 쇠약 때문에 강한 결과지의 발생을 유도해야되기 때문에 단초전정을 위주로 하는 배상형 수형을 채택하기도 한다. 이러한 경우의 결과지 전정방법은 예비지 전정방법이 주로 쓰인다.

(2) Y자 수형 (8장 참조)

(3) 주간형(主幹形)

주간형은 방추형과 매우 흡사한 모양으로 주간을 강하게 세운다는 점에서는 같다. 주간부에 직접 결과지군 가지만을 붙여 나간다면 방추형이 되지만 결과지군 가지에 또다시 곁가지를 받아낸 상태라면 주간형이 된다. 그러므로 10a당 125주(4m×2m)이상의 초밀식재배를 할 때에는 방추형으로 하고 그 이하로 재식할 때에는 주간형으로 구성시키는 것이 좋을 것이다.

(가) 주간을 세우는 요령

❶ 충실한 묘목을 선택한 후 주간 선단부를 절단하지 않으므로서 주간 전체눈에서 짧고 약한 가지들을 많이 받는다. 약한 묘목일 때에는 주간을 짧게 남겨 절단한 후 다시 주간을 세우면서 곁가지는 하계전정하여 약화시킨다.

❷ 5월하순~6월 중·하순경까지 3~4회에 걸쳐 강한 곁가지를 하계절단하므로서 주간부를 튼튼히 키울 수 있고 약한 곁가지를 결과지로 유도할 수 있다.

❸ 강한 곁가지라 함은 곁가지 길이가 그 발생위치로부터 신장한 주간길이의 1/3이상 자란 가지가 대상이 되며 이러한 곁가지는 기부에서 완전히 제거하지 않고 가지의 세력에 따라 2~4눈 정도 남기고 절단한다.

❹ 동계전정때에도 하계전정요령에 따라 전정하고 도장지와 밀생지는 솎아낸다. 이때 주의할 점은 주간부 생장에 지장을 주지 않도록 너무 주간부에 밀착하여 전정하므로서 상구가 크게 나지 않도록 전정 그루터기를 약간 남기고 전정해 준다.

❺ 수고는 2~2.5m로 유지하여 작업이 편리하도록 해준다.

❻ 잔가지를 너무 많이 남겨 착과시키면 과다결실상태가 되어 과실비대가 나빠지기 쉬우므로 잔가지는 적당히 솎아내도록 한다.

(나) 주간형 구성에 적합한 품종

모든 품종에 적용시킬 수 있으나, 중·장과지 발생이 적고, 단과지 착생이 비교적 용이한 대구보, 백도, 유명품종이 수형구성상 보다 유리하여 더욱 조기증수효과를 올릴 수 있다.

그림 7-12〉 주간형의 착과상태

다. 도장지의 활용방법

복숭아나무에서 도장지 발생이 많게 되면 그늘에 의한 수관내부의 잎눈 활력이 억제되어 고사되므로 결과부위가 상승될 뿐 아니라 수형을 교란시켜 수세가 안정되기 어렵다. 특히 선단부쪽의 수세는 급격히 쇠약해져 수량 및 품질을 떨어뜨리는 요인이 되기도 하고 수령을 현저히 단축시키는 결과를 초래한다. 현재 복숭아나무에서 추천되고 있는 수형은 개심자연형이지만 농가의 경향은 작업상 수고를 낮게 유지시키고, 분지각도를 넓히고 주지수도 많게 하는 배상형 수형 쪽의 나무로 구성시키는 경향때문에 필연적으로 강전정이 수반되고 있어 도장지의 발생도 비교적 많은 실정이다. 따라서 복숭아 재배상 문제가 되는 도장지 관리를 보다 효율적으로 하기 위해서는 도장지의 특성과 그 활용방법을 잘 알아야 한다.

1) 도장지의 특성

가) 도장지의 크기

도장지는 직립성인 가지로 세력이 강하여 이를 직접 결과지로 사용할 수 없는 발육지(發育枝)의 일종이다.

도장지는 보통 직경 0.9cm에 길이 100cm이상의 가지가 대상이 되며 부초(2번지)가 붙은 가지를 일컫게 된다.

나) 도장지의 발생부위

도장지는 수형이나 전정이 잘못된 나무, 시비량이 많아 영양이 과다한 과원에서 많이 발생한다. 그러므로 가지사이의 영양공급 불균형 상태가 되지 않도록 가지배치와 전정에 세심한 주의가 요구된다.

黑田(1969)의 조사에 의하면 복숭아나무에서의 도장지 발생부위는 굵은 가지를 솎아낸 부근이 가장 많아 전체 도장지 발생수의 70.7%를 차지하고 세력이 강한 가지를 강하게 절단한 선단부에서는 24.1%, 기타 부위 5.2%라고 하였고, 도장지 신장량과 절구면적(切口面積)간에는 높은 상관 (+0.823)

이 있다고 보고한 바 있다.

다) 도장지상의 화기(花器)의 형질

도장지는 장과지에 비해서 화아분화(花芽分化)가 충실치 못하여 꽃눈 착생수도 적고, 꽃눈의 발육상태도 나빠 착과과실의 품질도 좋지 못하다. 복숭아도 도장성이 심한 가지일수록 또한 기부쪽으로 갈수록 개화가 늦다.

山下(1971)에 의하면 전년도 장과지와 도장지상의 영양상태를 조사 비교해 본 결과 N 및 Ca 함량은 전반적으로 도장지가 장과지에 비해 현저하게 떨어졌으나 P, K, Mg함량은 차이가 없었고, 환원당, 비환원당 및 전당의 함유율은 도장지가 장과지에 비해 현저하게 떨어졌고, 전탄수화물 함량은 거의 차이가 없다고 하였다.

표 7-7 〉 가지종류 및 부위가 꽃눈착생 및 발육에 미치는 영향 (山下 : 1970.3.6)

가지종류	부 위	꽃눈수(1m 길이당)	꽃눈무게(100화)
장 과 지	선 단 부	85.7개	2.278(100화)
	중 앙 부	71.5	2.190
	기 부	61.0	1.938
	평 균	72.7(100)	2.135(100)
단 과 지	선 단 부	29.7	2.234
	중 앙 부	30.3	1.988
	기 부	19.5	1.748
	평 균	26.5(36)	1.990(93)

표 7-8〉 가지종류 및 부위가 개화일에 미치는 영향 (山下 : 1970)

가지 종류	부위	4/15	16	17	18	19	20	21	22
장과지	선단부	1.17	5.34	40.23	44.24	7.51	0.50	0.50	
			(6.51)	(46.74)	(90.98)	(98.49)	(98.99)	(100)	
	중앙부	0.66	2.21	26.34	54.20	13.50	2.21	0.88	
			(2.87)	(29.21)	(83.41)	(96.91)	(99.12)	(100)	
	기부		0.49	17.72	51.20	19.41	7.04	2.67	0.97
				(18.21)	(69.91)	(89.32)	(96.36)	(99.03)	(100)
도장지	선단부	0.36	2.18	26.91	41.09	24.36	2.54	1.82	0.73
			(2.54)	(29.45)	(70.54)	(94.90)	(94.90)	(99.26)	(100)
	중앙부				37.36	42.85	10.44	2.75	2.20
				4.40	(41.76)	(84.61)	(95.05)	(97.80)	(100)
	기부				12.50	36.54	31.75	10.58	8.17
				0.48	(12.98)	(49.42)	(81.25)	(91.83)	(100)

개화율 : % ( )내는 누계개화율

2) 도장지의 활용

가) 원가지 형성 및 곁가지 갱신

복숭아 재배에 있어서 전정시 도장지 정리는 매우 중요한 작업중의 하나가 된다. 유목기에는 원가지 형성에 이용되나 성목기에는 곁가지를 갱신하는 갱신지(更新枝)로 이용되므로 이를 적절히 유인 또는 전정하며 유용(有用)한 결과부위를 만들 수 있기 때문이다.

복숭아 묘목을 심은 후 2~3년간은 세력이 강한 발육지가 많이 발생하게 된다. 이러한 발육지는 대개 도장성을 띤 가지로 되어 부초를 착생하게 되며 수관이 급격히 확대된다. 따라서 당초 선정해 놓았던 주지(원가지)세력과의 균형이 바뀌어 불가피하게 대체하게 되는 경우가 발생하게 된다. 이러한 경우 세력의 순리에 입각하여 원가지를 선정 조절해 나가는 것이 바람직하다. 성목기에는 쇠약해진 곁가지를 갱신하는데 도장지가 유용하게 쓰이므로 강전정에 의하여 필요한 부위에 바람직스런 도장지의 발생을 유도하도록 한다.

나) 하계전정(夏季剪定)

① 하계전정의 정의(正義)

낙엽과수의 전정은 가을낙엽후부터 봄의 발아전까지 행하는 동계전정(冬季剪定)과 봄의 발아기 이후에 행하는 하계전정으로 구분한다. 하계전정은 원칙적으로 새가지가 대상이 되어 새가지기부가 목질화(木質化)되었을 때 솎아내든가 절단하는 작업을 말하나 2~3년생 정도의 가지가 잘리는 경우도 많다. 봄철 발아후부터 행하는 제아(除芽), 적뢰(꽃봉오리솎기), 적심(摘芯), 가지 비틀기, 적엽(摘葉), 적과(摘果), 환상박피(環狀剝皮) 등의 작업도 하계전정의 범주속에 포함시키기도 하므로 결국 발아기부터 낙엽기까지의 생육기 중 수체의 일부를 제거하는 작업을 비롯하여 수형의 변형 또는 생육의 정도나 방향을 시비방법(施肥方法) 이외에 인위적으로 조작하여 변화시키는 작업의 일부도 하계전정에 포함시킨다.

하계전정은 새가지의 생장기간 중 전정하므로 양분의 손실은 동계전정에 비하여 많고, 수형, 생육, 결실에 미치는 영향도 크다. 하계전정은 정도가 지나치거나 적기(適期)를 놓치게 되면 유해무익한 경우가 많다.

따라서 하계전정은 그 목적을 충분히 이해하여 적절히 응용함으로써 생산성을 높이고 품질향상을 위하는 방향으로 실시되어야 한다.

② 하계전정의 목적

- 수관내부의 일사환경(日射環境)을 개선하고 과실품질을 향상시킨다.
- 불필요한 가지발생이나 지나친 신초신장을 억제하고, 동화물질의 효율적 이용을 도모하고 화아분화를 촉진시킨다.
- 2번지의 생장을 촉진하여 다수 결과지를 유도한다.
- 2번지의 착생촉진으로 다수 결과지를 유도한다.
- 밀식재배를 위하여 수관을 축소시키고 수세를 억제한다.

③ 도장지의 하계절단 시기 및 효과

도장지를 하계에 절단하므로서 수형교란을 방지하고, 통광(通光), 통풍(通風) 효과를 얻음과 동시에 새로운 결과지를 발생시키기 위한 하계 절단시기를 조사한 결과를 그림 7-13, 7-14에서 보면, 6월상순에 적어도 43cm이상 자란 도장가능성을 띤 가지를 대상으로 해서 전정그루터기의 길이를 10~20cm정도 남기고 절단하는 것이 좋다.

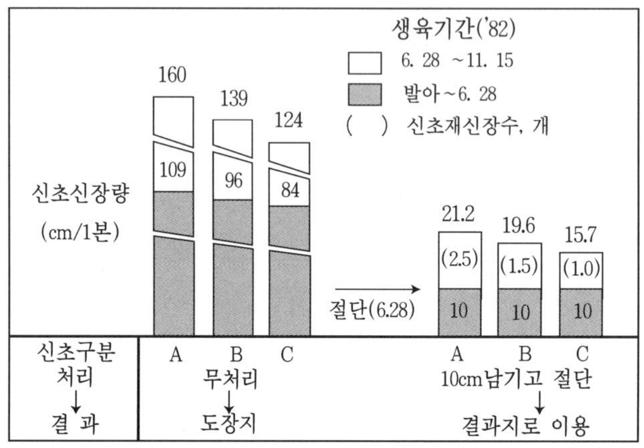

그림 7-13〉 복숭아 도장성 신초의 하계전정 효과 ('82)

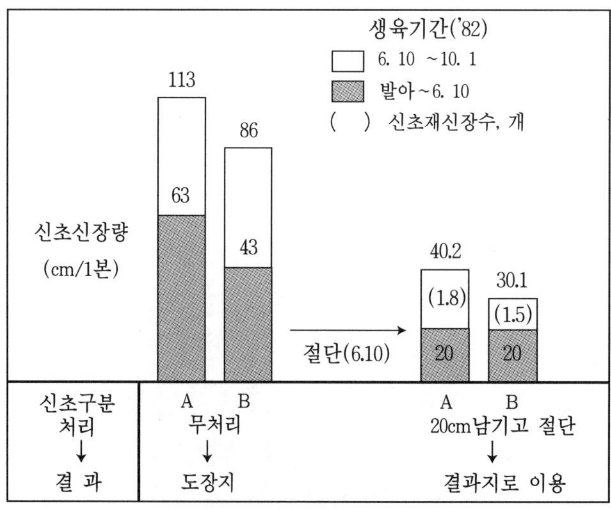

그림 7-14〉 복숭아 도장성 신초의 하계전정 효과 ('83)

6월하순경에는 90cm이상 자란 가지를, 7월 중순경에는 110cm 이상의 가지를 절단한 것에서만 유용한 새 결과지를 받을 수 있으나 시기가 이보다 늦거나 더 짧은 도장지를 절단하는 작업은 새 결과지를 발생시키기보다는 주위의 투광환경을 개선시키는데 더 큰 의의가 있다.

라. 필요없는 가지의 제거방법

가을부터 엄동기의 복숭아전정은 가지마름을 촉진하고 이로 인한 동고병이나 세균성수지병의 침입을 가져오므로 수세쇠약의 원인이 되고 있다. 따라서 겨울철 추운지방에서 전정시의 상처부위를 통해서 발생하는 이들 병균의 감염을 감소시키려면 전정시기를 이른 봄이나 발아직전까지 늦추는 것이 좋다.

표 7-9〉 복숭아 전정시기와 가지절단방법이 전정상처부위의 고사·동고병균의 감염 등에 미치는 영향 (Charles등, 1984)

처리	전정상처 부위의 고사 정도(mm)	동고병 감염 (%)	수지발생 (%)	조직내 갈변조직 (㎠)
전정시기				
1월	16.3	35.4	27.7	3.4
2월	16.3	20.0	17.9	3.2
8월	11.6	21.3	25.4	2.5
절단방법				
3~5 남김	20.9	26.5	5.8	3.6
주름조직남김	7.9	19.3	11.7	2.4
바짝자름	16.4	31.0	53.6	3.2

일반과수 전정시 전정상처부위가 빨리 아물도록 해주기 위한 일반적 방법으로 가지 절단면의 그루터기를 원가지와 평행되게 밀착시켜 바짝 자르도록 추천하고 있는데, 복숭아와 같이 전정상처부위가 잘 아물지 않는 나무의 경우는 그 절단방법에 있어 나무의 생리나 그 생장 특성에 잘 맞도

록 해 줄 필요가 있다.

전정시기와 절단방법을 달리한 시험결과에서 엄동기인 1월에 전정한 나무는 3월에 전정한 것에 비해 동고병균의 감염이나 수지증상의 발생이 많았다(표 7-9). 따라서 겨울철 추운 지방이나 겨울이 추운 해에는 엄동기 전정을 피하는 것이 좋다.

한편 굵은 곁가지나 경쟁되는 가지의 제거는 분지된 기부조직을 바짝 자르지 않고 기부의 주름잡힌 조직을 약간 남기고 절단한 것이 바짝 자른 것 보다 전정상처부위의 고사정도, 동고병 감염률, 수지증상발생률 등을 비롯한 상처부위조직의 갈변면적 등이 크게 감소된다.

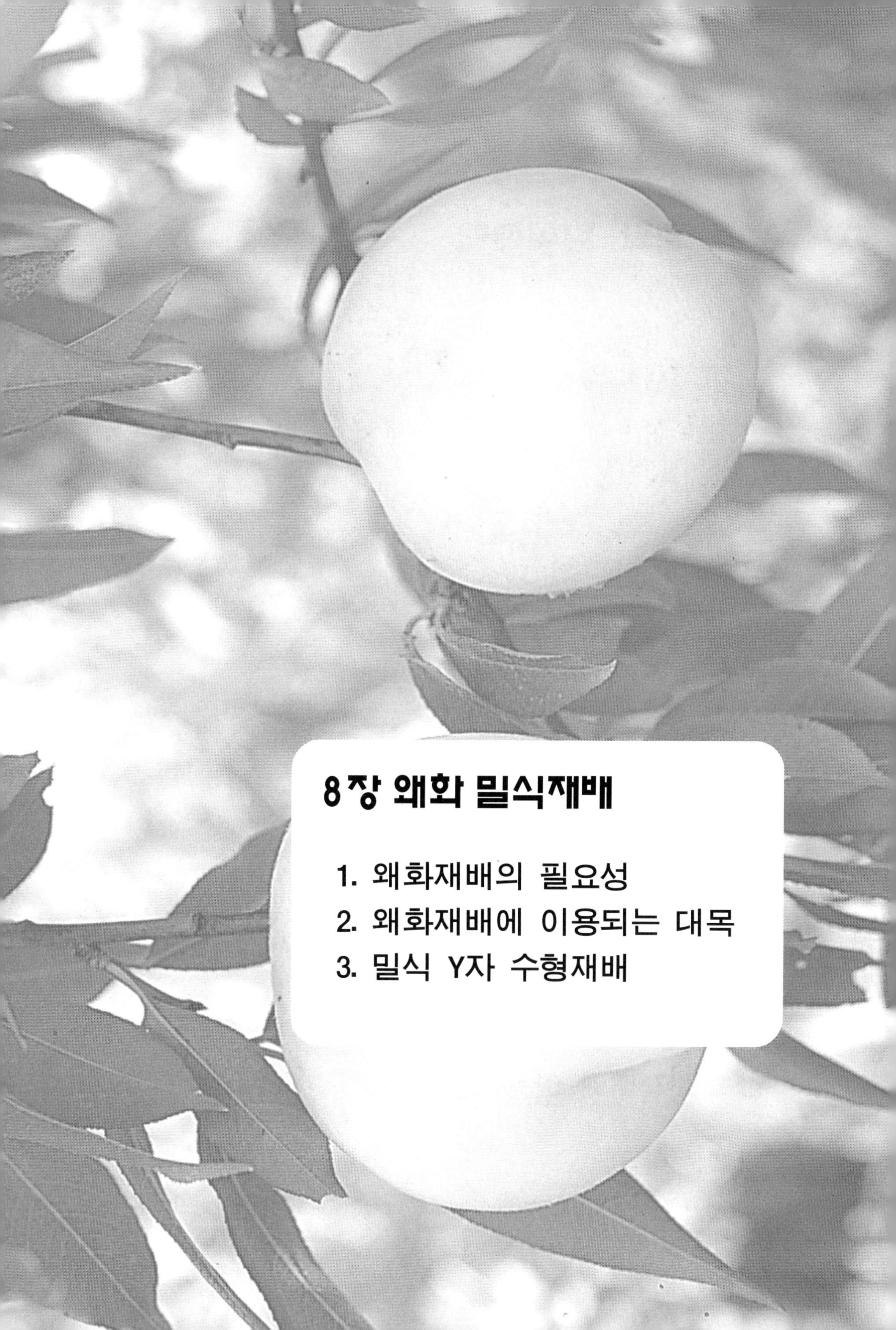

8장 왜화 밀식재배

1. 왜화재배의 필요성
2. 왜화재배에 이용되는 대목
3. 밀식 Y자 수형재배

8장 왜화 밀식재배

1. 왜화재배의 필요성

우리나라 과수재배에서 나무의 키를 낮게 키우는 방법을 처음 도입하게 된 역사는 1970년대초 왜성 사과대목(M, MM계통)이 도입되기 시작한 때부터이다

그동안의 일반 사과재배는 키가 너무 높아 재배하기에 너무 힘이 들고 또 인력도 많이 소요되기 때문에 키를 낮추고 재배노력도 적게 들 수 있는 왜화성 대목의 보급과 더불어 소식재배에서 밀식재배로의 전환이 전국 일대 붐을 이루기 시작하여 오늘에 이르고 있고 이제는 왜화성대목을 이용한 밀식 왜화재배가 보편화되기에 이르렀다.

복숭아재배에 있어서도 키를 낮추고 밀식재배를 통한 조기다수확을 얻고자 재식거리를 달리한 몇가지 시험연구 과정을 거쳐 현재 그 실용성이 입증됨과 동시에 시대적 기호에도 부응할 수 있는 새로운 재배방법으로 부각되기에 이르러 지금까지 주로 추천되고 있는 개심자연형 재배방식으로부터 왜화 밀식재배 수형으로의 전환이 발빠르게 보급되고 있다.

특히 복숭아는 산지의 척박한 토양환경에서도 잘 자랄 수 있으므로 타과수보다 비교적 왜화 재배가 손쉽고 또 더욱 생력화재배가 요구되는 작목으로서 현재의 생산비를 보다 줄일 수 있는 재배방법이라 생각된다.

2. 왜화재배에 이용되는 대목

가. 앵두대목

복숭아의 왜성대목으로 앵두(*Prunus tomentosa*)를 이용하기 시작한 것

은 캐나다의 사마란드 연구소로 알려진 후 지금은 세계 여러나라에서 자국실정에 알맞은 왜화성 대목을 육성하고자 많은 연구를 수행하고 있는 단계이고, 일본에서도 앵두, 산앵두(*P. japonica*) 계통들을 이용한 연구가 진행되고 있으며 일부 농가의 경우 앵두대목을 이용한 실용적 재배가 성공되고 있으나 아직은 실용적으로 보급하기에는 많은 문제점이 있다.

우리나라에서도 1980년대 후반부터 원예연구소에서 이에 대한 검토가 일부 이루어지면서 왜성대목에 대한 관심이 커졌고 현재 우리나라 기후풍토에 적합한 왜성대목을 선발육성하고 있으며 일부 계통에 대한 실용성을 검토 시험중에 있다.

복숭아에서 앵두대목을 이용하면 일반공대보다 수고가 낮아 왜화효과는 높았으나 망간(Mn) 성분의 과다흡수에 따른 지나친 생육부진으로 수명이 매우 짧아지는 문제점이 있으므로 아직은 실용적 재배에는 어려움이 있다(표 8-1~8-4참조).

표 8-1〉 대목종류별 수고 및 총 신초신장량 ('91 원예연. 품종: 창방조생 6년생)

대 목 종 류	수 고(㎝)	수 폭(㎝)	간 경(㎝)	총 신초장/주(㎝)
앵두실생	210.6	267.1	6.6	6,299
복숭아실생	325.1	393.6	17.7	29,125

표 8-2〉 대목종류가 숙기 및 품질에 미치는 영향 ('91 원예연. 품종: 창방조생 6년생)

대목종류	숙기(월 · 일)	과중(g)	당도(°Bx)
앵두실생	7.21~22	263	11.2
복숭아실생	7.25~26	254	9.7

표 8-3〉 대목종류가 생산력에 미치는 영향 ('91 원예연. 품종: 창방조생 6년생)

대 목 종 류	주당		과실생산능력(kg)	
	수량(kg)	착과량(과)	간주(㎝당)	수관 점유율(90% / 10a)
앵두실생	8.7	33.2	0.42	1,401(161)
복숭아실생	24.8	97.6	0.45	1,835(74)

( ) : 10a당 계산적 재식가능 주수

표 8-4〉 대목종류별 엽내 무기성분함량의 차이('91 원예연. 품종 : 창방조생 6년생)

대 목 종 류	T-N (%)	P (%)	K (%)	Ca (%)	Mg (%)	Mn (ppm)	Fe (ppm)
앵두실생	3.3	0.21	2.43	1.01	0.23	2,162	177.2
복숭아 실생	3.2	0.18	2.36	1.04	0.28	295	184.4

나. 복숭아대목

복숭아 실생에 접목하여 나무를 작게 전정하여 키우므로서 왜화효과를 얻는다면 그이상 좋은 방법이 없을 것이다. 그렇게 하기 위해서는 나무를 밀식하고 그에 알맞은 수형과 전정기술이 뒤따라야 하는데 이때에는 주간형이나 Y자 수형재배 방법을 도입해야 할 것이다. 공대를 이용한 왜화재배에서 가장 우려되는 사항은 밀식에 따른 그늘의 장해이므로 시비량의 조절은 물론 하계전정과 도장지의 처리가 관건이 된다.

3. 밀식 Y자 수형재배

최근 과수재배에서는 조기다수(早期多收)와 작업의 생력화(省力化), 품질향상(品質向上) 효과를 높이기 위해서 왜화(矮化) 밀식재배 경향이 높아가고 있다.

이미 사과나무에서 왜화재배는 일반화된지 오래되었고 이에 따라 정지, 전정방법도 상당히 달라졌다.

복숭아나무에서도 재식거리를 달리하여 단위 면적당 많은 주수를 재식하여 조기다수를 기하고자 한다면 기존의 개심자연형이나 배상형 수형으로는 재배하기가 어렵게 된다. 즉 재식거리가 달라지면 수형도 달라져야 하는 것이다. 그러므로 복숭아에서도 밀식재배에 적합한 새로운 수형의 개발이 필요 불가결한 과제로 등장하기에 이른다.

복숭아의 고밀식(高密植)재배 방식은 이미 호주, 캐나다, 미국, 프랑스, 이스라엘, 이태리 등의 구미각국에서 그 실용성이 입증되었고, 우리나라나 일본에서도 밀식재배와 관련한 새로운 수형에 관한 관심이 커지고 있다.

복숭아 나무를 밀식하려면 그 수형은 주지를 곧게만 키우는 주간형 또는 방추형이나 주지를 양쪽으로만 키우는 Y자형이 알맞다.

배상형이나 개심자연형은 보통 사방 4~6m 간격으로, Y자수형의 재식거리는 2~2.5m×6~7m 간격으로 심어야 된다.

복숭아에서의 Y자수형은 나무의 생장 특성상 비교적 수형구성이 용이하므로 밀식재배자들이 선호하는 형태로 개심자연형의 2본 주지형과 같게 키우면서 부주지를 두지 않고 0.6~1m 간격의 곁가지와 결과지만을 붙이면 된다.

가. Y자 수형재배의 특징과 조건

복숭아의 고밀식재배 수형은 과거의 배상형이나 개심자연형보다 주지를 곧게 키우는 주간형 또는 방추형, 주지를 양쪽으로 키우는 Y자형이 알맞다.

복숭아에서 Y자 수형은 나무생장 특성상 비교적 수형구성이 용이하므로서 주간형이나 방추형보다는 더 많은 밀식재배자들의 관심의 대상이 되어왔다고 볼 수 있다.

복숭아의 Y자 수형에 의한 재배방식은 크게 두가지 방식으로 대별해 볼 수 있는데 지주와 유인선을 설치하여 계획적으로 나무를 키워가는 방식과 무지주 상태로 개심자연형의 2본주지형과 같이 키우면서 부주지를 두지 않고 측지와 결과지를 배치하여 키워나가는 방식으로 구분해 볼 수 있다.

그러나 세계적으로 복숭아의 최대생산국인 이태리를 비롯한 구미각국과 미국의 재배경향을 보면 지주와 유인선을 설치하여 계획적으로 Y자 수형을 구성하여 재배하는 방식으로 발전하고 있다.

과거 배상형이나 개심자연형 수형일때는 10a당 25~80주를 재식하였으나 1980년 이후부터 팔메트나 Y자 수형의 보급이 많아졌고 이에 따른 조기다수효과가 일반 개심자연형에서 보다 3~4배의 높은 조기수확을 올릴 수 있으며 수고를 3.5m 이하로 낮게 구성하고 계획적인 수형구성과 유인에 의해 수광태세가 좋아 고품질의 과실을 생산할 수 있고 작업의 생력화를 기할 수 있다는데 그 특징을 찾을 수 있다고 생각된다.

이러한 복숭아 Y자 밀식재배함에 있어 최적의 목표수량을 올리고 단순기계화가 용이하도록 재배적 관리가 필요한데 이들을 요약해 보면 다음과 같은 것들이 있다.

- 공간활용을 위한 최적의 재식거리 유지(조기다수를 위한 고밀식)
- 과실, 잎에 투광효과가 높고 광합성 증진을 위한 가지 배치
- 영양생장을 감소시키고, 뿌리의 경합을 가져올 수 있는 밀식조건
- 수평 또는 수직관리가 용이한 과원의 평탄화
- 수관은 방제, 수확, 전정작업 등이 단순기계화가 가능하도록 작게 구성하며 가지배치의 단순 규격화

표 8-5〉 유럽의 복숭아 재식밀도 경향 (Sansavini, 1984, Italy)

구 분	재 식 거 리(m)		재 식 주 수
	열 간 거 리	주 간 거 리	(주/ha)
1950 ~ 60	5.5~6.5	5.0~6.0	250~350
1960 ~ 70	4.5~5.5	4.0~5.0	350~550
1970 ~ 80	4.0~5.0	3.0~4.0	500~800
1980 ~ 85	4.0~5.0	1.5~3.0	750~1,500

표 8-6〉 주간형과 Y자 수형의 재식거리별 수량

구분	재식거리 (m)	재식주수 (주/ ha)	수 량 (kg/ ha)					
			3년차	4년차	5년차	6년차	7년차	8년차
주간형	4×1.9	1,320	10,560	18,350	12,580	22,310	19,580	17,300
	4×2.5	1,000	6,950	16,400	15,080	22,770	28,940	22,040
	5×3.0	660	4,660	8,290	6,730	11,740	19,270	18,990
Y자형	4×1.9	1,320	6,600	26,020	19,230	25,040	24,240	22,230
	4×2.5	1,000	6,440	17,590	16,400	20,270	26,500	22,910
	5×3.0	660	2,180	12,980	8,740	14,310	17,450	19,780
개심자연형	5×6.0	330	1,090	6,170	6,480	8,890	11,160	13,060

자료 : 농업과학논문집 36(1):460~464, 1994 / 품종 : 창방조생, 시험장소-수원

표 8-7〉 복숭아 수형에 따른 수고 및 작업능률

수 형	수 고 (m)	수관점유용적 (㎥)	봉지씌우기시간× (분)	수확시간× (분)
Y 자 형	3.6(88)	64(32)	19(83)	8(89)
개심자연형	4.1(100)	201(100)	23(100)	9(100)

( ) : 개심자연형을 100으로 한 지수, × : 100과당 소요시간
자료 : 農業 および 園藝, 1996년

표 8-8〉 복숭아 수형에 따른 수관하의 밝기와 과실품질, 수량

수형	수관하의 밝기×	수관상부와 하부의 품질차이 Y				10a당 재식주수	10a당 수량
		과중	당도	착색	수량		
Y자형	35	85	90	104	110	75	3,225
개심자연형	28	84	95	95	149	13	3,040

× : 수관외의 밝기를 100으로 한 지수, Y : 지상부를 100으로 한 지수
자료 : 農業 および 園藝, 1996년

나. Y자 수형 구성 방법

1) 재식밀도

앞에서도 언급되었지만 Y자 수형 밀식재배를 하기 위한 재식밀도는 재배지역의 기상조건이나 토양조건, 경사도 등의 제반 입지조건과 품종의 특성이나 측지의 유인방법, 병해충 방제나 기계화 정도 등을 미리 예상하여 재식밀도를 정하는 것이 바람직하다.

배상형이나 개심자연형 수형일 때 보통 사방 4~6m 간격으로 10a당 25~62주 정도를 재식하였으나, 외국의 경우 Y자 수형 밀식재배는 5~7m ×1.5~3.0m 간격으로 70~150주를 재식하고 있다. 우리나라의 재배환경에 알맞는 재식밀도 등에 관한 연구결과 재식거리는 6~7m의 열간에 2~2.5m의 주간거리가 추천되고 있고, 양 주지간의 벌림각도는 80°가 좋은 것으로 알려졌다.

2) 재식열 방향

나무의 Y자 배치방향은 수광태세를 고려하면 남북열로 하는 것이 바람직하다. 동서열의 경우 남측의 주지와 북측의 주지에 광의 분포차이가 있기 때문에 나무의 생육과 과실품질면에서 바람직하지 못하다. 부득이 동서열로 재식할 경우에는 광의 분포차이를 줄여주기 위해 분지각도 및 측지배치의 조절이 필요할 것이다.

3) 재식시 묘목의 절단방법

복숭아 Y자형의 수형구성은 재식후 4~5년이내 조기완성을 목표로 하기 때문에 재식당시의 유목시기부터 계획적으로 실시해야 된다.

재식당시의 Y자수형 구성을 위한 묘목의 절단방법에 대한 시험성적과 연구결과는 그림 및 표에서 보는 바와 같다.

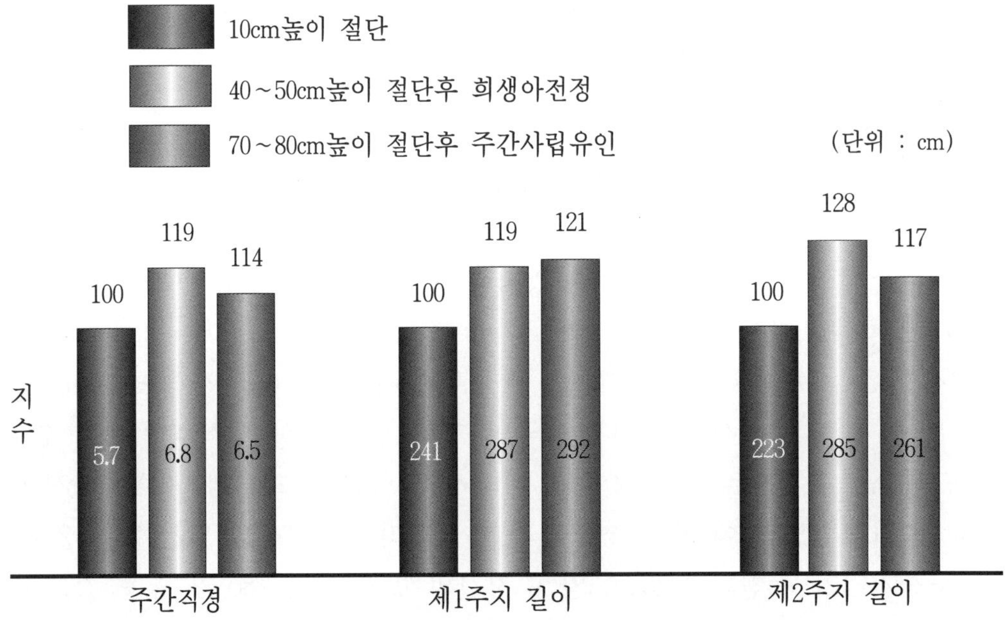

그림 8-1〉 묘목 절단방법에 따른 복숭아 Y자수형의 주간 및 주지의 재식 2년차 생장량 (원예연 1998)

그림에서 보는 바와 같이 Y자수형 구성시 묘목의 절단 방법은 묘목상태가 비교적 빈약한 묘목의 경우는 묘장 40~50cm높이에서 절단 후 최상부 신장가지는 희생아 전정을 하고 제1주지, 제2주지를 선정하는 것이 수관확대에 효과적이며, 묘장 70~80cm이상의 충실한 묘목은 주간을 경사각(앙각) 50°정도로 유인하여 제1주지로 키운 후 기부 20~30cm높이에서 제2주지를 받는 것이 수관확대에 효과적임을 알 수 있다.

한편, 주지신장과 경쟁이 되는 가지는 하계전정시 순 비틀기나 제거작업을 통하여 주지생장을 충실하게 하며, 복숭아순나방의 피해가 없도록 신초끝부분의 해충방제에도 철저를 기하면 수관확대에도 효과적이므로 이 점을 반드시 유의해야 한다.

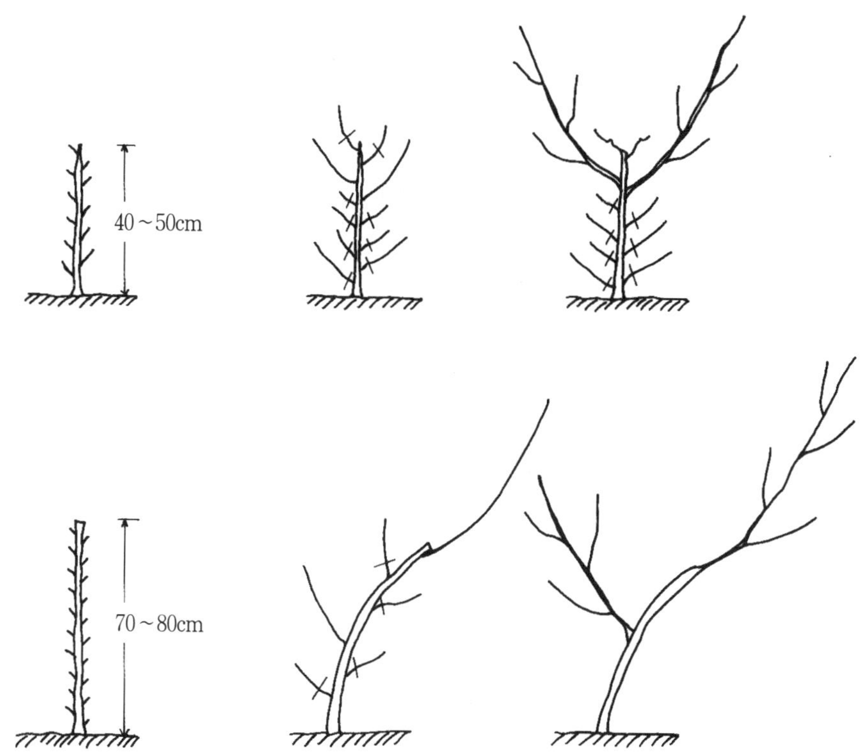

그림 8-2〉 복숭아 Y자수형 구성시 묘목 절단후의 주지 육성방법 모식도

표 8-9〉 처리별 "월미복숭아" 2년생의 하절기 주지 생육상태

처리	주간직경 (cm)	하계전정량 (kg/10a)	제1주지		제2주지	
			간경(cm)	신장량(cm)	간경(cm)	신장량(cm)
· 10cm 높이절단 (신초적심)	3.3	20.7	2.5	179	2.4	184
· 10cm 높이절단 (신초사립유인)	4.3	45.1	3.5	248	2.2	188
· 40～50cm 높이절단	5.0	56.0	3.1	245	3.3	237
· 70～80cm 높이절단	4.5	56.3	3.3	252	2.5	211

조사일 : '98. 7. 24, 재식시 묘목의 직경 : 1.01±0.19 cm

표 8-10〉 처리별 "월미복숭아" 2년생의 주지 생육상태

처리	주간직경 (cm)	제1주지		제2주지		착과량 (kg/10a)
		간경(cm)	신장량(cm)	간경(cm)	신장량(cm)	
· 10cm 높이절단 (신초적심)	5.7	4.2	241	3.8	223	48.5
· 10cm 높이절단 (신초사립유인)	6.2	5.1	281	3.6	245	54.7
· 40～50cm 높이절단	6.8	4.8	287	4.6	285	50.1
· 70～80cm 높이절단	6.5	5.2	292	4.2	261	87.8

조사일 : '98. 11. 4

다. 지주 시설

우리나라의 기후조건과 토양조건에 알맞는 복숭아의 Y자수형 구성 방법과 지주시설에 대해서는 구체적인 연구가 시작단계에 있기 때문에 아직 확실한 모델을 제시하기 어렵다.

따라서 우리나라보다 한발 앞선 호주나 이태리와 최근에 연구가 진행중인 일본의 사례를 들어 보고자 한다.

1) 유럽형(Tatura Trellis)의 수형구성과 지주시설

이태리를 비롯한 호주에서 발전한 복숭아 Y자수형(Tatura Trellis)과 지

주설치는 그림 8-3~8-7에서 보는 바와 같이 묘목은 재식당시에 20~30cm 부위에서 주지가 될 두가지를 선택하여 10cm정도로 강하게 절단하고 높이 2.5~3m 정도까지 키워나가 Y자 형태의 주지를 형성하고 주지세력을 유지시키기 위해서는 도장지나 강대한 가지는 하계전정을 실시하여 개심자연형이나 배상형에서 볼 수 있는 부주지는 만들지 않고 측지와 결과지만을 두어 결실시키는 형태의 수형을 구성하고 있다.

지주의 설치는 그림 8-5에서 보는 바와 같이 수도 강관파이프(40mmϕ)를 이용하여 6m정도 간격, 지주와 지주사이 각도를 60°정도로 하여 교호를 세우고 50~60cm 간격으로 철선을 늘어뜨려 고정한 후 주지를 유인하는 방식이다.

그러나 아직 우리나라의 경우 체계화된 수형구성이나 표준화된 지주시설이 미흡한 실정이므로 농가마다 제 각각의 방식대로 재배되고 있어 보다 효율적이고 체계화된 Y자수형에 의한 밀식재배에 대한 계속적인 기술개발이 요구되고 있는 실정이다.

그림 8-3〉 복숭아 Y자(T. Trellis)수형구성 과정

그림 8-4〉 Y자(T. Trellis) 수형의 완성단계

2) 측지유인 Y자수형구성과 지주시

주로 일본에서 시도되고 있는 복숭아 Y자수형구성과 지주시설 방법으로 재식간격은 열간 6m×주간 4m, 수고는 3.5m로 하는 수형인데, 특히 유럽형(Tatura Trellis)과 다른 점은 그림 8-6에서 보는 바와 같이 측지를 계획적으로 수평으로 유인하여 결과지를 발생시키고 결실시키는 것이다.

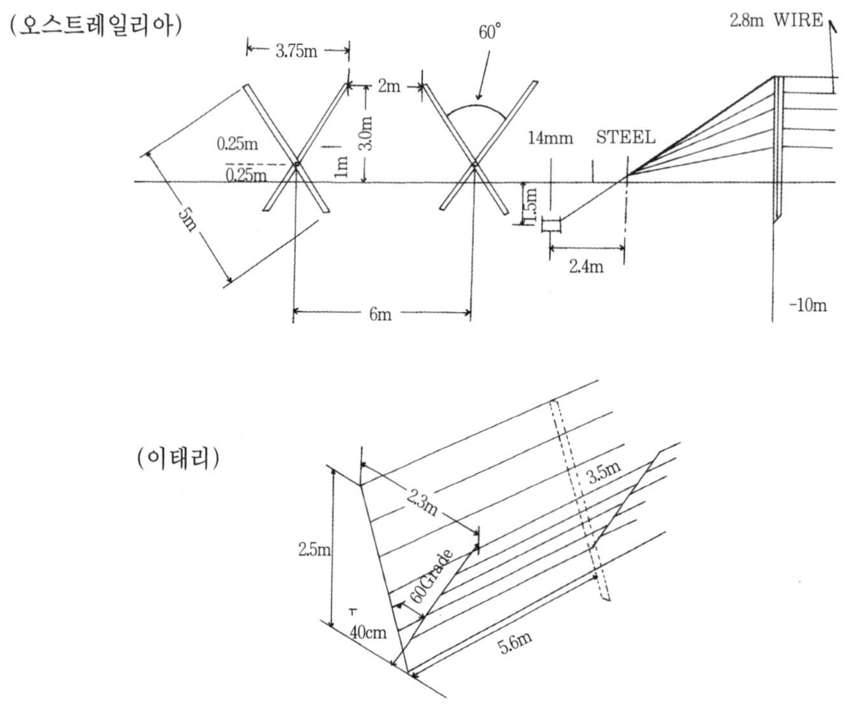

그림 8-5〉 외국의 Y자수형구성시 지주규격(재식거리 6m×2m인 경우)

수형구성방법은 그림 8-3에서와 같이 묘목을 절단하여 심고 주간의 50cm 부위에서 발생한 신초를 2본 선택하여 주지의 앙각(경사각도)를 52°로 하여 높이 3.5cm 까지 키워나가고 측지는 주지가 분지된 지점에서 높이 70~80cm 간격으로 5단 정도 발생시켜 2m 정도 키워 측지상에 결과지를 배치하여 결실시키는 방법이다.

이 수형은 일본에서 추천된 방법으로 측지의 고른 세력유지, 측지상의 결과지 배치와 갱신 등의 어려운 과제가 있기 때문에 5~9월 사이에 하계전정 위주로 관리하는 특징이 있다. 아직은 연구중에 있어 자세한 장단점은 열거할 수 없으나 수형이 완성되었을 때 수고가 3.5cm로 다소 높아 사다리나 작업대차 등을 이용해야 하는 불편은 있지만 계획적인 결과지의 배치와 과실생산이 가능하리라 생각된다.

그러나 지금까지의 연구결과를 토대로 시험중에 있는 방법은 6m×2m의 재식거리에서 Y자 주간의 벌림각도는 유럽의 60°보다 80°로 해주는 것이 수광상태가 더 유리하다.

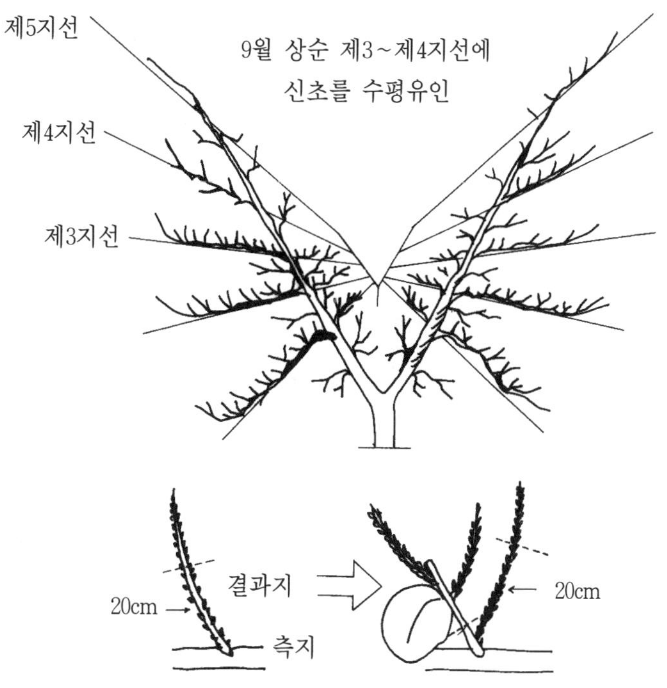

그림 8-6〉 일본 Y자수형에서의 수평유인방법(재식거리 6m×4m인 경우)

그림 8-7〉 우리나라 Y자 수형의 지주설치 형태(재식거리 6m×2m 원예연구소)

Y자 수형 성목의 개화 상태

9장 결실

1. 개화 및 수정
2. 결실조절
3. 봉지 씌우기
4. 착색관리
5. 무봉지 재배

9장 결실

1. 개화 및 수정

가. 화기의 발달과정

복숭아 꽃 발생 순서는 꽃받침(악편)→꽃잎→수술→암술 순서로 이루어지며 대부분의 기관형성은 전년 낙엽기까지 이루어지지만 꽃가루는 개화직전에 형성된다. 수술의 발달과정은 8월경 꽃눈으로 보여질 무렵에 각 꽃눈 내부에 2개의 수술 초생돌기가 발생하여 낙엽직전에는 꽃가루 주머니 및 화분모세포까지 형성된 후 곧 겨울잠에 들어가게 된다. 다음해 지온이 상승되기 시작하면 화분모세포는 분열을 시작하여 개화직전에는 하나의 약에 최소 500립 이상의 화분립이 형성된다.

암술은 수술보다 1개월 정도 늦은 9월 하순경부터 형성되기 시작하여 이듬해 자발휴면이 끝나면서 지온 상승과 더불어 암술머리 및 암술대가 먼저 형성된 후 이어서 씨방이 형성된다. 씨방내에는 2개의 배주가 형성되는데 그 중 1개는 퇴화한다. 배주속의 배낭모세포는 2회의 감수분열 후 개화 5일 후(대체로 만개기)에 1개의 난핵, 2개의 조세포, 2개의 극핵 및 3개의 반족세포를 가진 완전한 꽃으로 형성된다.

나. 불임화분의 발생

창방조생, 사자조생, 백도계 품종들과 같이 꽃가루가 없는 품종들에서의 화분 모세포는 꽃가루 많은 품종들의 그것과는 차이가 없지만 화분형성 최종 단계인 4분자기를 완료한 후 화분립이 퇴화되어 화분립이 형성되지 못하는 경우와, 화분립은 있으나 내용물이 충족되지 않아 빈 화분만을 형성하는 2가지 경우로 구분된다. 이러한 원인은 화분립 최종형성 단계인 4분자기 직전에 영양분을 공급하는 타페트층(융단조직)과의 결합상태에 이상이 생기기 때문이다.

표 9-1〉 우리나라의 복숭아 재배품종별 꽃가루 유무

구분	꽃가루의 유무	
	있는 품종	매우 적거나 없는 품종
털복숭아	백미조생, 포목조생, 찌요마루, 월미복숭아, 왕도, 감조백도, 대구보, 애지백도, 백향, 장호원황도 모든 백봉계 품종(무정조생백봉, 일천백봉, 도백봉, 장택백봉)	사자조생, 월봉조생, 창방조생, 백약도, 대부분의 백도계 품종(대화백도, 미백도, 기도백도, 천중도백도) 서미골드
천 도	우리 나라에서 재배되는 모든 품종	

다. 개화생리

꽃눈 분화가 완료된 꽃눈은 9월부터 서서히 휴면에 들어간 후 품종에 따라 장단의 차이는 있지만 대체로 7℃ 이하의 저온에서 1,000시간 이상 경과후 기온 상승과 더불어 개화한다. 이 때 수체내의 전분이나 단백질은 가용성 솔비톨, 포도당, 아미노산으로 변화되어 완전한 화기형성에 이용되며, 수액의 이동과 더불어 개화가 이루어진다.

라. 꽃의 형태

품종에 따라 꽃잎의 대소, 암술 및 수술의 장단, 꽃잎색의 진한 정도 등이 다르다. 우리나라에서 재배되고 있는 대부분의 생식용 품종은 꽃잎이 크고 꽃잎의 중앙부는 홍색, 꽃잎 외부는 다소 색이 연한 대륜형 꽃(showy type)을 가지나, 미국과 유럽에서 도입된 일부 품종에서는 꽃잎이 아주 작은 형태(non-showy type)도 있다. 1개의 꽃은 보통 꽃잎 5장, 수술수 40개 내외, 씨방 1개를 가지고 있지만 암킹 품종 등은 가끔 2개 이상의 씨방을 가져 기형과를 만들기도 한다.

마. 수정의 조건과 수정에 필요한 시간

개화와 더불어 주두상에 화분이 안착되면 화분관이 신장된다. 이 때 씨방내의 배낭은 아직 미성숙 단계로서 성숙까지 5일 정도의 기간을 요하지만 발아한 화분관은 2일 정도까지는 급속히 신장하여 암술대의 중앙부까지 도달한다.

그 후 화분관 신장은 거의 정지하였다가 발아 6일경부터 재차 신장이 계속되어 수분후 8일경에 암술대 기부까지 도달하는 것으로 알려져 있다. 따라서 개화후 11~13일경에 이르러서야 배낭속의 난세포에 도달하여 수정까지 총 소요일수는 12~14일 정도로 상당 일수가 소요되는 것이 특징이다. 그러나 암술머리의 수정능력은 개화 후 5일 정도이며, 화분관 신장 정도는 기상조건에 영향을 받게 되나 적온은 20℃ 전후이다.

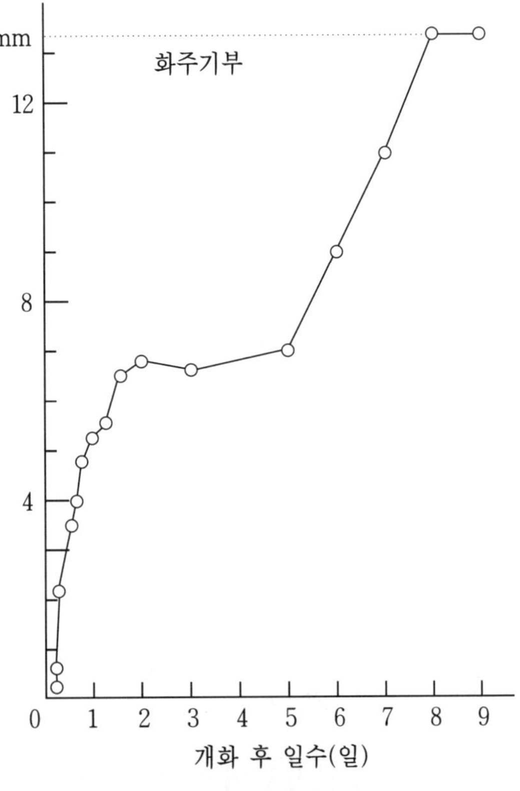

그림 9-1〉 개화후 일자별 주두 내에서의 화분관 신장 정도

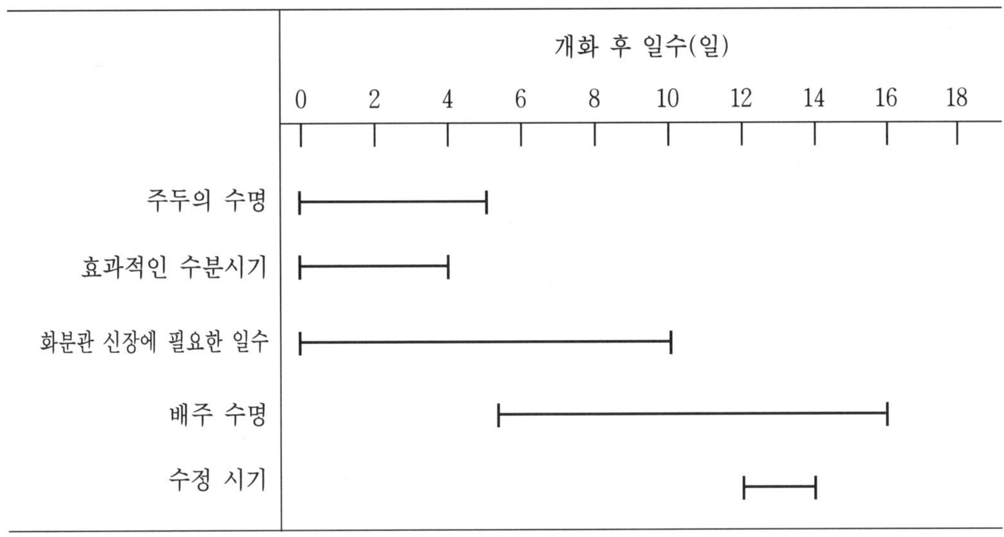

그림 9-2> 수분 및 수정에 소요되는 일수

바. 개화의 조만에 미치는 영향

1) 온도

복숭아 개화의 조만에는 온도의 영향이 가장 큰데 개화직전에서 개화까지의 최고 온도가 가장 크게 영향을 미친다. 즉, 개화직전에 따뜻한 날이 계속된 해에는 지표 부근의 늘어진 가지는 개화가 특히 빨라진다. 개화기의 온도가 낮아지면 개화기간은 7~8일 정도로 길어진다. 이와는 달리 개화직전에 저온이 계속되면 개화는 억제되지만 일단 온도가 상승하면 일시에 개화하여 2~3일만에 개화 최성기를 맞아 개화기간은 대단히 짧게 된다.

2) 품종 및 대목

개화의 조만은 온도 뿐 아니라 품종이나 대목에 따라 크게 다른데 천도 품종이 가장 빨리 개화하며 이어서 유럽계 황육종이 개화되고 백육종은 가장 늦게 개화된다. 특히 우리나라의 주요 재배종인 생식용 품종 중에서는 백도계 품종이 개화가 대체로 늦어 만상 피해 회피에 유리하다. 또한 대목에 따라서도 개화의 조만이 달라질 수 있는데 외국의 경우 시설재배용으로 사용되는 묘목은 휴면의 정도가 얕은 대목 품종의 실생을 이용하기도 한다.

사. 개화기의 기상요인과 결실

1) 저온

개화기의 저온은 방화곤충의 활동을 억제하여 결실에 악영향을 미치게 된다. 또한 서리피해는 결실에 더욱 큰 피해를 초래하게 된다. 또한 대부분의 천도 품종은 개화기 때의 저온이나 서리로 인하여 동녹발생이 조장되므로 주의하여야 한다.

2) 강우

개화기 강우는 방화곤충의 비래 억제 및 약이 터치는 것을 막아 수분을 방해하지만 꽃 수가 충분하기 때문에 수량에는 크게 영향을 미치지 않는다. 다만 일찍 개화한 충실한 꽃이 불수정이 되면 낙과를 초래한다. 그러나 개화전의 적당한 강수는 암술머리의 건조를 막아 수정능력을 높일 뿐 아니라 수정 직후의 초기 비대를 촉진한다.

2. 결실조절

가. 적뢰(꽃봉오리솎기), 적화(꽃솎기) 및 적과(과실솎기)의 목적

복숭아 성목 1주당 개화수는 보통 20,000~25,000개 정도이지만 최종 수확과는 800~1,000과로서 개화수의 4~5% 전후이기 때문에 90% 이상은 적과된다. 불수정 등에 의한 낙과에 의해서도 과실이 제거되지만 불필요한 꽃이나 과실은 가능한 한 조기에 꽃봉오리 솎기, 꽃솎기 및 과실솎기를 실시하여 불필요한 양분의 소비를 억제함과 아울러 결실량 조절에 투입되는 노력의 분산효과도 높일 수 있도록 한다. 또한 적과 작업시 복숭아 털 때문에 적과인부 동원에 어려움이 발생하기도 하므로 적뢰나 적화를 통하여 결실량을 조절하는 것이 바람직할 것으로 판단된다.

이러한 적뢰, 적화 및 적과의 목적은 착과량 조절에 의한 ①과실크기 증대, ②수세 조절에 의한 해거리 방지, ③착색 증진, ④과실 균일도 증진, ⑤적당한 과실 간격 유지에 의한 병해충 방제효과 증진 등이다. 그러나 결실량 조절은 지력, 수세, 시비량, 품종 및 수령 등을 고려하여 그 강·약이 조절되어야 한다.

나. 적뢰 및 적화

1) 기대효과

가) 과실 생장에 미치는 효과

적뢰 및 적화는 과실 비대 촉진에 효과가 높다. 만개후 50일경 횡경 4mm 정도의 차이는 수확기에는 150g 정도의 차이가 나는 것으로 보고 되어 있어 꽃솎기

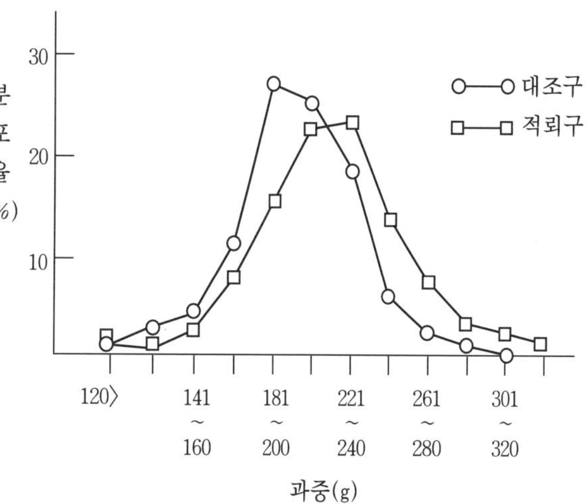

그림 9-3〉 적뢰가 백봉 품종의 수확기 과중 분포에 미치는 영향

(적뢰 및 적화)는 과중 증대에 매우 중요하다.

나) 나무 생육에 미치는 효과

적뢰한 나무와 적뢰를 하지 않은 나무에 대하여 결실이 안정된 만개후 40일경에 엽면적을 조사하면 초기 발생 엽의 크기 및 두께가 적뢰한 나무에서 크고 두꺼울 뿐 아니라 신초 발육 정지가 빠른 것으로 나타났다.

2) 작업정도

화분이 많고 결실이 좋은 품종(대구보, 유명 등), 수세가 약한 품종 및 약전정을 실시한 나무는 총 꽃수의 70%를 솎아준다. 반면 화분이 적고 결실이 불량한 품종(미백도, 창방조생, 백도 등), 수세가 강한 품종 및 강전정한 나무는 총 꽃수의 50~60%를 솎아 준다. 또한 결과지별 적뢰 정도는 화속상 단과지는 4~5본에 꽃봉오리 1개, 단과지는 1~2개, 중과지(20cm)는 2~3개, 장과지(30cm)는 4~6개의 꽃봉오리나 꽃을 남기고 적뢰 및 적화를 실시한다.

3) 작업 시기 및 방법

꽃봉오리 솎기의 최적시기는 꽃봉오리가 상단에 붉은 색깔을 어느 정도 나타내고 크기가 대두콩알 정도 되었을 때이며, 그 방법으로는 그림 9-4와 같이 엄지와 집게 손가락을 둥글게 말아 결과지 선단에서 기부쪽으로 훑어 내려가면서 결실부위에서만 손가락을 펴서 남겨 준다.

결과지내 착과 방향은 과실이 자람에 따라 변하지만 늦서리 피해방지, 반사필름에 의한 착색 및 봉지씌우기 등의 작업을 고려하여 아래 방향의 꽃을 남겨 준다.

그러나 기후 불순이 예상되거나 늦서리 피해가 빈번한 지대에서는 꽃봉오리 시기보다 꽃이 핀 이후에 꽃솎기를 약하게 실시하는 것이 적정 건전화의 확보를 위하여 바람직하다.

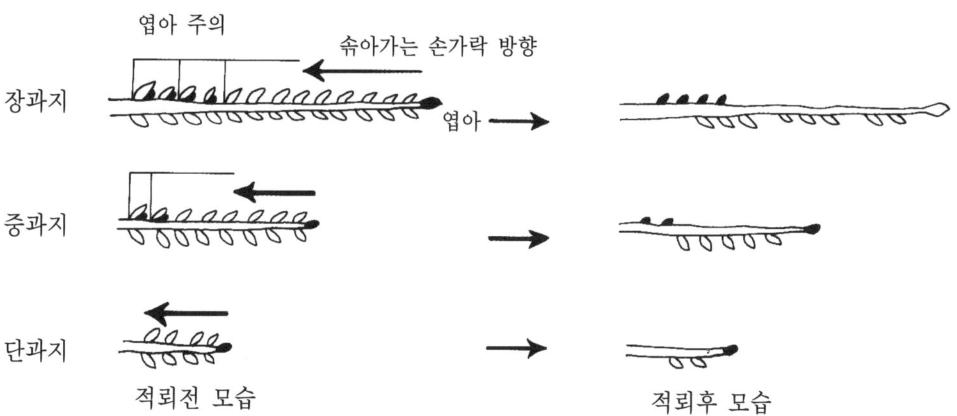

그림 9-4〉 꽃봉오리 솎기(적뢰) 방법

다. 적과

1) 적과정도

적과정도는 꽃봉오리솎기, 꽃솎기에서와 같이 품종, 수세, 지력에 따라 조절되어야 하며, 결과지의 강약에 따라서도 착과량 조절이 필요하다(표 9-2). 일반적으로 적과할 당시를 기준으로 조생종에서는 잎수 20매당 1과를, 중생종은 25매당 1과를, 만생종은 30매당 1과 정도를 두고 하는 것이 추천되고 있다(표 9-3).

표 9-2〉 수세와 적과 정도

수세	적뢰	예비적과	정리적과	수정적과	착과지수
강	60~70% 실시 (약간 약하게)	최종 착과량의 2배를 남김	최종 착과량의 1.2배를 남김	수시로 발육 불량과, 기형과, 병해충 이병과 등을 제거함	105~110
중	70~80% 실시 (보통 정도)	최종 착과량의 1.5배를 남김	최종 착과량의 1.1배를 남김	수시로 발육 불량과, 기형과, 병해충 이병과 등을 제거함	100
약	80% 실시 (약간 강하게)	최종 착과량의 1.2배를 남김	최종 착과량보다 조금 많게 남김	수시로 발육 불량과, 기형과, 병해충 이병과 등을 제거함	90~95

표 9-3〉 과당 엽수 및 10a당 착과수

구 분	엽수 / 1과	착과수 / 10a
조생종	20엽	16,000~18,000과
중생종	25	16,000~18,000
만생종	30	13,000~15,000

결과지 종류별 착과 조절은 단과지에는 단과지 5본당 1개, 중과지에는 1개, 장과지에는 그 길이에 따라 대략 20cm 간격으로 1개씩으로 2~3개를 남기고 적과한다. 따라서 10a당 성목원의 경우 조생종은 18,000~20,000개, 중생종은 16,000~18,000개, 만생종은 13,000~16,000개 정도가 착과되도록 하게 된다. 이것을 나무 원줄기의 굵기에 따라 환산해 보면 나무 원둘레가 20cm까지 자란나무에서는 100개, 30cm까지는 240개, 40cm까지는 400개, 50cm까지는 600개, 70cm까지는 1,000개, 80cm까지는 1,500개를 착과시키는 정도로 하게 된다.

2) 적과대상 과실

적과 대상이 되는 과실은 ①작고 기형이며, 편육된 과실, ②병해충 피해과실, ③일소나 풍해를 받기 쉬운 상향과(上向果), ④결과지의 최선단과나 기부쪽 과실 등이다.

3) 적과시기

적과시기는 빠를수록 수체내 양분 손실이 적지만 너무 빠르면 우량 과실과 불량 과실간의 판정이 곤란할 뿐만 아니라 불수정과의 판정이 어렵다. 따라서 이러한 요소들을 정확하게 판정할 수 있다면 가능한한 적과시기는 빠를수록 유리하다. 그러나 적과시기가 빠르면서 한꺼번에 강한 적과를 실시하게 되면 신초생장쪽으로 양분공급이 편중되어 낙과가 계속되거나 핵할과와 변형과 발생이 일어나기 쉽고 생리적 낙과가 유발되므로 예비적과, 정리적과 및 수정적과의 순으로 나누어 실시하는 것이 좋다.

4) 적과종류

가) 예비적과(만개후 2~3주 사이)

꽃봉오리나 꽃솎기를 실시한 경우라면 예비적과의 생략이 가능하지만 소과 품종이거나 꽃봉오리 및 꽃솎기가 충분히 실시되지 않았을 경우는 실시하는 것이 좋다. 이 때 화분이 있는 품종은 빠를수록 좋지만 화분이 없는 품종은 만개 30일 경에 실시한다. 예비적과시 남겨야 할 과실수는 최종적으로 남길 과실의 2~3배를 남기고 적과한다. 즉, 장과지 4~5과, 중과지 3~4과, 단과지 1과 정도로서 가지의 중앙보다 선단부 위쪽에 과실을 착과시키도록 한다.

나) 정리적과(만개후 40일 전후)

정리적과는 대개 봉지 씌우기 전의 최종 적과의 성격을 갖게 된다. 이 때는 수세를 정확히 진단하여 수세에 알맞도록 착과량을 조절해 준다. 그러나 적정수세가 유지된 나무라면 장과지에는 2~3과, 중과지에는 1~2과, 단과지에는 2~3개 단과지에 1과를 착과시켜 측지간의 균형을 유지토록 한다. 나무 전체의 배분은 착과량 전체를 100%로 볼 때 상단부 105~110%, 하단부 90%로 착과시킨다. 정리적과시 최종적으로 남길 과실은 대과로 될 소질이 높은 납짝 길쭉한 것이다. 한 결과지내 착과 위치는 햇빛을 잘 받을 수 있는 결과지의 경우에는 결과지의 측방에 결과시키고, 수관 내부의 결과지나 늘어진 결과지의 경우에는 하늘쪽으로 향한 과실을 남겨 착색의 균일도가 증대되도록 한다. 한편 도장성이 보이는 결과지는 유인을 함께 실시하거나 착과량을 증대시켜 결과지가 늘어지도록 도모한다.

다) 수정적과

봉지를 씌워 재배하는 경우에는 수정적과가 불필요할만큼 적과가 충분하고 균일하게 이루어져 있는 것이 보통이지만 무봉지 재배시에는 예정착과량보다 대부분 과다 착과되기 쉬우므로 만개 60일 이후부터 수시로 수정적과를 실시한다. 즉 기형과, 편육과, 병해충 이병과 및 과다 결실과를 적과하게 되어 수정적과 단계에서부터 선과작업의 성격을 띠게 된다.

5) 수령에 따른 적과시 고려사항

가) 유목기 (6~8년생)

골격형성기로서 영양생장이 생식생장보다 많은 시기이므로 착과수를 과다하게 하면 숙기가 늦어지고, 반면 너무 적으면 도장지가 발생하기 쉬우므로 성과기보다 다소 많은 과실을 착과시켜 수세안정을 도모해 준다.

나) 성과기(8~15년생)

생식생장이 영양생장보다 다소 강하여 과실 생산성이 가장 왕성한 시기로서 적정량을 착과시켜 영양생장이 적정수준으로 이루어지도록 한다.

다) 노목기(15년 이상)

생식생장이 영양생장보다 극히 높은 시기로서 과다 착과되기 쉬우므로 수세를 저하시키지 않도록 착과량을 다소 줄인다.

라. 약제에 의한 결실량 조절

복숭아는 다른 과수에 비하여 단위 길이당 꽃눈 수가 많아 인력 적과작업에 많은 노동력이 들게 된다. 이러한 문제를 해결하기 위해 원예연구소에서 적뢰, 적화 및 적과에 대한 다양한 약제의 살포효과가 검토되었다.

티오유레아 (thiourea) 2~3%와 암모늄 티오설페이트 (ammonium thiosulfate) 3~5%의 만개 4주, 2주전 처리는 적뢰효과는 인정되었으나 결과지, 신초 및 과실에 약해가 심하게 발생되어 활용성이 인정되지 않았으며, 만개 3~4주 후 에세폰(ethephon) 100ppm 이상의 처리는 적과효과는 높았으나 과실비대 및 엽면적이 억제되어 활용성에는 문제점이 있었다. 한편, 적화제로 사용된 석회유황합제 50배액의 만개기 살포에서는 적화율이 높고 과실비대가 비교적 양호하여 활용가능성이 가장 높은 것으로 평가되었으나, 만개기에 에세폰 100ppm, GA3 25~50ppm, 유레아 (urea) 0.5% , 암모늄설페이트 0.5% 등을 살포하는 것은 과실비대를 나쁘게 하여 실용성이 없는 것으로 검토되었다.

3. 봉지 씌우기

생식용 복숭아 품종을 재배할 경우 7월 하순까지 수확할 수 있는 품종에 대해서는 약제에 의한 병해충 방제가 비교적 용이하기 때문에 무봉지 재배가 가능하나 8월 이후에 수확되는 품종은 봉지를 씌워 재배하는 편이 유리하다.

그러나 복숭아를 무봉지 재배하게 되면 과피색은 비록 연하고 곱지는 못하나 착색에 의한 당분함량과 비타민 C의 함량이 높아지므로 맛과 영양이 좋아지며 생리적 낙과도 줄일 수 있다.

가. 봉지 씌우는 목적

봉지씌우기는 병해충의 방지 및 외관의 수려함을 도모하기 위해 실시하지만 많은 경영비가 투입되는 작업이다. 즉 수작업으로 이루어지는 봉지씌우기는 많은 노력이 단기간에 투입되므로 경영 규모 확대에 걸림돌이 되는 작업이지만 ①병해충의 피해를 방지할 수 있고, ②외관이 수려한 과실 생산이 가능하며, ③ 과피가 약한 열과성 품종(특히 천도)에서 열과 방지가 가능하며, ④ 과육 착색이 쉬운 품종의 과육내 색소발현을 억제하여 과육이 깨끗한 과실 생산이 가능함 등의 장점이 있다.

나. 봉지 씌우는 시기

정리적과가 완료되고 심식충이 산란을 시작하기 이전인 6월 상순까지 봉지를 씌워야 하지만 생리적 낙과가 심한 백도계 품종은 10일 정도 늦추는 것이 좋다.

다. 봉지 씌우는 방법

과실을 봉지 중앙에 위치하도록 삽입한 다음 결과지를 감싸면서 봉지 입구를 모아서 철핀으로 묶은 후 다시 철핀을 접어 놓으면 된다. 봉지 입구를 완전히 봉하지 않거나 결과지에 밀착되지 않게 하면 병해충이 침입하기 쉬울 뿐 아니라 바람에 의해 봉지가 이리저리 흔들려 낙과까지 초래하게 된다. 또한 봉지 씌우기 직전에는 반드시 약제살포를 실시하는 것이 바람직하다.

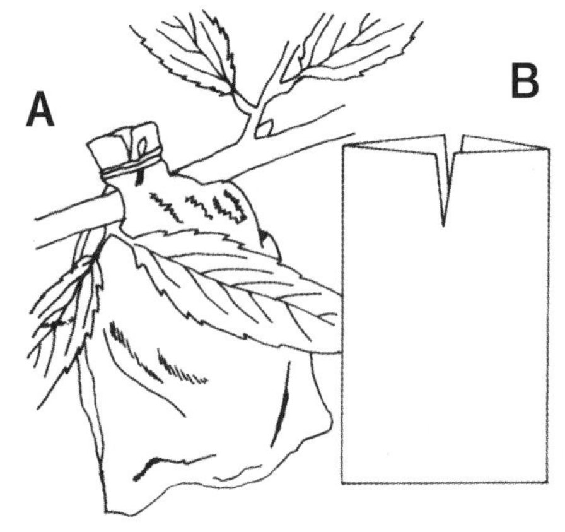

A: 열매가지 위로 양철바늘에 결속된 봉지
B: 중앙부를 잘라낸 복숭아 봉지

그림 9-5〉 봉지 씌우는 방법

라. 봉지 벗기기

착색이 잘 된 과실이 소비자들의 호감을 더 사기 때문에 수확전에 봉지를 벗겨 전면 착색을 유도함으로써 품질을 향상시키는 것이 필요하다.

그러나 품종에 따라 봉지벗기기 이후의 착색정도 및 속도가 다르므로 창방조생, 대구보는 3~4일전, 백봉, 흥진유도, 수봉, 사자조생 등은 5~6일전, 포목조생, 백도 등은 8~10일전에 봉지를 벗기도록 한다. 반면 미백도 등은 오히려 봉지를 벗기지 않고 외관을 수려하게 하는 것이 판매상 유리하다.

4. 착색관리

조생종은 6월 하순~7월 상순부터 수확이 시작되므로 착색이 용이한 조건으로 만들어 준다. ①나무의 하부나 중부의 처진 가지는 지주를 받쳐 들어 올려 주고, ②신초가 복잡하여 과실에 햇빛이 닿기 어려운 경우에는 지나치지 않는 범위내에서 신초를 정리(절단)하여야 하며, ③세력이 강한 신초는 염지(신초비틀기)나 적심 등을 곁들이며, ④수세가 강하고 엽수가 많아서 광부족 현상이 우려되는 경우나 착색이 어려운 품종에서는 과실의 바탕색이 녹색에서 백녹색으로 변하는 시기에 과실주변 잎을 따주며, ⑤반사광선을 이용한 착색증진을 위하여 반사필름을 나무아래 깔아준다. 반사필름은 착색 뿐만 아니라 당도의 증대, 과중 증대에 기여하며 이와 아울러 역병 및 부패병 방지에도 효과가 있다.

5. 무봉지 재배

관행적으로 씌우고 있는 봉지 씌우기는 점점 거세어 가는 국제 경쟁력 증대와는 역행하는 기술이다. 즉 생산비를 절감시키면서 고품질 생산이 가능한 기술 수행이 매우 중요하다. 따라서 생산비 절감 및 품질 향상을 위해 무봉지재배를 실시하게 될 경우 병해충 방제를 위한 약제 살포 회수가 증대되겠지만 그 이상의 경비가 절약될 수 있을 것이다.

특히 무봉지재배과가 봉지재배과에 비해 맛이 우수하여 품질이 탁월해지므로 고품질과 생산 측면에서도 더욱 유리하다. 그러나 무엇보다도 품종의 숙기나 병충해 저항성, 생리적 특성 등을 종합적으로 고려하여 무봉지재배 여부를 판단하여야 할 것이다.

가. 과실의 특징

무봉지 재배 과실은 봉지 재배 과실에 비하여 당도가 1~2% 정도 높아질 뿐만 아니라 비타민 C함량도 높아지며, 과피가 두꺼워져 수송성이 증대되고, 산미가 다소 감소하는 경향이 있어 전반적으로 품질을 향상시킬 수 있다.

나. 무봉지 재배가 가능한 품종

만생종은 병해충 발생이 높아지므로 무봉지재배가 곤란하겠지만 조·중생종은 충분히 무봉지재배가 가능하다. 다만 열과가 발생하기 쉬운 품종은 무봉지재배가 어려울 것이다. 즉 창방조생, 사자조생, 백봉계 등은 무봉지재배가 용이한 품종이지만 백도계나 천도계는 열과 때문에 곤란한 품종이다. 또한 과육 색소 발현이 쉬운 대구보 등 품질 저하가 발생하는 품종도 무봉지재배는 불가능하다.

다. 재배상 유의할 점

1) 철저한 적과

착색도모를 위해 결과지상의 상향과가 착과되도록 적과시에 신경을 써야 한다. 원래 봉지재배에서 상향과는 강풍이나 강우에 의해 낙과가 많은 것으로 알려져 있지만 무봉지재배에서는 그렇지 않기 때문이다. 또한 결실과다가 되지 않도록 수시적과를 실시하여야 한다.

표 9-4〉 결과지상의 착과 위치별 착색 정도

착과위치	착색 정도별 분포 비율(%)			
	계	우수	중	불량
상향과	100	78	93	7
하향과	100	24	39	37

또한 봉지재배와의 큰 차이는 봉지 씌우기를 하면서 철저한 적과가 이루어지는 것과는 대조적으로 무봉지재배는 과다 착과되기 쉽다. 따라서 소과, 저당도, 착색불량, 숙기지연 등 품질 불량과가 생산되기 쉽다. 또한 유과기 때의 강풍은 잎과의 마찰에 의해 상처가 생겨 외관 불량과도 생기기 쉽다.

최종 착과시킬 과실수는 봉지재배와 마찬가지로 장과지는 3~4과, 중과지는 1~2과, 단과지는 2~3가지에 1과를 착과시키는 것이 정상적이지만 과원을 수회 둘러 보면서 수세의 강약, 수령, 시비량, 지력, 품종 등을 충분히 고려하여 결실량을 조절한다.

2) 철저한 병해충 방제

무봉지재배는 생산비를 낮추는 재배 효과가 높고 품질 향상 등의 장점이 있지만 병충해의 감염 및 피해 기회는 더욱 높아지게 되는데, 특히 흑성병, 세균성구멍병 및 심식충류 방제를 철저히 해야 한다.

3) 무봉지 재배시의 착색관리

무봉지 재배를 실시하여도 수관내부나 늘어진 가지에 착과된 과실은 착색불량과가 많다. 특히 착색이 어려운 사자조생 등은 햇빛 투광량이 적을 경우 착색 불량과가 많이 발생하므로 주의해야 한다. 착색은 햇빛 뿐만 아니라 밀식정도, 질소 시용수준, 수세의 강약 정도 및 정지, 전정기술 등에 의해 차이가 발생하는 총체적 기술이다.

따라서 착색을 증진시키기 위해서는 ①착색기에 들어서면 과중 증가로 주지나 부주지 단위로 늘어져 과실이 수관하부로 위치 전환이 일어나므로 받침목 등을 이용하여 가지가 늘어지지 않도록 하며, ②도장지 제거 및 적심, 염지 등을 통하여 햇빛을 차단하는 가지의 유인 및 과실을 덮고 있는 잎을 제거해 주며, ③착색 도모를 위해 반사 필름 또는 시트를 수관하부에 열별로 멀칭하듯이 깔아주되 조기멀칭으로 조기착색에 의한 조기수확이 되지 않도록 유의해야 한다.

10장 토양 관리와 시비

1. 토양 관리
2. 시비 관리

10장 토양 관리와 시비

1. 토양 관리

복숭아는 원래 건조지대가 원산지로 내습성이 약하여 지하수위가 높거나 배수가 불량한 곳에서는 생육이 극히 불량하다. 따라서 토양 선택은 다른 관리보다도 중요하다. 토양은 식물의 생장에 필요한 수분과 양분을 공급해 주고 뿌리를 고정시켜 복숭아나무가 자랄 수 있는 바탕을 제공한다. 모든 작물은 뿌리의 건전한 발달이 없이 충실한 지상부를 형성할 수 없으므로 복숭아나무도 생장과 결실을 양호하게 하기 위해서는 토양의 특성을 제대로 파악하여 뿌리가 잘 발달되고 그 기능을 잘 발휘할 수 있도록 물관리, 표토관리, 시비, 토양보전, 토양개량 등이 반드시 필요하다.

가. 토양 생산력 요인

토양의 생산력은 재배 작물의 생육상태와 수량에 따라 평가되고 있으나 과실은 품질을 중요하게 여기므로 복숭아재배에서도 품질향상에 더욱 역점을 두어야 한다.

토양관리에서 수량과 품질에 관계되는 요인은 매우 다양하고 서로 연관이 되어 있으므로 실제로 수량과 품질을 일치시켜 토양관리를 하는 것은 쉬운 일은 아니나 토양관리에서 가장 중요한 것은 물 관리이다.

1) 복숭아나무의 토양 적응성

복숭아는 원래 건조지대가 원산지로 내습성이 약하여 지하수위가 높거나 배수가 불량한 토양에는 부적합하다. 또한 토양 pH는 산성에서도 잘 자라

pH 5.5 근처에서도 생육이 가능하나 pH 6.0 정도로 토양을 개량해주는 것이 좋다. 토성은 사질토에서 생육이 잘 되며 흡비력이 강하여 척박한 토양에서도 비교적 생육이 왕성하기 때문에 유목기에는 질소과다가 나타나는 경우가 종종 있다.

표 10-1〉 복숭아나무의 토양 적응성

토양조건	토양반응	내습성	내건성	토양물리성	비료 요구도
사질, 배수 양호한 토양	산성에 강함 (pH5.0~6.0)	약	강	산소 요구량 많음	흡비력 강함, 질소과다 주의

2) 물리적 요인

토성, 토양구조, 전용적 밀도, 경도(굳기), 통기 및 투수성, 토양온도를 포함하는 토양의 기본 성질을 토양의 물리성이라 한다. 토성, 토양구조, 토양단면 등과 같은 토양의 물리적인 성질은 기본요소로서 중요한 역할을 하며 여기에 화학성분의 투입 등에 의한 토양의 화학적인 성질을 개선하여 식물체가 잘 자랄 수 있는 토양여건을 만든 다음, 물 관리나 기상환경을 조절하는 재배기술을 통하여 얻고자 하는 품질의 과실과 충분한 생산량을 확보할 수 있다.

복숭아의 품질과 근군의 분포를 살펴보면 품질이 좋은 과수원일수록 지표 50cm 부위에 뿌리가 대부분 분포하고 뿌리가 깊이 분포할수록 품질이 떨어지는 것을 볼 수 있으나 이는 땅심이 좋은 일본의 경우로 우리나라는 토심이 원래 낮기 때문에 이와 같은 현상이 나타나는 경우는 극히 드물다.

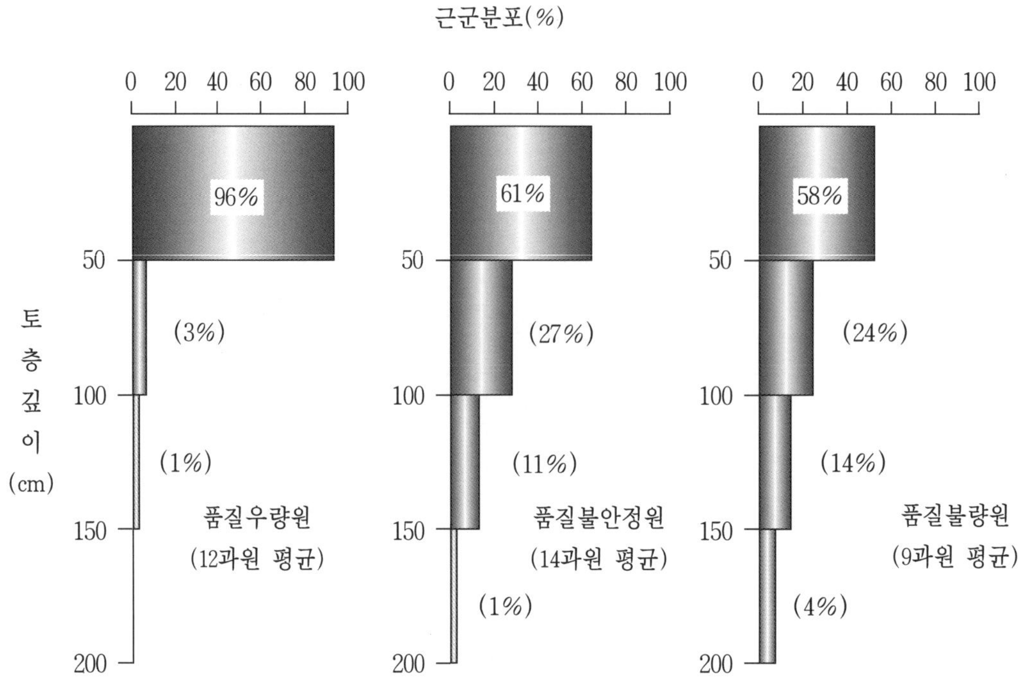

그림 10-1) 복숭아의 품질과 근군의 분포

가) 삼상비(三相比)와 복숭아나무의 생육

토양의 액상과 기상은 입자사이의 공극을 채우는 것이기 때문에 이 두가지는 일정한 범위에서 서로 변하게 된다. 공극은 고상과 반비례한다. 즉 고상의 용적이 크면 공극량이 적어지고 공극량이 적어지면 액상과 기상 중 하나 또는 둘의 용적이 작아진다. 이와 같이 토양 삼상은 서로 동적 평형 상태를 이룬다. 작물은 액상에서 영양분과 물을 흡수하고 기상의 산소를 소비하며 생육한다. 고상은 식물의 영양분을 저장해두는 저장고가 되지만 그 저장부위는 액상과 접해있는 입자의 표면으로 토양의 총 중량으로 보았을 때 극히 일부에 불과하다. 또한 고상의 다른 중요한 역할은 식물이 쓰러지지 않게 고정해주는 것이다. 작물의 양분흡수와 뿌리의 생육조건을 고려할 때 토양의 액상과 기상은 작물의 생육에 매우 중요한 부분이 된다.

토양에 액상이 충분히 있고 산소의 확산이 원활할 때 식물의 뿌리는 제 기능을 다할 수 있고, 토양 용액에 식물 영양분이 골고루 적당히 있을 때 최상의 조건이 되는데 일반토양의 삼상비(고상:액상:기상)는 45~60%:15~35%:10~35% 범위에 있다.

우리나라 우량과원의 삼상비는 고상 45~60%, 액상 15~38%, 기상 10~30%범위로 토심에 따라 급격한 변화가 없이 심토까지 적정 범위내에 있으며, 불량과원은 고상 60% 이상, 액상 38% 이상 또는 15% 이하, 기상 10% 이하로서 근계부근 토양의 고상이 많고 공극율이 40% 이하로 수분이 과다하거나 부족하고, 기상은 작기 때문에 통기성이 매우 불량하다.

나) 토성과 복숭아나무의 생육

점토분이 많은 식토는 물을 간직하는 보수력과 비료를 간직하는 보비력은 크지만 통기성이 불량하다. 모래분이 많은 사토는 그와 반대로 보수 및 보비력이 매우 작지만 통기성은 양호하다. 이와 같은 극단적인 토성에서는 복숭아나무 생장과 유용 미생물의 활동이 억제된다.

토양의 생산력은 사토로부터 양토에 이르기까지 점토분의 양이 증가함에 따라 커지지만, 식양토 이상으로 점토의 양이 많아지면 즉 식토로 되면 물리성이 악화되어 생산력은 떨어지게 된다.

토양의 생산력은 그 입자조직에만 관계되는 것이 아니고 토양구조, 부식함량 및 성질, 점토성질, 토양의 동적성질 등을 지배하는 모든 것에 영향을 받는다. 그러므로 비록 입자조성이 같은 토양이라 하더라도 그 생산력에는 큰 차이가 있을 수 있다.

토양경도는 뿌리의 신장과 밀접한 관계가 있어 18~20mm 전후일 때에는 가는 뿌리의 발달이 용이하고 24~25mm일 때에는 심한 저해를 받으며 29mm 이상일 때에는 뿌리가 전혀 자라지 못한다. 일반적으로 모래분과 점토분이 적당한 비율로 혼합되어 있고, 어느 정도 유기물이 섞여 있는 양토~사양토가 복숭아나무 생육에 가장 알맞다고 할 수 있다.

표 10-2〉 토성별 복숭아나무의 생장

토양의 종류	토성 (%)			신초신장량(cm)
	점토함량	수분함량	비모세공극량	
식양토	43	25~34	0.07	311(87%)
양 토	34	20~30	1.50	353(99)
사양토	17	15~33	8.19	358(100)
사 토	12	10~30	9.71	352(98)

※ 小林, 果樹の營養生理, 1958.

다) 토양 통기성과 복숭아나무 생육

토양속에 있는 뿌리도 잎과 줄기와 같이 호흡하면서 살아간다. 더우기 뿌리는 지상부가 쓰러지지 않도록 지탱하는 역할 뿐만 아니라 양·수분을 흡수하는 역할을 한다. 양분이 흡수된다는 것은 얼핏 토양에 들어 있는 양분을 직접 골라내어 흡수하는 것처럼 보이지만 모든 양분은 토양속의 물에 용해된 상태로 흡수된다.

표 10-3〉 복숭아나무(大久保)의 토양 중 산소농도와 신초신장 및 엽내 무기성분과의 관계

가스농도(%)		신초신장량	질소	인산	칼륨	칼슘	마그네슘
산소	이산화탄소	(cm)	(%)	(%)	(%)	(%)	(%)
16.6	3.0	216	2.08	0.12	1.84	3.39	0.44
		(100)	(100)	(100)	(100)	(100)	(100)
9.1	5.9	205	2.32	0.11	1.43	2.59	0.29
		(95)	(83)	(92)	(78)	(76)	(66)
6.8	4.2	137	2.77	0.11	1.74	2.71	0.20
		(63)	(99)	(92)	(95)	(80)	(45)
0.9	1.8	58	2.58	0.11	1.09	1.89	0.21
		(27)	(92)	(92)	(59)	(56)	(48)

※ ( )내는 비율임.

따라서 식물체가 낮은 농도인 토양용액에서 높은 농도인 뿌리로 양·수분을 흡수하기 위해서는 에너지 평형원칙에 의해서 그에 해당하는 에너지를 만들어 내야 하기 때문에 호흡에 필요한 산소가 요구된다. 따라서 토양중의 산소농도가 낮아져서 뿌리의 호흡이 억제되면 양·수분의 흡수도 방해되는데, 이때에는 질소의 흡수에 비하여 칼슘(Ca), 칼륨(K), 마그네슘(Mg) 등 과실의 품질에 관계하는 성분의 흡수가 현저하게 떨어지게 된다.

3) 토양 화학성

토양 화학성은 토양의 알갱이 및 표면과 토양용액에서 화학적 내지 물리화학적으로 일어나는 변화 및 반응현상, 토양 화학성분의 함유량 및 조성 등을 나타내는 말이다.

화학적인 변화와 반응으로 화학성분이 전기를 띤 양(+)이온 또는 음(-)이온으로 변화하여 토양에 붙어 있거나 떨어지는 현상, 수소(H)이온의 농도를 나타내는 토양산도, 산화 환원 전위차, 용액의 평형 등의 문제가 포함되며 화학적 조성으로는 토양의 여러가지 화학성분 함량과 결합형태 등을 들 수 있다.

표 10-4는 주산단지의 복숭아 과원의 토양층위별 양분함량을 나타낸 것으로 모든 층위에서 pH가 낮고 21~40cm 부위에는 모든 양분이 적었다. 특히 석회함량은 생리장해가 나타나지 않을 정도인 3.0cmol/kg을 약간 상회하는 낮은 함량을 보였다. 따라서 석회 및 유기물을 병용하여 40cm 정도까지는 심경 후 전층(全層)에 시용하여야 한다.

표 10-4〉 주산단지 복숭아 과원의 토양층위별 양분함량

구분	pH	유기물 (g/kg)	유효인산 (mg/kg)	치환성양이온(cmol/kg)		
				칼 리	석 회	고 토
0 ~20cm	5.4	20	357	0.60	3.5	0.8
21~40	5.0	14	80	0.37	2.2	0.6
41~60	5.0	9	27	0.21	1.9	0.8

농업기술연구소 시험연보, 1994, p.374

가) 토양 pH와 복숭아나무 생육

토양을 전기적으로 보면, 토양을 구성하는 점토나 부식은 주로 (-)의 전기를 띠고 이들이 (+)의 전기를 가진 수소, 칼슘, 마그네슘 및 칼륨 등을 흡착한다.

토양이 산성, 알칼리성 혹은 중성인가를 나타내는 척도로써 pH가 쓰이며 토양에 흡착하는 수소이온(H^+)의 양을 바탕으로 하여 나타내는 숫자로 7이면 중성이고 7보다 낮으면 산성, 높으면 알칼리성으로 구분할 수 있다.

즉 토양이 H^+를 많이 흡착하면 할수록 산성이 강해진다. 한편 H^+에 알칼리성 금속인 칼슘, 마그네슘 및 칼륨의 흡착량이 많아짐에 따라 수산화이온(OH^-)이 증가하게 되어 산성이 약해지고 중성 또는 알칼리성으로 된다.

pH값과 토양반응을 살펴보면 표 10-5와 같으며 토양반응은 그 자체가 복숭아나무의 생육에 영향을 미치기도 하지만 복숭아나무의 생육에 필요한 여러가지 양분의 유효성분과 용해도에도 간접적으로 크게 영향한다.

표 10-5〉 pH값과 토양반응 세기

토양반응	강산성	중산성	약산성	미산성	중성	미알칼리성	약알칼리성	알칼리성	강알칼리성
pH	5.5	6.0	6.5		7.0	7.5	8.0	8.5	

대부분의 토양양분은 pH 6.5～7.0 부근에서 유효도가 높기 때문에 토양 pH를 6.5 부근으로 교정해주는 것이 유리하다.

토양의 pH에 따른 양분의 유효도는 그림 10-2와 같다. 그림에서 넓은 부분은 유효도가 큰 것을 나타낸다.

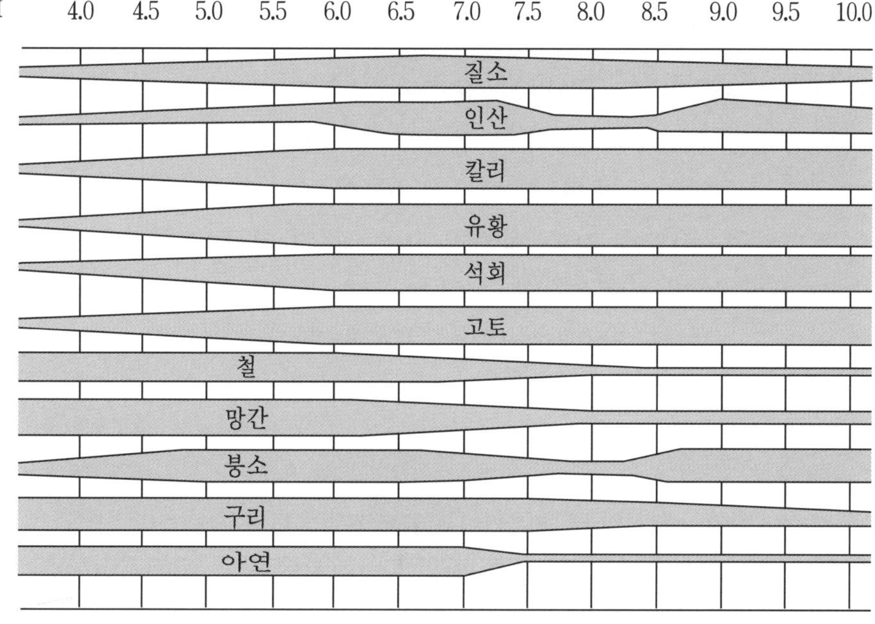

그림 10-2〉 토양 pH와 작물에 필요한 양분의 유효도

나) 보비력(비료 간직 능력)

토양 보비력의 많고 적음은 보통 시비조건하에서는 나무의 생장에 직접적인 영향을 주지는 않지만, 간접적으로 농도장해 발생의 난이, 질소비료 효과의 빠름과 늦음, 비료분 유실의 난이 등과 어느 정도 관련이 있다.

대체로 보비력이 낮은 토양은 모래함량이 많고 유기물과 점토함량이 적은 토양이며, 보비력이 높은 토양은 점토함량 특히 유기물함량이 많은 토양이다.

양분의 많고 적음에 대해서는 뿌리가 양분을 흡수하는 위치와 관계가 깊지만 가는 뿌리가 분포하는 깊이는 겉흙으로부터 20~50cm 정도로 시비를 포함한 토양관리에 의하여 인위적인 조절이 가능하다. 따라서 질소, 인산, 칼리 등의 주성분은 거의 문제가 없지만 칼슘, 마그네슘, 붕소 등의 양적균형이 문제가 된다.

나. 표토 관리

복숭아나무의 뿌리는 상당량이 표토에 분포되어 물과 영양분을 흡수한다. 이런 점에서 표토관리는 매우 중요한 작업의 일부이다. 표토를 관리하는 방법에는 청경법, 초생법, 멀칭법 등이 있는데, 관리방법마다 장단점이 있어 수령, 위치, 토성에 따라 한가지 또는 몇 가지를 절충하는 것이 합리적인 관리방법이 될 것이다. 표 10-6은 표토관리법에 따른 복숭아나무의 생육과 품질을 나타낸 것으로 청경과 짚피복에서는 생육은 양호하나 당도가 떨어지는 것을 볼 수 있었고 화본과 및 잡초관리는 수체 생육은 떨어지나 당도는 증가하였다.

표 10-6〉 복숭아 생육, 수량 및 품질에 있어서 표토관리의 영향

구 분	주간(mm)	수량(kg/주)	당도(°Bx)
청 경	457	59.4	7.8
짚 피 복	461	60.1	7.9
콩 과 초 생	440	52.9	8.1
화본과 초생	390	38.8	8.5
잡 초 발 생	400	45.8	8.7

※ 품종 : 錦, 9년생, 처리 6년후 조사.

1) 관리방법

가) 청경재배

청경재배란 나무 주위에 과수 이외의 식물은 모두 제거하여 과수원을 잡초없이 깨끗하게 관리하는 방법을 청경재배라고 한다. 잡초를 없애는 방법에는 중경제초를 하는 방법과 제초제를 이용하는 방법이 있다.

청경법은 양분 및 수분의 쟁탈이 없고 토양표면에 장해물이 없기 때문에 약제살포, 적과 등의 작업이 편리하고 병해충의 잠복장소를 제공하지 않는 이점도 있으나 경사지에서는 토양의 침식이 심하여 경토와 그 속에

함유되어 있는 양분이 빗물과 함께 유실되기 쉽다. 또한 토양의 입단이 파괴되며, 빗방울에 의하여 겉흙이 굳어지고, 지온의 교차가 심하여 여름의 고온기에는 지표면 근처의 토양온도가 높아져 뿌리에 장해를 끼치는 경우가 많다.

과수원에 사용하는 제초제는 지표면에 피막을 형성하여 잡초의 발아를 억제하는 것과 지상부를 죽이는 약제로 구분할 수 있는데, 지상부를 죽이는 제초제로는 비선택성과 선택성 제초제가 있다. 예초 작업시에는 연중 3~4회 정도가 필요하나 제초제를 이용하면 2~3회 살포로 충분하다.

토양처리형 제초제는 잡초발생 전 이른 봄에 토양표면에 살포하거나 늦은 봄 이후에는 이미 나온 잡초를 제거한 후 토양에 살포한다(표 10-7). 이미 발생되어 있는 잡초를 죽이고자 할 때는 비선택성 줄기 잎 처리제를 살포하면 효과를 얻을 수 있다(표 10-8). 또한 과수원에 숙근성 광엽 잡초인 쑥, 소리쟁이, 메꽃, 클로바 등이 많이 분포되어 있을 경우는 아민염 2-4D를 혼용 살포하면 높은 살초 효과를 얻을 수 있다(표 10-9).

표 10-7〉 제초제 분류방법에 의한 과수원 제초제명

구 분	분 류 방 법	제 초 제 명
살초 작용	접촉형 이행형	그라목손 아민염 2-4D, 근사미
처리방법	토양 처리형 줄기 · 잎 처리형	씨마진, 가도프림, 데브리놀, 고올 그라목손, 근사미, 바스타, 아민염 2-4D
선택성	선택성 비선택성	아민염 2-4D 그라목손, 근사미, 바스타

표 10-8〉 토양처리제 처리 75일 후 잡초의 생체중과 건물중

제 초 제 종 류	생 체 중(g/㎡)	건 물 중(g/㎡)
Simazine(시마네) 200g	793.4c	95.2c
〃 150g	786.6c	115.2c
Oxyfluorofen(옥시펜) 300cc	12.4d	1.9d
〃 200cc	25.1d	5.4d
Alachlor(알라) 600cc	1,846.6b	333.1b
〃 400cc	1,737.4b	307.2b
대 조	3,128.0a	521.5a

원시연보(과수편), 1984, p.29

표 10-9〉 제초제 처리가 쑥 및 여귀에 미치는 영향

약 제	살 초 율(%)			
	쑥		여 귀	
	20일후	40일후	20일후	40일후
Glyphosate(근사미) 1500cc + 2.4 - D 75cc(아민염)	87.5	95	91	93.5
Glyphosate 1500cc	70	82.5	47.5	45
Parapuat(그라목손) 3000cc	60	7.5	22.5	10

김기열외 3人, 1984, 한국잡초학회지 4(2) : 211~218.

나) 초생재배

초생재배는 과수원에 일년생이나 다년생풀 또는 작물을 재배하거나 자연적으로 발생한 잡초를 키우는 것이다.

초생재배는 토양의 물리성에 이로운 점이 많으며 농약의 사용을 줄일 수 있으므로 친환경농업의 첫걸음이 된다. 적당한 풀은 과수와 양분 및 수분 경합을 일으키지 않으며 병해충을 옮기지 않는 풀과 목초 등이 있으나 현재 목초는 거의 재배되지 않고 있으며 최근에는 호밀이 많이 심겨지고 있다. 잡초인 경우 억새, 쑥, 메꽃과 같은 심근성이며 영년생인 것은 피하고

덩굴성인 것도 피하여야 한다.

다) 멀칭재배

멀칭재배는 볏짚, 풀, 왕겨, 톱밥 등을 지표면에 덮어주는 방법을 말한다. 이와 같은 멀칭법은 토양 침식을 방지하고, 토양수분을 보존하며 토양을 입단화시키고, 비료분을 공급하는 효과도 있으며 지온이 대체로 20~30℃로 유지되므로 여름에 지온이 너무 높아지는 것을 억제하는 효과도 있다. 짚으로 잡초방지를 위하여는 10a(300평)당 1,000kg이 필요하므로 경비가 많이 든다.

라) 절충재배

절충재배는 위에서 언급된 2~3가지 방법을 혼합하여 재배하는 방법을 말하는데, 이를테면 나무와 나무사이는 초생재배를 하고 나무 밑은 청경 또는 멀칭하는 부분초생재배법이 있다.

표 10-10〉 표토관리법의 장단점 비교

관리방법	장 점	단 점
청경법	· 초생과 양분·수분 경합이 없다. · 병해충의 잠복장소가 없어진다. · 관리가 편리하다.	· 토양 및 양분이 씻겨 내려가기 쉽다. · 주·야간 지온교차가 심하다. · 수분증발이 심하다.
초생법	· 유기물의 적당한 환원으로 지력이 유지된다. · 침식이 억제되며 토양구조가 개선된다. · 지온의 변화가 적다. · 과실의 품질이 향상된다.	· 초생식물과 양·수분의 경합이 있다. · 유목기에 양분부족이 되기 쉽다. · 병해충의 잠복장소를 제공하기 쉽다. · 저온기 지온상승이 어렵다.
부초법	· 멀칭재료로 토양침식이 방지되고 양분이 공급된다. · 잡초발생, 수분증발이 억제된다. · 토양 유기물이 증가되고 토양물리성이 개선된다. · 낙과시 압상이 경감된다.	· 이른 봄 지온상승이 늦고, 늦서리의 피해를 입기 쉽다. · 겨울동안 쥐 피해가 많다. · 근군이 표층으로 발달하기 쉽고 건조기에 화재 우려가 있다. · 근군이 표층으로 발달한다.

이 방법은 과수원의 지형과 수령에 따라 제한적으로 적용하는 것이 바람직하다. 어린나무에서 잡초와의 경합을 피하고, 수분을 유지하기 위하여 이상적이며 평지의 성목원에서는 나무 밑만을 청경하는 부분초생재배를 하고, 경사지의 과수원에서는 초생 또는 멀칭재배를 하는 것이 토양관리에 유리하다.

이상에서와 같은 표토관리의 장단점을 비교하면 표 10-10과 같다.

마) 토양 침식방지 재배법

토양이 침식되면 토양의 비옥도가 떨어지는데, 특히 우리나라는 여름에 비가 집중적으로 내리고, 대부분의 과원들이 경사지에 위치하고, 전반적으로 유기물도 낮고, 토양을 형성하는 암석이 침식을 받기 쉬운 화강암 및 화강 편마암으로 되어 있다.

일반적으로 토양이 1cm 만들어지는데 소요되는 기간은 200년 정도 걸리나, 같은 양이 유실되는데는 2~3년 정도면 가능하다. 따라서 토양 침식방지에 대한 재배관리가 필요하다.

표 10-11〉 경사지 복숭아원의 표토관리가 생육과 유실량에 미치는 영향

구분		짚멀칭	청경	초생
수체생장량 (g/주)	지상부	458	206	98
	지하부	386.4	194.1	97.5
유실량 (kg/10a)	물	41.3	636.5	48.0
	토양	1,625	68,500	1,400

※ 小林章. 1958. 果樹の營養生理. p.133.

※ 오차드글라스 초생, 복숭아 실생.

① 심경과 유기물 시용

심경을 하고 유기물을 시용하면 토양공극량이 많아지고 침투속도가 빨라져 표토에서 흐르는 물량이 적어진다. 이러한 방법은 침식대책의 보조수단으로 이용될 수 있다.

② 초생재배 및 부초

초생재배와 부초는 토양표면을 덮어주므로써 빗방울이 직접 토양에 닿지 않게 하여 토양입자의 분산을 막고, 토양입단의 형성을 도와주게 되며 투수량을 많게 함으로써 흐르는 물량을 줄여 토양의 유실을 막는다.

③ 집수구와 배수구 설치

경사가 심하고 경사면의 길이가 긴 곳에서는 흐르는 물량이 많기 때문에 등고선을 따라 집수구를 만들고 상하로 배수로를 만든다. 집수구의 설치는 경사면의 길이를 짧게 하여 토양유실을 줄이는 것이고 배수로는 많은 물이 흐르도록 설치할 필요가 있다.

2) 표토관리와 토양 물리화학성

표토를 관리하는 방법 뿐만 아니라 멀칭에 쓰이는 재료에 따라서도 지온, 토양수분, 유효토양 양분의 함량에 변화가 오고 나무의 생육과 과실의 품질이 달라진다.

가) 지온

지표를 덮고 있는 식물이나 멀칭재료는 햇빛이 표토에 직접 도달하지 못하게 한다. 다시 말하면 태양열이 식물이나 멀칭재료를 데우고 그 열이 표토로 전달되는데 이들 식물이나 멀칭재료(볏짚)는 열전도가 낮기 때문에 청경재배보다 초생재배나 멀칭재배에서 지온의 변화가 적다.

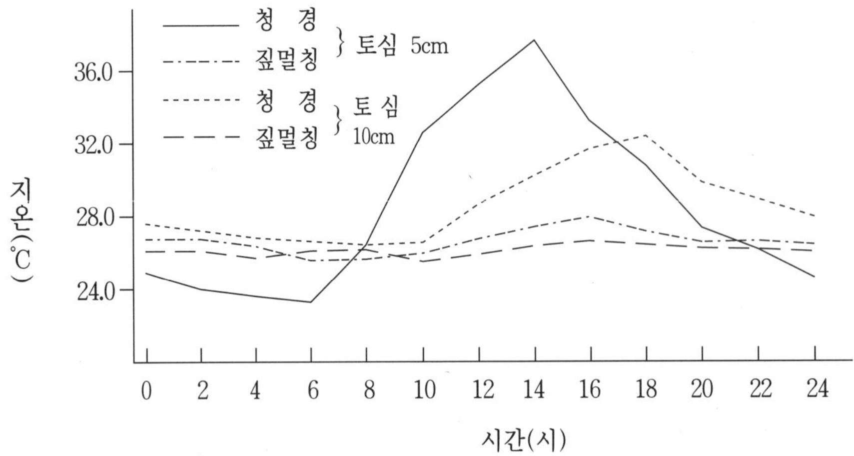

그림 10-3〉 토양관리법과 고온기 지온의 일변화(1964. 8.18~8.19)

(자료 : 千葉勉. 1982. 果樹園の土壤管理と施肥技術, p. 52)

나) 토양수분

지표면에 접하는 공기의 상대습도가 낮을수록 토양수분의 증발량은 많아진다. 그리고 공기가 습기를 포함할 수 있는 능력, 즉 최대 상대습도는 기온이 높을수록 크다. 그림 10-3에서 보는 바와 같이 고온기 즉 복숭아나무가 물을 많이 요구하는 시기에는 청경재배에서 지온이 높다. 따라서 부초나 초생재배보다는 청경재배에서 표토 증발량이 많고 토양의 수분함량이 낮은 것은 당연하다.

표 10-12를 보면 부초한 곳의 토양수분은 청경한 곳의 20~40%에 불과하다. 즉 부초함으로써 물 손실을 60~80% 줄일 수 있는 것이다. 이때 한계 피복량은 밀집 2,700kg/10a 정도인 것으로 알려져 있다.

표 10-12〉 청경재배 짚멀칭에서의 토양수분의 증발량(mm/일)

측정일 (월. 일)	멀칭재료		B/A × 100
	청경(A)	부초(B)	
7. 7	0.92	0.37	40.2
9	1.55	0.31	20.0
8. 15	0.46	0.09	19.6
17	0.35	0.10	28.6
27	1.09	0.35	32.1
28	0.91	0.19	20.9

자료 : 千葉勉. 1982. 果樹園の土壤管理と施肥技術, p. 54

초생재배를 하면 지면증발을 막을 수 있는 대신에 식물체의 증산이 많다. 즉 식물이 무성할수록 수분소모량은 많다. 그림 10-4를 보면 강우 직후에는 토양 수분함량이 부초구와 초생구에서 높다. 그리고 지표 아래 10~20㎝의 수분함량도 부초, 초생재배에서 많았다.

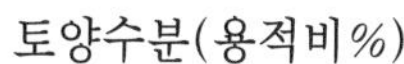

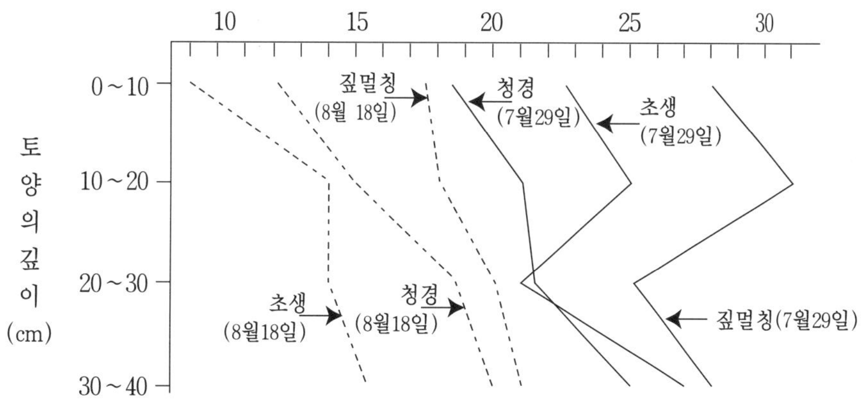

※1962. 7. 27~28에 119.1mm 강우 후 3주간 무강우 상태에서 측정한 것임

그림 10-4〉 토양관리 방법과 토층별 토양수분 함량

피복재배를 하므로써 지표면으로 흘러내리는 물이 줄고 땅 속으로 스며드는 물이 증가하여 많은 물이 저장되는데, 이 저장효과는 초생재배보다는 부초재배가 더 크다. 비가 내린 후 20일째인 8월 18일에 측정한 토양수분을 보면 전 토층을 통하여 부초구에서 많고, 다음이 청경재배구이고 초생재배구에서의 수분함량이 가장 적다. 따라서 초생재배시에는 식물이 표층의 물만 아니라 심층의 물까지 소비한 것이라 할 수 있으므로 제초 시기는 조건에 따라 달라진다는 것을 알 수 있다.

다. 토양 개량

복숭아 나무의 뿌리가 원활히 신장할 수 있는 유효토심은 40cm 이상이고 배수가 양호해야 하지만 일반적으로 우리나라의 과수원은 토양 물리성이 불량하기 때문에 개선해야 할 필요가 있다. 과수원의 토양 개량방법으로는 폭기식 심토파쇄와 소형굴토기를 이용하여 심경한 후 유기물을 혼합하여 물리성을 개량하는 것이 매우 효과적이다.

1) 토양 개량 목표

복숭아과원에 있어서 관수 및 배수대책, 토층의 개량, 유기물 시용, 석회시용 등을 통하여 복숭아나무가 잘 자라고, 품질이 양호한 과실의 생산이 가능한 토양의 개량목표는 표 10-13과 같다.

표 10-13〉 복숭아 과수원의 토양 개량 목표

	항목	목표치
물리성	유효 근군 깊이	40cm 이상
	조공극	15%
	경도(산중식)	18mm
	투수속도	10^{-4}cm/sec 이상
	지하수위	1m 이상
화학성	pH	6.0
	유효인산 함량	200mg/kg
	칼리 함량	0.3~0.6cmol/kg
	칼슘 함량	5~6cmol/kg
	마그네슘 함량	1.2~2.0cmol/kg
	염기 포화도	60~80%
	석회 포화도	60% 이상
	양이온치환능력(C.E.C)	20cmol/kg 이상
	마그네슘/칼리 함량	당량비로서 2이상

2) 심경에 의한 토양 개량

가) 심경(깊이갈이) 방식

심경방식은 과수원의 지형조건, 수령, 토질 등에 따라 달라져야 하지만 다음과 같은 방법이 많이 이용된다.

① 윤구식

나무의 둘레를 원형모양으로 심경하는 것을 말하며 주로 나무가 어릴 때 연차적으로 심경하는 부위를 넓혀 나가는 방법이다. 이 방법은 불투수층이 있거나 심경부위에 배수가 불량할 경우는 습해를 받을 염려가 있으므로 주의하여야 하며 옛날에 인력으로 할 때 쓰는 방법으로 현재는 거의 이용되지 않는다.

② 도랑식

도랑식은 나무와 나무사이를 깊게 고랑형태로 파주는 것으로 성목 및 어린나무 모두에 적합하나 주로 성목에서 이용되며 배수 불량지에서 특히 좋은 방법으로 생각되나 배수처리와 함께 할 경우는 경비가 많이 드는 단점이 있지만 포크레인 등 기계를 이용할 수 있는 가장 효과적인 방법이며 앞으로도 이용 가능성이 가장 많은 방법이다.

③ 구덩이식

구덩이식 심경은 나무 주위 몇몇 곳에 넓이와 깊이가 각각 40~80cm정도 되는 구덩이를 파고 유기물을 넣는 방식으로 성목원에서 많이 이용되고 있다. 그러나 배수 불량한 토양에서는 적합하지 않으며 부분적으로 이용이 가능하나 바람직한 방법은 아니다.

나) 심경의 시기와 깊이

재식 후에 하는 심경은 나무 뿌리가 끊기는 피해를 최소한으로 줄여야 하므로 나무의 생육이 정지되는 월동기에 하는 것이 적합하며 낙엽이 지면서부터 땅이 얼기 전 또는 해빙 후 곧바로 실시하여야 한다. 심경의 깊이는 50cm 정도까지는 필요하며 폭은 40~50cm 정도면 무난하다. 또 심경시 퇴비를 시용하면 효과적인 토양개량과 수체의 생육을 건실하게 할 수 있다.

표 10-14)〉 심경이 토성, 수체생육 및 엽중 무기성분에 미치는 영향

처리	토성(60cm까지)(%)		수체중량	엽중 무기성분 함량(%)		
	공극	기상	(g)	N	P	K
대조	48~54	5~12	61.0	2.46	0.42	1.30
심경	52~56	6~16	91.6	2.52	0.23	2.30
심경+퇴비	56~57	11~18	141.7	2.74	0.31	3.05
조사일	4월 23일	10월 2일	10월 3일		10월 1일	

※ 小林章. 1958. 果樹の營養生理. p26.

다) 심경효과

복숭아원은 사질이고 배수가 잘 되는 곳에 개원하기 때문에 하층토가 단단한 곳에서는 심경을 하고 유기물을 넣으면 공극량이 많아지고 보수력이 증대되어 유효수분함량이 높아지므로 가는 뿌리의 발생이 많아져 수량이 증가되고 과실의 품질이 높아진다.

표 10-15〉 퇴비시용이 복숭아 수량 및 품질에 미치는 영향 (품종 : 백도 5년생)

처리	평균과중 (g)	당도 (°Bx)	산도 (%)	수량 (kg/10a)
퇴비 시용구	192	10.7	0.20	1,062
무 처 리	169	9.1	0.24	540

※ 원시연보(과수편). 1987. p.58.

라) 심경시 주의점

기존 과수원의 심경은 근군이 확대됨에 따라 점차 외곽으로 넓혀 나가야 하며 중간에 단단한 층이 남아서 뿌리의 발달을 막는 일이 없도록 하기 위해서는 이미 심경한 부분과 새로이 심경할 자리는 반드시 연속되어야 한다.

지하수위가 높은 곳에서는 먼저 배수시설을 하여 지하수위를 낮추어 놓은 다음 깊이갈이를 하고 하층에 점토층 등의 불투수층이 있을 때도 마찬가지며, 구덩이식의 심경보다는 도랑식 심경을 하고 낮은 쪽으로 물이 빠지도록 장치를 해야 한다. 또한 심경 후 암거관을 묻을 때는 경사가 있는 곳에서만 효과가 있다는 것을 명심하여야 한다. 경사가 없을 때는 암거 배수의 효과보다는 암거관이 물 구덩이가 되어 침수 피해를 일으키게 된다.

3) 폭기식에 의한 방법

가) 처리방법

처리방법은 기종에 따라 파쇄반경을 고려하여 실시하면 되는데 트랙타에 부착하여 이용하는 기종은 10kg/㎠의 공기압력을 지표 하 40~50cm 깊이에 일시에 보냄으로써 토양에 균열을 가져오게 하는 것이다.

나) 처리시기

폭기식에 의한 심토파쇄 작업은 나무 뿌리 손상이 적으므로 생육이 왕성한 시기를 제외하고 계절에 관계없이 실시할 수 있으나, 안전한 시기는 늦은 가을부터 봄에 꽃이 피기 전까지로 볼 수 있으며, 여름에는 장마후기에 배수를 고려하여 처리할 수 있으나 나무에 너무 가까이 처리하거나 한발이 겹칠 때는 수분 부족의 피해를 볼 수 있으므로 주의하여야 한다.

다) 인력절감 효과

폭기식 심토파쇄기는 1회 작업시간이 30초 이내로 토양관리기 부착용은 1일 50a를 개량할 수 있고, 트랙타 부착용은 1ha를 작업할 수 있다.

라) 물리성 개량 효과

토양의 물리성 개량 효과를 살펴보면 기상이 현저히 증가하고 단위 부피당 뿌리의 밀도가 많아 뿌리가 많이 뻗는 것을 볼 수 있다.

4) 화학성 개량

화학성 개량은 토양 산도를 6.0 정도로 교정하여야 한다. 따라서 석회시용이 주된 방법이겠으나 석회는 표층에 시용하는 것보다 전층에 시용하는 것이 효과를 높일 수 있다. 석회를 시용할 때 골고루 살포하지 않으면 부분적으로 pH가 높아 미량요소의 결핍증이 나타날 수도 있으므로 고루 퍼지도록 시용하여야 한다. 석회를 매년 시용하는 것보다 마그네슘 보충을 위하여 3년에 한번은 고토석회을 시용하는 것이 좋다. 과수용 복비를 시용할 경우 붕소는 따로 시용하지 않아도 된다. 왜냐하면 과수용 복비에 0.2～0.3%의 붕소가 함유되어 있기 때문이며 토양검정을 하지 않고 관행적으로 연용하거나 2～3년마다 붕사를 따로 시용하면 과다증상이 나타날 수도 있다. 따라서 토양의 화학성을 개량하기 위해서는 토양검정을 통하여 적정 수준이 되도록 계산하여 관리하는 것이 합리적인 방법이다. 표 10-4에서 보았듯이 우리나라의 대부분 과수원에서는 인산이 과다하게 축적되어 있다.

가) 석회시용 방법

석회는 표면에 시용하는 것에 비하여 깊이 파서 전층에 골고루 시용하는 것이 수체 내 칼슘의 흡수를 증가시킬 수 있다.

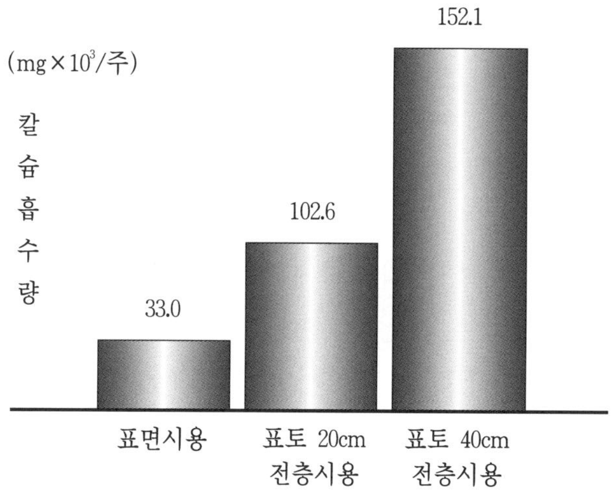

그림 10-5〉 석회비료의 시용방법과 과수의 칼슘흡수

과수원 토양의 석회시용은 개원할 때 재식구덩이에 충분히 시용하고 점차로 윤구식 또는 도랑식으로 차근차근 심경하면서 유기물과 병행시용하면 과수원 토양의 물리화학성을 동시에 개선할 수 있다. 석회살포시 과용하거나 골고루 섞지 않을 경우에는 부분적으로 토양 pH가 높아져 붕소나 철과 같은 미량요소의 부족을 일으키는 경우가 종종 있다.

석회를 시용한 후 pH가 일시적으로 높아져 작물의 생육에 장해를 주고 토양성분의 유효도를 변화시킬 가능성이 높은데, 11월 중·하순에 시용하면 2월 중·하순에 뿌리가 활동을 시작할 때까지 충분한 간격이 있기 때문에 이러한 피해를 최소화할 수 있고, 이러한 피해는 유기물과 석회를 동시에 시용함으로써 완화할 수 있다.

석회를 시용할 때 석회분말의 입자에 따라서 중화력이 달라진다. 그러므로 석회를 시용하는 경우 가능하면 석회분말의 입자가 고운 것을 선택하는 것이 효과를 곧바로 높이는데 유리하다. 또한 복숭아 재배를 하는 경우에는 품질의 향상을 위하여 마그네슘 성분이 필요하므로 2~3년마다 소석회 대신 고토석회를 시용하는 것이 양분 관리면에서 유리하다.

라. 수분 관리

1) 습해 및 배수

복숭아는 내습성이 약하고 지표면에 뿌리가 많으므로 지하수위가 높아 습하거나 배수가 불량하여 토양내 산소가 부족해지면 환원물질이 생성되어 집적되기 때문에 새 뿌리가 상하기 쉽고 토양환원으로 인하여 칼륨, 마그네슘의 흡수가 억제된다.

배수가 불량하면 복숭아나무는 재배를 거의 할 수 없으며, 특히 장마기에 과습되지 않도록 조심해야 한다. 배수방법에는 명거배수와 암거배수가 있다. 전자는 후자에 비하여 시설이 간편하고 비용도 덜 든다. 그러나 근군이 뻗을 수 있는 범위가 좁아지는 결점이 있다.

암거배수는 시설에 드는 비용이 크지만 땅을 깊게 파고 시설을 한 다음

다시 메워서 지표면을 평평하게 하기 때문에 과수원 작업에는 별 지장이 없다. 명거배수는 배수량이 많을 때, 배수면적이 넓을 때, 지표면에 물이 고일 때 비교적 쉽게 배수할 수 있을 뿐만 아니라 작업이 용이한 이점이 있다. 암거배수는 지선과 간선시설을 연결해야 하며, 빠른 배수를 위해서는 명거배수에서 보다 좁은 간격으로 배수시설을 만들어야 한다.

2) 관수

우리나라의 연간 강수량은 1,000~1,300mm로 온대과수 재배에 충분한 양이지만 그 대부분이 6월 하순에서 8월 중순에 편중되어 있어 5월과 9~10월인 봄, 가을에는 잠재증발량보다 75% 비올 확률이 낮아 하천부지와 경사지에서 피해를 받는 경우가 있다.

수분부족 때문에 일어나는 복숭아의 생리적 변화에는 여러가지가 있다. 먼저 조직에서는 줄기와 잎의 생육이 멈추게 되고 동시에 세포벽과 단백질 합성 등 특히 분열조직이 필요로 하는 물질의 감소가 현저하게 일어난다.

따라서 세포분열도 쇠퇴하고 이어서 기공이 닫혀져 증산작용과 CO_2 동화작용도 약해지는데 식물이 이런 상태가 되면 호흡작용과 광합성산물의 수송도 감소된다.

관수효과를 보면 표 10-16과 같이 신초신장량이 많고 과중도 커지기 때문에 품질향상 및 수량의 증대를 가져와 경제적인 재배법임을 알 수 있다.

표 10-16〉 관수가 복숭아 과실 및 신초신장에 미치는 영향

처리	과 실 등 급					신초신장량 (cm)
	51~57mm	57~64mm	64~70mm	70mm 이상	계	
관 수	4.2(5)	25.3(30)	42.2(50)	12.7(15)	84.4(100)	36.6
무관수	36.2(60)	21.1(35)	3.0(5)	0(0)	60.3(100)	25.1

※ ( )내는 비율임

3) 관수시기 및 관수량

우리나라 과수재배에서는 5월 중하순부터 6월 중순까지 1차 한발기이고 9월 한달이 2차 한발기이다. 복숭아나무의 생육이 왕성한 시기인 1차 한발기가 수량 및 품질에 피해가 2차 한발기가 수량 및 품질에 미치는 피해보다 크다.

관수시기는 10~15일간 20~30mm의 강우가 없으면 관수를 시작하는데 표 10-17과 같이 대략적인 방법으로 관수할 수도 있다. 그러나 보다 정확한 관수량 산정방법으로 토양 수분함량을 기준으로 관수 중지점의 수분함량(%)에서 관수점의 수분함량(%)을 뺀 수치가 관수해야 할 토양 수분함량이 된다.

예를 들면 어떤 품종을 1,000㎡(300평)면적에 재배하면서 토심 30cm까지 관수하고자 할 때 관수 시작점은 0.5기압이고 관수 중지점은 0.1기압이고 토양 수분특성 곡선상에서의 수분용량 함량이 각각 10%(0.5기압)와 20%(0.1기압)라면 1회 관수량은 다음과 같이 계산할 수 있다.

관수량(㎥) = 관수면적(㎡)×관수토심(30cm)×(20-10)÷100 = 1,000×0.3×0.1=30㎥(톤)

이때 관수하고자 하는 토양 깊이는 과수의 뿌리 뻗음의 깊고 얕음에 따라 결정된다.

표 10-17〉 과수원 1회 관수량 및 관수 간격

토 양	관수량(mm)	관수간격(일)
사질토	20	4
양 토	30	7
점질토	35	9

※ 장야현 과수지도 지침(사과편). 1986.

4) 관수방법별 장단점

관수방법별 장단점은 표 10-18과 같으나 노동력, 설치비용, 관수효율 등을 고려하여야 하는 것은 물론 지형, 토성, 영농규모, 기술수준 등 환경조건도 고려하여 선택해야 할 것이다.

표 10-18〉 관수 방법별 장단점

방법	장 점	단 점
표면관수	· 시설비 저렴 · 관수기술 간편	· 관개효율이 낮음(50~60%) · 많은 水源과 정밀한 정지작업 · 토양침식 심함
살수관수	· 관수효율이 높음(60~85%) · 정지작업 간편 · 균일한 수분분포(사질토에 유리)	· 고가의 시설비 · 병해 발생 조장 · 토양 유실
점적관수	· 관수효율이 극히 높음(90~95%) · 관수노력이 불필요 · 토양 물리성 악변 방지 · 병해발생 억제	· 고가의 시설비 · 고장 점검 곤란 · 수질에 따라 관개수 여과

2. 시비 관리

가. 비료성분의 역할

복숭아나무가 정상적으로 생장 결실하려면 필요한 여러 양분을 충분히 흡수 이용할 수 있어야 한다. 거의 모든 토양이 복숭아나무가 필요로 하는 상당량의 영양원소를 함유하지만 어떤 영양원소는 복숭아나무가 요구하는 만큼 함유하지 못하는 것도 있다.

즉, 식물 생육에 없어서는 안 되는 16개 영양원소(C, H, O, N, P, S, Ca, Mg, Fe, B, Cu, Zn, Mo, Mn, Cl)중 모두가 토양 중에 존재하는 것이 일반적이나 토양에 따라서는 그 일부가 없거나 식물이 요구하는 양에 미달되는 경우가 종종 있어 인위적으로 공급해 주어야 한다.

1) 질소

가) 질소의 이동과 역할

질소는 토양 광물질의 분해산물이 아니기 때문에, 그 대부분은 토양 유기물로 존재한다. 유기물은 미생물에 의해 분해되어 암모니아태 질소로 방출되고 이것은 박테리아에 의해 질산태 질소로 산화된다. 질소는 이 형태로 식물체의 뿌리에 의해 쉽게 흡수되거나 땅속으로 용탈된다.

질소는 단백질을 구성하는 주성분 중의 하나로서 광합성에 관여하는 엽록소의 구성원소이며, 생육초기의 전엽수를 증가시키고 엽면적을 확대시킨다. 또 복숭아나무와 과실의 생장 및 발육과정에 관여하는 효소, 호르몬, 비타민류 등의 구성성분이기도 하다.

나) 질소 결핍과 과다

① 질소 결핍

질소가 부족하면 생장속도가 매우 빈약하고 개화가 되더라도 결실률이 낮으며 과실의 발육도 불량하여 수량도 적고 품질도 좋지 못하다. 한편 엽의 결핍증상은 엽록체의 발달이 정상으로 되지 않아 대개 황화현상을 나타내며 하부엽부터 시작하여 잎 전체에 나타난다.

② 질소과다

질소의 과다 증상은 질소질 비료를 많이 시용하는 우리나라 과수원에서 흔히 볼 수 있는 현상이다. 전형적인 증상은 새가지의 신장이 과도하게 촉진되고 잎이 비정상적인 암록색을 띄며, 수체의 세포가 연약하게 커지며 세포내 내용물의 농도가 낮아져서 동해를 받기 쉽다. 질소가 과다하면 많은 탄수화물이 가지나 잎의 생장에 필요한 단백질 합성에 소모되므로 꽃눈 형성이 불량해지고 과실에 공급될 탄수화물이 부족하여 과실이 작아진다.

③ 방지대책

질소는 수체내의 흡수와 이동이 매우 잘 되므로 부족될 우려가 있을 경우에는 질소질 비료를 시용함으로써 쉽게 회복시킬 수 있다. 토양의 여건상 뿌리가 질소질 비료를 제대로 흡수할 수 없거나 결핍증상이 심해지면 토양시용과 더불어 요소를 엽면시비(0.5%)하는 것이 효과적이다.

질소가 과다한 경우에는 당분간 질소질 비료를 주지말고 유기물만을 공급하여 나무의 상태를 조절하여도 된다. 토양 중에 유기물 함량을 2%로 가정하면 1년에 무기화되어 질소로 전환되는 양이 3.6~11kg/10a 정도되므로 질소를 전혀 시비하지 않더라도 실제로는 주어지는 양이 그만큼 있는 거나 다름없다. 또한 관수를 할 때 수질이 좋지 않으면 관수되는 물에서도 양분이 들어갈 수 있으므로 주의하여야 한다.

2) 인산

가) 인산의 이동과 역할

토양 중의 총 인산은 변이가 크나 함유량은 적다. 유효인산은 토양 광물질과 유기물의 분해에 의한 것이지만 항상 그 양은 토양 중 총 인산의 0.5~1%에 지나지 않는다. 복숭아나무 뿌리의 인산 흡수력이 매우 강하여 토양 중 인산의 농도가 낮아도 비교적 많은 인산을 흡수할 수 있으며 마그네슘이 신초나 열매로 이동할 때 함께 이동할 수 있어 서로 도와주고 식물체 안에서 인산은 매우 이동성이 커서 상하좌우로 전류되는데 도관부를 통하여 상향이동이 되고 사관부를 통하여 하향 이동된다.

인산은 새가지와 잔뿌리 등 생리작용이 왕성한 어린 조직중에 많이 함유되어 가지와 잎의 생장을 충실하게 하고 탄수화물의 대사에 중요한 역할을 한다. 인산은 단백질의 합성에 중요한 성분으로서 수량을 증가시키고 당을 많게 하는 반면 신맛을 적게 하여 과실 품질을 양호하게 하고 성숙을 촉진시키고 저장력을 증가시킨다.

나) 인산의 결핍과 과다

① 인산의 결핍

인산의 결핍증상은 일반 과수원 포장에서는 발견하기가 매우 힘드나, 결핍되면 잔뿌리 생장이 억제되며 가지 생육이 불량해지고 어린잎이 비정상적으로 되어 암록색을 나타낸다. 잎의 광택이 없어지고, 잎과 줄기와의 각도가 좁아진다. 증상이 진전됨에 따라 잎의 선단과 잎 가장자리에 엽소현상이 나타나고 심하면 낙엽된다. 결핍증상의 발현은 영양생장이 왕성한 시기에 나타나기 때문에 영양생장이 완료되는 늦여름에는 증상이 덜 뚜렷하며 개화와 결실이 감소되고 봄에 발아가 지연되는 수도 있다. 신규 개간지가 아닌 경우에는 토양중에서 부족되는 경우는 거의 없다.

② 인산과다

인산은 많은 양이 토양 중에서 불용성(무효태)으로 고정되고 또한 토양내에서 극히 제한되어 있기 때문에 복숭아나무나 과실에서의 인산과다 증상은 발견하기 어렵다. 인산이 과다하면 과실의 성숙이 지나치게 빨라지거나 철, 아연, 구리의 흡수를 방해하고 인산을 지나치게 많이 시용하면 토양의 염류 농도를 높여서 농업용수 및 식수의 오염원으로 작용하는데 현재 우리나라의 과수원은 대부분이 인산이 축적되어 있다.

③ 방지대책

토양 산도를 pH 6.0 정도로 맞추고 퇴비 등 유기물과 인산을 함께 혼용하므로써 유효태 인산으로 만들어 비효를 높일 수 있도록 하고 과다하게 축적된 과원은 인산의 시비량을 최대로 줄인다. 결핍된 나무에서는 인산의 공급을 빨리 나타나게 하기 위해서는 제1인산칼륨 1% 용액을 생석회 0.5% 용액과 혼합하여 살포해 준다.

3) 칼리

가) 칼리의 이동과 역할

모래를 제외하면 우리나라 대부분의 광물질 토양은 총 칼륨함량이 높아서 표토 30cm 부위에 2~3%나 되는 양을 함유하고 있는데, 그 대부분은 운모류나 장석류의 형태로 되어 있어 이용될 수 없고, 쉽게 이용될 수 있는 형태는 토양수에 녹아 있는 칼륨염과 토양 콜로이드에 흡착되어 있는 칼륨이온인데 이들은 속효성 칼륨으로 토양 중에서 이용이 가능하다. 이 속효성 칼륨 중에는 수용성이 10% 정도되며 복숭아나무 뿌리에서 능동적으로 흡수하기 때문에 함유율이 높으며 식물체내에서도 이동이 원활하여 노화된 조직에서 어린 조직으로 재이동된다. 식물체내에서 칼리는 대부분 영양생장기에 흡수되며 과실이 자람에 따라 과실내에 많이 이동되고 흡수된 칼리는 세포질에 50% 이상 유리상태로 있다.

칼리는 생장이 왕성한 부분인 생장점, 형성층 및 곁뿌리가 발생하는 조직과 과실 등에 많이 함유되어 있고, 동화산물의 이동을 촉진시켜 과실의 발육을 촉진하고 당도를 높인다. 복숭아과원 토양에서 칼리를 과다 시용하면 그림 10-6에서 보는 바와 같이 마그네슘과 칼슘 흡수를 억제시키는데 이와 같은 현상을 길항작용이라 한다. 같은 원인으로 석회나 고토를 과다 시용하면 배나무 뿌리에서 칼리의 흡수량이 상대적으로 격감되어 결핍증이 나타난다.

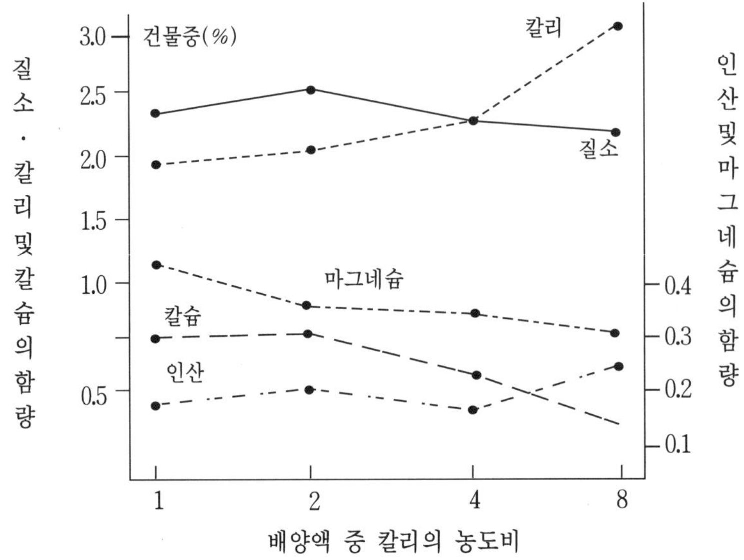

그림 10-6〉 칼리의 농도 증가가 잎의 질소, 인산, 칼슘, 마그네슘 등의 함량에 미치는 영향(森. 1959)

나) 칼리의 결핍과 과다

① 칼리의 결핍

칼리의 결핍증상은 생장초기에 나타나는 일은 드물고 발육이 상당히 진행된 후 과실이 비대될 때 엽색이 담록색이 되며 황반이 생겨 그 후 엽신(葉身)에서부터 마르기 시작하고 잎이 안쪽으로 말리며 중륵(中肋)이 적색 또는 자색으로 되어 돌출한다.

② 칼리의 과다

복숭아나무에서 칼리의 과다 증상은 발견하기가 매우 어려우나 토양에 칼리가 많이 함유되어 있으면 칼슘, 고토 등 양이온의 흡수를 억제하여 이들 원소의 결핍을 유발하기 쉽다.

③ 방지대책

칼리는 뿌리의 흡수가 용이하므로 부족될 염려가 있으면 토양에 시용하면 되고 사질토양에서는 보비력이 약하므로 몇 차례로 나누어 분시를 하는 것이 효과적이다. 칼리의 용탈방지를 위해서는 석회와 함께 시용하고 전층시비를 위주로 하며, 비종에 따라서도 염화가리보다 황산가리가 용탈이 적다.

엽면시비의 경우는 황산칼륨 또는 제1인산칼륨 1% 용액에 생석회 0.5% 용액을 혼합하여 살포한다. 칼리를 과다 시용할 경우에는 길항작용에 의해 흡수가 부족될 것이 예상되는 원소들을 엽면살포함과 동시에 당분간 칼리질 비료를 줄여야 한다. 또한 현재 과수원의 토양양분 상태를 조사해 보면 모래가 많은 과수원을 제외하고는 칼리함량이 과다하게 집적되어 있는 경우가 많은 것으로 밝혀지고 있다.

4) 칼슘

가) 칼슘의 이동과 역할

칼슘은 식물의 생장에 필요한 영양분으로서의 양은 토양 중에 충분하기 때문에 칼슘의 시비는 토양 중화제로서의 역할에 더 큰 비중을 두어 왔다. 토양에서 칼슘의 역할은 산성토양에서 생기기 쉬운 망간의 활성화, 마그네슘, 인산 등의 불용화를 방지하는데 있다.

pH가 낮을 때 석회를 시용하면 토양 미생물의 활동을 촉진시켜 토양의 구조 및 통기성을 양호하게 하는 등 토양의 이화학적 성질을 개량하는 효과가 크기 때문에 뿌리의 생장이 좋아진다. 식물체의 칼슘 흡수는 토양 용액 중 칼슘의 절대적 농도보다 다른 무기염류의 농도에 따라 칼슘 흡수량이 좌우될 때가 많다. 즉 암모늄 이온은 칼슘 흡수를 가장 저해하고 질산, 인산과 같은 음이온은 칼슘의 흡수를 촉진시킨다.

칼슘은 다른 무기성분과는 달리 수동적 흡수에 의존하므로 잎의 증산 작용이 활발할 때에 흡수 속도가 빠르며, 또한 뿌리의 표피가 갈변된 이후에는 칼슘흡수가 거의 불가능하므로 주로 새 뿌리에서 칼슘이 흡수된다.

토양 중에 충분한 칼슘이 분포해 있더라도 토양이 너무 건조하면 뿌리가 흡수하지 못하므로 적당한 토양수분이 공급되어야 한다. 뿌리로부터 흡수된 칼슘이 목질부와 도관까지 이동되면 원줄기와 연결된 도관을 통하여 가지, 잎, 과실로 이동하는데 식물체내에서 이동성이 매우 적기 때문에 식물체 각기관에서의 분포가 균일하지 않다. 일반적으로 칼슘은 성엽에 많이 축적되어 과실내의 집적은 매우 적으며, 수체의 상단부로 갈수록 함량이 낮다.

칼슘은 식물체에서 각종 효소의 활성을 향상시키고 단백질의 합성에 관여하여 세포막에서 다른 이온의 선택적 흡수를 조절하며 펙틴화합물과 결합하여 세포벽의 견고성을 유지하는 역할과 에틸렌 발생을 적게하여 과실의 호흡을 억제시키며 저장력을 향상시킨다.

나) 칼슘의 결핍과 과다

① 칼슘의 결핍

전형적인 칼슘 겹핍증상은 잎의 선단이 황백화되고 신초생장이 정지되며 차차 갈변되면서 고사하고, 과실은 쉽게 세포벽이 붕괴되므로 분질화되고 저장력이 저하된다.

② 칼슘의 과다

석회질 비료를 일시에 과다하게 시용하면 토양 pH 상승으로 다른 비료요소의 불용화에 의해 결핍증상이 나타난다. 특히 칼리와의 길항작용으로 칼리결핍을 초래할 염려가 있다.

③ 방지 대책

결실수에서 석회질 비료는 생육초기에 토양에 시용을 해야 하고, 이 시기에 적당한 토양조건 및 기상조건이 과실의 칼슘 함량에 중요한 영향을 끼친다. 과도한 영양생장은 과실의 칼슘의 함량을 감소시키고 가뭄은 토양의 칼슘 이동을 더욱 제한시켜 뿌리의 흡수를 억제하므로 관수를 하여 적당한 토양수분의 유지가 필요하다.

칼슘의 흡수부족과 이동의 불균형으로 과실에 생리장해가 우려되면 염화

칼슘 0.3~0.4% 용액을 결핍증상이 나타나는 부위를 중심으로 살포한다.

5) 마그네슘

가) 마그네슘의 이동과 역할

마그네슘은 엽록소를 구성하는 필수원소이며 칼슘과 더불어 세포벽 중층의 결합염기에 중요한 역할을 한다. 토양 중에서는 칼슘과 함께 토양 산성의 교정능력이 있으며 인산 대사나 탄수화물 대사에 관계하는 효소의 활성도를 높여준다.

마그네슘의 공급은 석회암 토양에서는 가급태 마그네슘이 대부분이고 그 양이 충분하나, 강한 산성 토양에서는 결핍되기 쉽다. 흡수된 마그네슘은 칼슘과 마찬가지로 도관부 증산류를 타고 위쪽으로 이동하며 체관부에서도 어느 정도 이동이 가능하며 적당량의 칼륨은 마그네슘이 과실과 저장조직으로 이동하는 것을 돕는다.

나) 마그네슘의 결핍과 과다

① 결핍

마그네슘 결핍은 특히 생장이 왕성한 유목에서 근권환경이 불량하여 흡수가 저해될 때 나타나며 착과부위 잎이나 발육지 기부의 잎에서 많이 발생한다. 엽맥간 녹색이 없어지고 엽맥은 녹색을 유지하며 선명하게 보이나 심하면 엽맥간의 조직이 고사한다.

식물체가 이용하는 치환성 마그네슘의 함량은 주로 산성화됨에 따라 용탈되어 감소되고, 또한 칼리질 비료의 시용이 지나치게 많을 경우에는 길항작용에 의하여 마그네슘이 결핍된다.

② 방지 대책

마그네슘의 결핍을 방지하기 위해서는 토양의 산성화를 방지하고 칼리질 비료의 과다시용을 피한다. 고토석회, 황산마그네슘, 농용석회 등을 시용하며 토양 물리성을 개량하여 주고 유기물을 충분히 넣어주며 응급조치는 황산마그네슘 2% 용액을 엽면 살포한다.

6) 붕소

가) 붕소의 이동과 역할

붕소는 광물질 양분원소 중 가장 가벼운 비금속 원소로 토양 및 식물체에 3가지 형태의 화합물로 존재하며 식물에 대한 붕소의 유효도는 토양 pH, 토성, 토양수분, 식물체 중의 칼슘함량 등에 따라 영향을 받는다. 식물의 붕소 흡수는 pH 증가와 더불어 감소되는데 수용성 붕소함량이 동일할지라도 pH가 높아지면 식물의 붕소 흡수량은 감소된다.

붕소는 미량요소이지만 적정함량의 범위에서 조금이라도 부족하거나 과다하게 되면 예민하게 각종 생리장해를 유발하여 이상증상을 나타내게 한다. 붕소는 원형질의 무기성분 함량에 영향을 주어 양이온의 흡수를 촉진하고 음이온 흡수를 억제하며 개화 수정할 때 꽃가루의 발아와 화분관의 신장을 촉진시켜 결실률을 증가시키고, 복숭아 잎의 광합성산물인 당분이 과실, 가지 및 뿌리로 전류되는 것을 돕는다.

붕소는 뿌리와 신초의 생장점, 형성층, 세포분열기의 어린 과실에 필수적이며 붕소가 부족하면 이들 분열조직이 괴사된다.

나) 붕소의 결핍과 과다

① 붕소의 결핍

붕소의 결핍증상은 봄에 발아할 때 새 마디는 아주 짧은 총생현상을 나타내고 일부 엽아는 전혀 발아하지 못한다. 정도가 심한 가지는 끝이 고사한다.

총생현상이 나타나는 가지의 잎은 폭이 좁고 길며 황색으로 변하는데 이런 증상이 나타나는 3~5년생 가지의 껍질은 정상적인 가지에 비하여 훨씬 두꺼워 보인다. 이런 가지에 붙은 화아는 대부분이 고사하고 개화되더라도 거의 낙화되며 착과된 과실도 기형 소과로서 핵이 괴사하거나 흑변된다. 외관상으로는 정상과실처럼 보이지만 과육의 일부가 흑변하여 먹을 수 없는 과실이 되기도 한다.

붕소는 알칼리 토양이나 석회질 비료의 시용이 과다할 때, 사질토양에 유실이 많을 때 건조에 의해 흡수가 불가능하거나 강우에 의해 유실이 많을 때 부족하기 쉽다.

② 붕소의 과다

붕소의 과다 증상은 7월 중순경부터 나타나며 신초 중앙 부위의 잎이 아래쪽으로 만곡되고 잎의 주맥을 따라 부근 조직이 황화되며 잎 전체가 기형으로 뒤틀리는 모양이 된다.

일반적으로 우리나라 토양에서는 붕소함량이 낮은 편이나 최근에 붕사의 시용량이 많아지면서 점차 토양에 누적되어 과다증상이 나타나며, 빈번한 엽면살포시 과다증상이 유발될 경우도 있다. 특히 과수용 또는 원예용 복비를 시용하는 농가가 따로 붕사를 시용할 때 나타날 수 있다.

③ 방지대책

붕소 결핍을 방지하기 위해서는 충분한 유기물을 시용하여 토양의 완충능을 높이고 5~6월 한발기에는 한발 피해를 받지 않도록 주의하며 2~3년에 1회 정도 붕사를 10a당 2~3kg을 시용한다. 결핍증상이 나타날 우려가 있을 경우에는 0.2~0.3%의 붕사용액을 2~3회 엽면 살포한다. 붕소 과다증상이 발생할 경우에는 붕소의 시용을 중단하고 농용석회를 과원 전면에 살포하여 붕소를 불용화시키므로써 뿌리에서의 흡수를 억제한다.

나. 시비

1) 복숭아나무의 생육과 시비

복숭아나무 뿌리는 2월 상순경 지온이 5℃ 전후가 되면 발근이 시작되지만 뿌리에 비료성분이 흡수되어 축적되었다가 발아할 때 급속히 줄기나 눈으로 이행된다. 뿌리의 활동은 4월 상중순에 가장 왕성하고 6월 하순~7월 상순은 다소 저하되며, 여름철 고온기에는 활동이 미미하다가 다시 9월 상순부터 활발해진다.

신초는 만개기부터 전엽되기 시작하여 서서히 신장하다가 전엽 2주 후부터는 급격히 신장하여 6월 중순에는 정점을 이루다가 6월 하순부터 신장이 느려져서 8월 중순이후부터는 미미해진다. 초기 신초신장은 저장양분과 토양 중에 있는 양·수분을 흡수하는 정도에 많이 의존한다(그림 10-7). 다비재배에 의하여 신초가 늦게까지 신장하면 동해를 받기 쉽고, 2차 뿌리의 신장이 나빠져서 이듬해 초기에 충실한 신장을 기대하기 어렵다.

복숭아나무 시비에 고려할 사항은 다음과 같다.

- ●토　　성 : 점토질 함량 및 유기물이 많은 식질 토양일수록 비옥도가 높고 완충효과가 커 다비재배가 가능하나 유기물이 적고 모래가 많은 토양은 양분의 보유능이 작아 비료에 의한 과다, 결핍이 반복될 수 있다.
- ●화 학 성 : 토양산도, 유기물함량, 유효인산, 양이온함량 등을 사전에 분석하여 시비기준으로 삼아야 한다.
- ●기상환경 : 한발과 다습조건이 빈번하여 양분흡수가 억제되므로 관수 및 배수시설을 고려하여 시비량을 결정한다.
- ●수세관리 : 강전정 및 착과를 적게 하였을 경우 질소질 비료를 줄여서 수세의 안정을 도모한다.

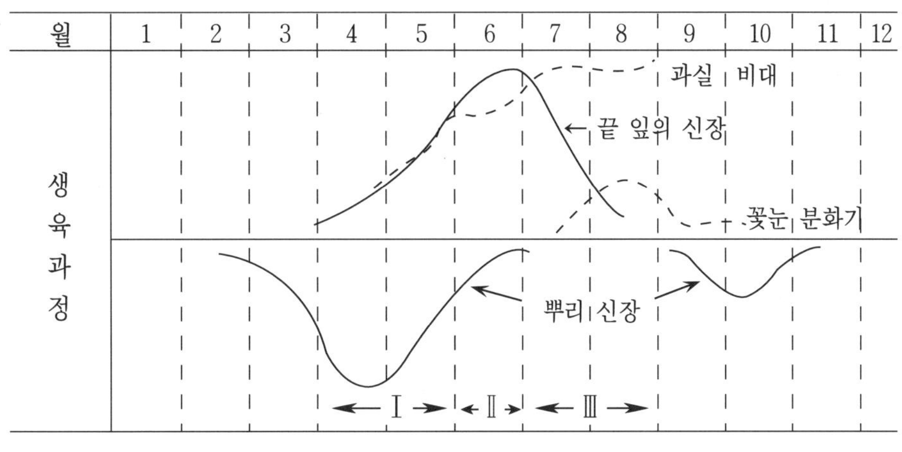

그림 10-7〉 복숭아의 생육과정

2) 연간 흡수량

복숭아에 대한 비료요소의 연간 흡수량을 보면 福田는 10a당 질소 8.9kg, 인산 3.7kg, 칼리 14.3kg, 석회 16.8kg, 고토 3.0kg으로 칼리와 석회의 흡수량이 많다. 특히 과실내의 칼리는 질소의 2.4배로서 과실의 결실량이 많을수록 칼리의 요구도가 많다는 것을 알 수 있다. 연구자에 따라 매우 다르나 표 10-19는 질소:인산:칼리 = 10:2~4:6~16까지로 변화 폭이 크다. 이는 품종, 수령, 수량, 토양조건 등이 상이한 곳에서 시험한 결과일 것이다.

표 10-19〉 복숭아 년간 삼요소 흡수량 (단위 : kg/10a)

연구자		수량	흡 수 량		
			질소	인산	칼리
Warren Voorhees	(1906)	2,600	5.8(10)	1.5(2.6)	3.4(5.9)
Van Slyke	(1912)	2,400	8.5(10)	1.9(2.2)	8.1(9.5)
Alderman	(1915)		8.4(10)	2.0(2.4)	8.1(9.6)
Rogers	(1952)	3,370	14.7(10)	2.0(1.4)	19.9(13.5)
福田	(1955)	1,930	8.9(10)	3.7(4.2)	14.3(16.1)

福田照 桃編, 1962, p.150

3) 시비량의 결정

토양 중 양분의 유효도는 여러가지 요인들의 복합효과인데 이 요인들은 토양이나 식물체와 관련되어 있다. 따라서 토양 분석과 함께 엽분석을 실시하여 무기양분의 과다 또는 결핍정도를 파악한 후 시비계획을 세워야 한다.

가) 이론적 시비량

시비량은 작물이 흡수한 비료성분 총량에서 천연적으로 공급된 성분량을 빼고, 그 나머지를 비료성분의 흡수율로 나누어서 산출하는 것이 종래 방법 중의 하나이다.

$$\text{시비성분량} = \frac{\text{작물의 흡수량 - 천연공급량}}{\text{비료요소의 흡수율}}$$

10a당 1,922kg을 생산하는 복숭아나무에 대한 비료의 흡수량이 질소 8.92kg, 인산 3.67kg, 칼리 14.28kg이라 하고 앞에서 제시한 방법과 비료성분의 흡수 이용률에 따라 시비할 비료 성분함량을 계산해 보면 표 10-20과 같다.

표 10-20〉 복숭아나무에 대한 시비량 계산 (단위 : kg/10a)

구 분	질소	인 산	칼 리	비 고
흡 수 량	8.92	3.67	14.28	10a당 수량 1,922kg의 경우
천연공급량	2.97	1.84	7.14	질소는 흡수량의⅓, 인산·칼리는 흡수량의 ½
필 요 량	5.95	1.83	7.14	흡수량 - 천연공급량
시 용 량	11.90	6.04	17.85	질소는 필요량의 2배, 인산은 3.3배, 칼리는 2.5배

나) 표준 시비량

시비량에는 최고 수량을 생산하는데 필요한 양과 경제적으로 이익이 가장 높은 시비량이 있다. 후자를 적정 시비량이라고 하며 이 양이 실제 시비하려고 하는 시비량이다. 적정 시비량은 품종, 수세, 수량, 토양조건, 기상조건 등 여러 요인에 따라 다르다. 적정 시비량을 결정하기 위해서는 미리 여러 차례의 비료시험을 해야 한다.

그러나 과수에 대한 비료시험은 방대한 면적을 필요로 할 뿐만 아니라 오랜 세월이 소요되고 장해요인이 많아 그 실시가 매우 어렵다. 때문에 많지 않은 비료시험 결과와 재배자의 체험을 가지고 나무의 영양상태와 결실상태를 감안하여 시비량을 결정하는 것이 지금까지의 방법이 되었다.

원예연구소에서는 복숭아나무에 대한 시비량을 표 10-21, 표 10-22와 같이 추천하고 있다. 또한 퇴비를 시용하면 20~30%의 비료량을 감해주는 것이 좋다. 최근에 많이 시용되는 유기질 비료 및 부산물 비료는 많은 비료성분량이 포함되어 있으므로 계산하여 나머지 양을 시용하는 것이 바람직하다.

표 10-21〉 복숭아에 대한 시비 성분량

(단위 : kg/10a)

수령 (년)	질소	인산	칼리	퇴비
	비옥지~척박지	비옥지~척박지	비옥지~척박지	
1~2	2(4)	1(5)	1(2)	300
3~4	3~5(7~11)	2~3(10~15)	2~4(3~7)	1,000
5~10	7~11(15~24)	4~6(20~30)	6~9(10~15)	2,000
11이상	13~18(28~39)	7~10(35~50)	10~15(17~25)	2,000

( ) : 질소는 요소, 인산은 용성인비, 칼리는 염화가리

표 10-22〉 복숭아에 대한 수령별 시비성분량

(단위 : g/주)

비료성분	수령 (년)				
	1	2	3	4	5
질소	50(110)	100(220)	200(430)	400(870)	500(1100)
인산	30(150)	70(350)	100(500)	200(1000)	250(1250)
칼리	50(80)	100(170)	160(270)	320(530)	400(670)

( ) : 질소는 요소, 인산은 용성인비, 칼리는 염화가리

다) 토양검정에 의한 시비량

토양검정에 의한 시비는 과수원의 비옥도 수준을 정확히 판단할 수 있어 적절량의 시비량을 산정할 수 있으며 표 10-23, 24, 25를 참고하면 된다.

표 10-23〉 토양유기물 함량에 의한 질소성분의 시비량 (단위 : kg/10a)

수령 (년)	유기물 함량(g/kg)		
	15 이하	16～25	26 이상
1～2	2.5	2.0	1.5
3～4	6.5	4.0	3.0
5～9	11.0	9.0	7.0
11이상	18.0	15.5	13.0

농업과학기술원 시험연구보고서, 1994, p.375

표 10-24〉 토양내 유효인산에 따른 인산 시비량 (단위 : kg/10a)

수령 (년)	유효인산 함량(mg/kg)			
	200 이하	201～400	401～600	601 이하
1～2	1.5	1.0	1.0	1.0
3～4	3.0	2.5	2.0	2.0
5～9	6.0	5.0	4.0	3.0
11이상	10.0	8.5	7.0	3.0

농업과학기술원 시험연구보고서, 1994, p.375

표 10-25〉 토양내 치환성 칼리에 함량에 따른 칼리 시비량 (단위 : kg/10a)

수령 (년)	치환성칼리 함량(cmol/kg)			
	0.3 이하	0.31～0.60	0.61～1.0	1.01
1～2	1.5	1.0	1.0	1.0
3～4	4.0	3.0	2.0	2.0
5～9	9.0	7.5	6.0	3.0
11이상	15.0	12.5	10.0	3.0

농업과학기술원 시험연구보고서, 1994, p.375

라) 엽분석에 의한 시비

① 엽분석의 필요성

엽분석은 잎내 무기성분을 분석하므로써 복숭아나무의 영양상태를 진단할 수 있고 그 결과를 바탕으로 적정 시비량을 추정할 수 있다.

잎의 영양수준은 부족, 정상, 과다 등으로 구분할 수 있으나 전 생육기를 통하여 그 적정수준이 달라지며 한 과수원에서도 나무에 따라 차이가 심하고 같은 나무라고 하더라도 잎의 채취부위에 따라 변화가 많다.

엽시료 채취는 그림 10-8에서 보는 바와 같이 안정된 시기(7월 상순~8월 상순)에 과수원에서 대표적인 나무 5~10주를 선정하여 식물체의 적정부위(수관 외부 도장성이 없고 과실이 달리지 않은 신초의 중간부위)의 엽 50~100매를 채취하여 사용하면 된다.

② 엽 성분함량에 영향을 미치는 요인

잎의 무기성분 함량에 미치는 주요 요인은 토양환경, 품종, 시비량, 시료의 채취시기 등이다. 식물의 양분흡수는 식물의 생리적 특성요인에 토성, 토양수분함량, 토양 비옥도 등의 토양환경의 영향을 받는다.

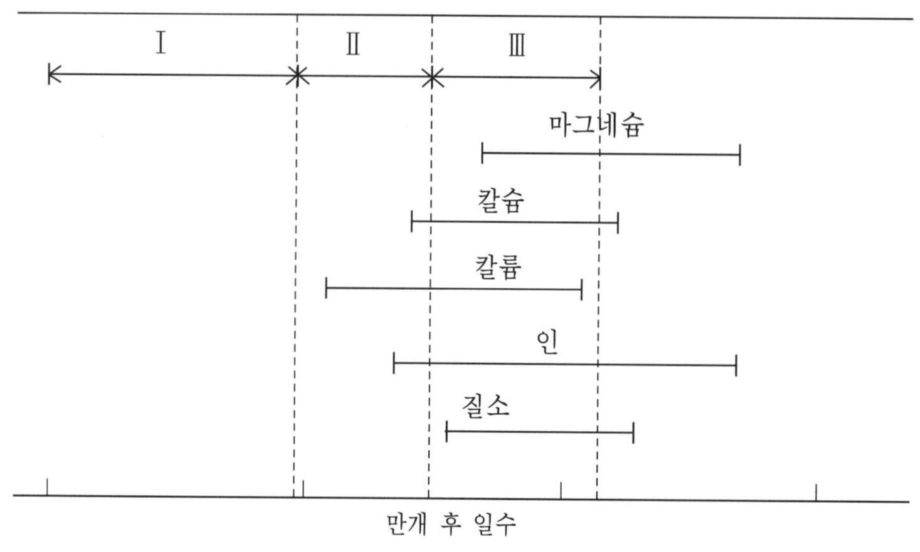

그림 10-8〉 복숭아 엽내 성분의 변화가 적은 시기

비옥도가 높고 양분의 흡수가 용이한 토양조건하에서는 더 많은 양분이 흡수되며, 같은 비옥도라면 식질토보다 사질토에서 양분을 흡수하기가 용이하여 일시적으로는 더 많은 양분을 흡수하지만 그 지속성을 유지하기가 곤란하여 시비 직후에는 과다현상이 발생하고 시일이 경과함에 따라 결핍상태가 되기 쉽다. 점질토양에서는 영양분이 계속적으로 꾸준히 공급되므로 비효는 다소 늦어지지만 결핍상태는 적은 편이다.

③ 엽 분석에 의한 복숭아의 영양진단

표 10-26은 복숭아의 엽 분석에 의한 무기성분별 부족, 정상 및 과다 등으로 기준치를 주요 재배지대 7개 지역(소사, 인천, 수원, 조치원, 충주, 대전, 나주)에서 대구보와 백도 두 품종을 대상으로 1964년부터 1969년까지 실시한 결과이다. 따라서 복숭아 과원에 대한 시비처방은 엽 분석 자료를 근거로 하여 정상수준이 되도록 시비량의 가감이 필요하다. 이는 1년차에서 결정되는 것이 아니고 수년간의 계획에 의하여 이루어져야 한다.

표 10-26〉 복숭아 엽의 영양기준농도 및 정상 과원율

원소	기 준 농 도			정상과원율 (%)
	부 족	정 상	과 다	
N(%)	〈 2.27	2. 93 ~ 3. 59	4.25〈	74.2
P(%)	〈 0.12	0.172 ~ 0.224	0.275〈	70.0
K(%)	〈 0.59	1. 75 ~ 2. 91	4.07〈	68.6
Ca(%)	〈 0.14	1. 12 ~ 2. 10	3.08〈	75.4
Mg(%)	〈 0.21	0. 38 ~ 0. 57	0.75〈	72.5
Fe(ppm)	〈 31	125 ~ 219	313〈	77.5
Mn(ppm)	-	137 ~ 425	713〈	71.4
B(ppm)	〈 5	23 ~ 41	59〈	71.0
Zn(ppm)	-	29 ~ 101	173〈	89.8

4) 시비방법

과수의 수평 근군은 수관보다 멀리 분포하며 양분흡수의 주체가 되는 잔뿌리는 수관바깥 둘레에 많이 분포한다. 그리고 수직 근군의 분포는 지표로부터 50cm 사이에 대부분이 분포한다.

복숭아나무는 흡비력이 강하여 6~7년생 미만의 유목기에는 척박한 땅에서도 비교적 생육이 왕성하나 본래 뿌리가 얕은 과수이므로 나무가 커진 후에는 비료분의 부족에 예민하므로 노쇠하기 쉽다.

따라서 유목기에는 질소비료의 과용을 피하고 성목이 된 다음에는 나무의 영양상태를 관찰하여 도장지의 발생이 지나치지 않으면서 적당한 발육지가 많이 발생하도록 시비량을 조절하여야 한다. 특히 척박한 땅에서는 유기질 비료를 병행하여 무기질 비료의 비배관리를 철저히 하여야 한다. 또한 경사지인 경우는 토양 유실을 감안하여 시비하여야 한다.

〈토양 조건에 따른 시비방법〉

- ●배수 불량원 : 배수가 불량한 과원에서는 윤구 시비나 방사구 시비를 행하면 물이 고이게 되어 나무의 생육을 오히려 해롭게 하므로 배수시설을 설치하거나 배수가 되는 방향으로 도랑을 파서 물이 잘 빠지게 해야 한다.
- ●산 성 토 양 : 토양산도(pH)를 교정하기 위한 석회시용시 칼슘은 토양내에서 이동성이 매우 낮아 심층시비를 해야 하고 인산질 비료도 토양내 이동성이 낮아 심층 시비를 해야 한다.

5) 시비시기

비료의 분시 비율은 품종, 토양 및 기상조건, 비종 등 여러 요인에 따라 달라서 일률적으로 말하기는 어렵다. 보통 퇴비, 두엄, 계분과 같은 지효성 유기질 비료와 인산은 전량을 밑거름으로 시용한다. 물론 석회와 고토도 밑거름으로 시용하여 붕사는 밑거름으로 시용하거나 엽면시비를 하기도 한다. 복숭아의 분시비율은 대체로 표 10-27과 같다.

표 10-27〉 복숭아나무에 대한 분시비율 (%)

비료성분	밑거름	덧거름	가을거름
질 소	70	10	20
인 산	100	0	0
칼 리	60	40	0

※퇴비, 석회, 산화마그네슘, 붕사 등의 비료는 전량 밑거름으로 시용함

가) 밑거름

밑거름(기비)은 뿌리의 활동이 시작되기 전에 시용하는 것이 좋다. 질소질을 다량으로 시용하는 시기는 새가지 및 어린 가지의 생장이 왕성해지는 때이나 밑거름을 빨리 시용하는 것이 효과가 좋다는 것은 비료분이 근군분포 부위까지 도달하는데 상당한 시일이 소요되고 또 뿌리의 활착이 시작된 다음에 시비하면 생장하는 새 뿌리가 절단되어 저장양분의 손실이 커지기 때문이다. 특히 봄에 가물 때 시비하면 다음에 비가 내릴 때까지 비료분을 흡수하지 못할 뿐 아니라 비료분이 오랫동안 유지될 때는 비효가 늦게 나타나서 나무가 도장하고 과실의 품질저하 및 생리적 낙과를 유발하기 쉽다. 그러므로 밑거름은 땅이 얼기 전에 시용하는 것이 좋다. 늦은 가을에 시용하지 못했을 때는 봄에 땅이 녹은 직후에 시용하는 것이 좋다. 특히 퇴비, 두엄 기타 유기질 비료는 분해되어 흡수, 이용되기까지 상당한 시일이 걸리므로 가을에 시용하여야 한다.

나) 웃거름

비료분이 유실되기 쉬운 사질토 또는 척박한 땅에서는 생육후기에 비료분이 부족되기 쉬우므로 중생종과 만생종에서는 칼리와 속효성 질소비료의 덧거름이 필요할 때가 많다. 그러나 경핵기에 질소가 과다하면 낙과하기 쉽고 성숙기에 과다하면 숙기를 늦게 함과 동시에 품질을 저하시킴으로 덧거름은 유의해야 한다. 덧거름의 시기는 5월 하순~6월 상순이다.

다) 가을거름

복숭아나무는 과실의 품질을 좋게 하기 위해서는 성숙기에 질소가 약간 부족한 상태가 좋다. 또 수확기가 빨라 낙엽기까지 기간이 길기 때문에 질소의 가을거름 시용 효과가 크다.

복숭아의 화아는 7월 하순~8월 상순에 분화하기 시작하는데 그 후 영양상태에 따라 화아의 충실도가 좌우되고 다음해 수량에 영향을 끼치게 된다. 또 다음해 초기 생육은 저장양분에 의존하므로 수확 후 잎의 동화작용을 왕성하게 하여 저장양분을 축적시키는 것이 중요하다.

시비시기는 뿌리의 활동이 재개되는 8월 하순~9월 상순이 좋고 시비량은 연간 시비량의 10~20% 정도로 하되 수세에 따라 가감한다. 수세가 강한 나무는 시비를 피하여야 하며 시비량이 많든지 또 시비가 늦어지면 새로운 가지가 발생하여 동해의 발생의 원인이 된다.

6) 유기질 비료

유기질 비료에는 많은 종류가 있는데 같은 유기질 비료라도 부숙정도에 따라 성질 및 비효가 다르다. 최근에는 산업폐기물이 유기질 비료에 추가되고 도시 쓰레기가 유기질 비료로 쓰이고 있는데, 이와 같이 유기질 비료의 분류는 다양하나 현재 농가의 자급 유기질비료는 퇴구비, 녹비, 고간류 및 분뇨 등이 주종을 이루고 있다.

가) 유기물의 효과

● 질소를 비롯한 양분의 저장고로서 기능과 양이온 및 음이온의 흡착력 능력 증대
● 물을 흡수하는 보수력의 기능이 증대되어 토양유실 및 가뭄피해 경감
● 토양의 심한 변화를 막는 완충능 증대와 입단형성으로 토양 물리성이 개선
● 토양 미생물의 활성을 높여 각종 양분의 가용화 촉진과 유효인산의 고정 억제

나) 유기물의 종류와 유효 성분량

유기물의 종류는 퇴비, 구비(우분뇨, 돈분뇨, 계분), 나무껍질, 왕겨, 도시쓰레기 등 여러가지가 있고 이들의 1톤당 성분량과 유효성분량은 표 10-28과 같이 질소 함량이 매우 많은 종류는 돈분과 계분 및 하수오니와 식품산업 폐기물이며 인산과 석회가 많은 것은 계분과 하수오니이고 칼리가 많은 것은 계분으로 하수오니와 계분은 모든 양분이 상당히 많아 비료적 성격이 매우 강하다. 따라서 구비중에서 비료로서의 효과가 큰 것은 전질소 함량이 높고 탄질율이 낮은 것으로서 계분퇴비, 돈분퇴비 등이다.

표 10-28〉 유기물 1톤당 성분량과 유효 성분량

구 분	수 분 (%)	성분량(kg/톤)					유효성분량(kg/톤/년)		
		질소	인산	칼리	석회	고토	질소	인산	칼리
퇴비	75	4	2	4	5	1	1	1	4
구비 (우분뇨)	66	7	7	7	8	3	2	4	7
(돈분뇨)	53	14	20	11	19	6	10	14	10
(계 분)	39	18	32	16	69	8	12	22	15
목질혼 (우분뇨)	65	6	6	6	6	3	2	3	5
합퇴비 (돈분뇨)	56	9	15	8	15	5	3	9	7
(계 분)	52	9	19	10	43	5	3	12	9
나무껍질	61	5	3	3	11	2	0	2	2
왕겨퇴비	55	5	6	5	7	1	1	3	4
도시쓰레기 퇴비	47	9	15	5	24	3	3	3	4
하수오니 퇴적물	58	15	22	1	43	5	13	15	1
식품산업 폐기물	63	14	10	4	18	3	10	7	3

자료 : 농토배양기술, 1992, 농촌진흥청.

일반 농가에서 쉽게 쓸 수 있는 농축산 폐기물의 시용효과를 크게 분류하면 화학적 개량효과는 질소, 인산, 염기함량 등에 의하여 판정되므로 돈분퇴비, 계분퇴비 등이 크고, 퇴비, 톱밥 및 왕겨퇴비 등은 비료적 성격이 적어 화학적 개량효과는 적다.

물리적 개량효과는 공극 확보와 투수성, 보수력 등이 중심이 되므로 섬유질이 많은 목질혼합 가축분 퇴비, 왕겨퇴비 등이 효과가 크고 돈분퇴비, 계분퇴비는 비료 효과가 크기 때문에 물리성 개량 효과는 적다. 농가에서 이용하기 가장 좋은 유기물 재료는 볏짚과 왕겨로 만들어진 퇴비라고 생각하면 된다.

표 10-29〉 각종 유기물의 특성

유기물의 종류	원재료	시용효과			시용상 주의
		비료적 개량	화학적 개량	물리적 개량	
퇴비	볏짚, 보릿짚 야채류	중	소	중	안전하게 사용할 수 있음
구비류 우분류	우분뇨와 볏짚류	중	중	중	비료효과를 고려하여 시용량을 결정
구비류 돈분류	돈분뇨와 볏짚류	대	대	소	
구비류 계 분	계분과 볏짚류	대	대	소	
목질부 혼합 퇴비 우분류	우분뇨와 톱밥	중	중	대	미숙물질과 충해가 발생하기 쉬움
목질부 혼합 퇴비 돈분류	돈분뇨와 톱밥	중	중	대	
목질부 혼합 퇴비 계 분	계분과 톱밥	중	중	대	
나무껍질 퇴 비 류	나무껍질, 톱밥을 주체로 한 퇴비	소	소	대	물리성 개량 효과가 큼

자료 : 농토배양기술, 1992, 농촌진흥청.

1995년도에 시판되는 각종 유기질 비료를 분석해 본 결과 각 성분의 최대 및 최소 성분량은 표 10-30과 같다.

표 10-30〉 시판되는 유기질 비료의 성분량

구분	EC (dS/m)	OM (%)	전질소 (%)	유효인산 (%)	K_2O (%)	CaO (%)	MgO (%)	Na_2O (%)
최대	54.1	53.4	1.75	4.85	1.47	1.85	0.39	0.7
최소	4.0	9.6	0.23	0.19	0.06	0.04	0.03	0.04
평균	23.2	37.0	1.01	2.03	0.65	0.49	0.19	0.21
퇴비공정규격		25%이상						

자료 : 농업과학기술원 시험연구사업보고서, 1996, p.59

6) 엽면시비

가) 엽면시비의 목적

비료 또는 각종 영양제를 토양에 시비하는 대신 나뭇잎에 살포하여 흡수시키는 것을 엽면시비 또는 엽면살포라고 한다. 따라서 엽면시비는 토양시비와는 달리 일시적인 효과를 얻기 위한 것으로 뿌리가 제 기능을 발휘하지 못하여 영양분을 정상적으로 흡수할 수 없을 때 나뭇잎에 살포하여 결핍 또는 부족한 영양분을 빠른 시일 내에 보충하고자 할 때 이용한다. 즉 응급조치라고 볼 수 있으므로 상시 이용할 수 있는 방법은 아니며 응급조치에 나무 관리를 의존하면 뿌리의 제 기능이 떨어질 수도 있고 필요 이상으로 비용이 부담되어 생산비 절감에 역행하는 시비관리가 될 수 있다.

나) 엽면살포 방법

현재 우리나라 과수농가에서는 요소의 엽면살포 이외에 마그네슘, 칼륨, 붕소 등의 엽면살포를 실시하고 있다. 표 10-31은 성분별 엽면살포제의 살포농도를 보여주고 있다. 또 각종 비료요소가 함유되어 있는 영양제(제4종 복비)의 엽면살포가 실시되는 경우도 있다. 표 10- 32는 엽면시비 후 각 양분별로 흡수되는 속도를 보여주고 있다.

표 10-31〉 엽면살포제와 살포농도

비료성분	엽 면 살 포 제	살 포 농 도
질소	요소($CO(NH_2)_2$)	생육기간 : 0.5%정도 수확후 : 4~5%(사과)
인산	H_3PO_4	0.5~1.0%
칼리	인산 1칼륨, 황산칼리(K_2SO_4)	0.5~1.0%
칼슘	염화칼슘($CaCl_2$)	0.4%
마그네슘	황산마그네슘($MgSO_4$, $7H_2O$)	2%정도
붕소	붕사($Na_2B_4O \cdot 7H_2O$), 붕산(H_3BO_3)	0.2~0.3%
철	황산철($FeSO_4 \cdot 5H_2O$)	0.1~0.3%
아연	황산아연 ($ZnSO_4 \cdot 7H_2O$)	0.25~0.4%

※질소는 농약과 혼용해도 무방, 약해방지를 위하여 인산과 칼리는 그 1/2량의 생석회와 혼용. 마그네슘은 요소와 혼용, 붕소는 요소 또는 농약과 혼용가함. 민감한 품종의 경우, 아연은 동량의 생석회와 혼용하면 약해가 방지됨

표 10-32〉 엽면에 살포된 양분의 흡수속도

원소	처리된 식물	50% 흡수에 소요된 시간 (시간 또는 일수)
질 소 (요소태)	사 과	1~4시간
	파 인 애 플	〃
	사 탕 수 수	〈24시간
	옥 수 수	1~6시간
	샐러리, 감자	12~24시간
인 산	사 과	7~11일
	잠 두 콩	30시간, 6일
	사 탕 수 수	15일
칼 륨	잠두콩, 호박	1~4일
	포 도	1~4일
칼 슘	잠 두 콩	4일
마그네슘	사 과	1시간에 20%
황	잠 두 콩	8일
염 소	잠 두 콩	1~3일
철	잠 두 콩	24시간에 8%
몰리브텐	잠 두 콩	24시간에 4%

※연구자에 따라 다른 값이 얻어지고 있다.

김종협역, 1984, 식물의 양분흡수, p.126

11장 수확, 선과 및 포장

1. 적숙기 판정
2. 착색관리 및 수확방법
3. 수확 후 복숭아의 품질 변화 요인
4. 예냉
5. 선과 및 등급규격
6. 포장

11장 수확, 선과 및 포장

1. 적숙기 판정

가. 성숙의 조만

새순의 신장 정지기가 늦어지거나 수세가 너무 강하든지 비효가 성숙기에 나타나는 경우 숙기는 늦어진다. 또한 열매솎기가 늦어지거나 착과량이 많으면 수확기간이 길어지는 일이 많으며 성숙기에 건조가 계속 되어도 숙기는 늦어지기 쉽다.

수확직전의 관수는 당도를 저하시키거나 수확기보다 10일전의 적량의 관수는 늦은 숙도를 통상으로 되돌릴 수 있으며 과실 크기를 좋게 한다. 그러나 한발시 다량의 관수는 나무의 영양생장을 왕성하게 하므로 숙기의 지연과 착색불량이 되기 쉽다.

나. 착과 위치와 숙기

한 나무에 착생된 과실은 적절한 재배관리를 하더라도 숙기는 보통 10일 이상 차가 생긴다. 결과지가 충실하고 잎수가 적당하며 일조가 좋은 곳은 숙기가 빠르고 도장지나 결과지에 일조가 적은 곳은 숙기가 늦어진다.

결과지의 위치에 따른 숙기는 서쪽 수관하부(0.6~0.9m)의 부주지상의 과실과 남측지상 수관상부의 수평지상의 결과지 과실보다 주지 기부측 수관하부(지상 1.2m)의 북서 또는 북쪽의 늘어진 가지에 착과된 과실은 5~6일 정도 숙기가 늦다.

표 11-1〉 복숭아 백봉품종의 결과지 길이와 과실의 착생부위별 수확후 에틸렌 발생량

(㎕/kg/시간)

결과지의 길이	선 단 부	중 간 부	기 부
화속성 단과지	3	-	-
단 과 지	7	6	-
중 과 지	15	8	8
장 과 지	15	12	6

측지에 달린 전과실을 일제히 수확하고 수확 1일 후 에틸렌 배출량을 측정한 결과(그림 11-1) 에틸렌 배출량이 많은 과실일수록 경도가 낮고 숙도가 진행되고 있는 것을 나타내고 있다.

숙도가 늦어지기 쉬운 단과지나 화속상 단과지에 착생하고 있는 과실은 중, 장과지의 선단부의 과실보다 당도가 약간 높은 경향이 있고 같은 결과지에 2개 이상 착생하고 있을 때의 당도는 선단부의 과실편이 약간 낮은 경향이 있다.

수확기의 복숭아 착색과 과육의 경도는 매우 밀접한 관계가 있어 과정부에서 먼저 착색되고 물러지는 품종(백봉 등)과 열매꼭지 부위 또는 햇볕 닿는 면에서 먼저 착색되고 물러지는 품종(백도 등)이 있다.

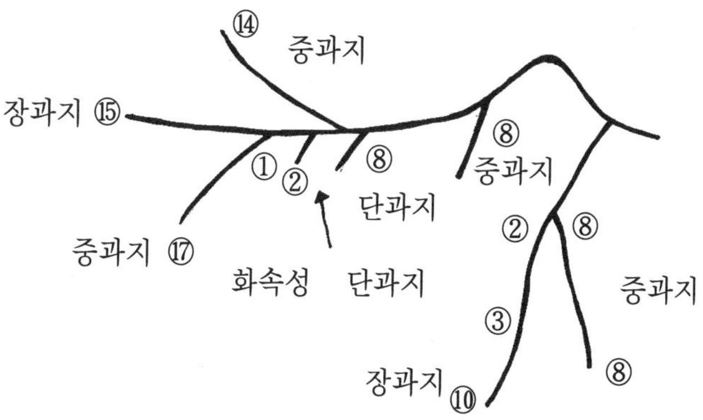

※ ○내의 숫자는 수확 1일 후의 에틸렌 배출량(㎕/kg/시간)

그림 11-1〉 복숭아 백봉품종의 착과 위치와 숙도와의 관계

다. 수확적기

소비자가 요구하는 맛있는 복숭아의 조건으로는 당도가 약 11% 이상되어야 한다. 그러나 복숭아의 당도는 과실 성숙기에 기상의 영향을 받기 쉬우므로 당도가 낮은 복숭아를 출하하지 않으면 안 되는 해도 있다. 이와 같은 해에도 당도는 조생품종에서는 약 9.0%, 중생종 품종에서는 약 10.0%는 되어야 하고 다음에 중요한 것은 소비자가 보았을 때에 과육이 적당히 물러져야 한다.

수확시기가 너무 이르면 과육이 딱딱해서 당도가 높아도 감미는 적게 느껴져 복숭아 본래의 맛이 좋지 않다. 또 수확기가 너무 늦으면 과육 무름이 급속히 진행되어 소비자까지 도착할 무렵에는 상처(눌린, 스친, 부패과 등)가 진행되어 상품성이 낮아진다.

표 11-2〉 복숭아 백봉품종의 수확직후 에틸렌 발생량과 과육경도와의 관계

(온도 : 25℃)

에틸렌 발생량 (μl/kg/시간)	과육경도(kg)	
	수확 1일 후	수확 3일 후
2. 5 이하	2.20	10.2
2. 5 ~ 5.0	1.84	0.80
5. 0 ~ 7.5	1.59	0.67
7. 5 ~ 10.0	1.14	0.67
10.0 ~ 15.0	0.89	0.61
15.0 ~ 25.0	0.78	0.62

※경도 1kg 이하는 수송 중 압상받는 과실이 많이 발생한다.

수확적기는 시장까지의 거리나 품종에 따라 다르지만 백봉품종의 수확직후 경도는 2.0kg 전후가 알맞는데 이 때는 과실내 프로토팩틴의 분해에 의한 수용성 팩틴의 증가가 시작된 직후의 시기이다.

복숭아는 성숙기에 비오는 날이 계속되면 일조부족 상태에서 당도가 상승하지 않고 착색이 진행되지 않는 동안에 과육이 무르기 시작한다. 이 때

에는 과실의 착색을 기다려 수확을 1~2일 연기하는 것이 좋다.

과실의 당도가 낮은 복숭아를 출하하는 것은 복숭아의 이미지를 떨어뜨려 판매에도 지장을 초래하므로 주의하여야 한다.

복숭아는 시장 출하시의 과숙이나 신선도를 높이기 위해서는 예냉후 출하를 하는 것이 바람직하다.

라. 숙기의 판정

1) 성숙일수

만개기에서 수확기까지의 성숙일수는 품종에 따라 일정하나 성숙일수는 수세(樹勢), 입지(立地) 및 해에 따라 1주 전후의 차가 있다. 성숙일수는 개화결실기의 기온이 낮거나 적과시기가 늦어지면 어린 과실의 발육이 늦어져 길어진다.

표 11-3〉 복숭아 주요 품종별 숙기 (중부지방)

품 종	수확시기	만개후 성숙까지 일수
백미조생	6하	57 ~ 67
포목조생	7상 ~ 중	76 ~ 86
사자조생	7중	80 ~ 90
창방조생	7하	85 ~ 95
백 봉	8상	95 ~ 105
대 구 보	8상 ~ 중	115 ~ 125
관도 5호	8하	115 ~ 125
유 명	8하 ~ 9상	115 ~ 130

2) 과실바탕색의 정도

과실 바탕색은 과육의 무름정도와 관계가 깊다. 생식용 백육종의 수확적기는 무봉지재배 과실의 경우 과실 꼭지 주변의 녹색이 엷어져서 녹백색으로 된 시기이고 봉지재배 과실에서는 푸른색이 거의 빠지고 담황록색으로 된 시기이다. 무봉지재배 과실에서 녹색이 거의 없어져 황록색으로 된 것은 수확시기가 지난 것이다. 이와 같이 과실 바탕색에 의한 수확적기의 판정은 어렵기 때문에 일찍 수확한 과실은 실내에서 추숙시켜 출하시키면 좋다.

가공용 원료의 백육종은 적숙기 1~3일전의 약간 미숙단계에서 수확한다. 봉지내에서는 봉지의 밑부분을 약간 터서 조사할 때 과실바탕색의 녹색이 엷어지고 유백색의 얼룩이 보이는 때이며 가공용 황육종은 완숙한 과실을 수확하므로 바탕색이 엷어져 등황색으로 변한 시기이다. 복숭아의 적기수확은 기상, 재배관리, 품종, 과실의 착생부위에 따라서 다르다. 예를 들면 백도품종은 보구력이 좋으므로 수확기의 과실바탕색은 녹색보다 엷어진 것으로 한다.

3) 착색정도

과실의 착색정도는 표에서 보는 바와 같이 한 나무내에서도 성숙도와 관계가 비교적 많으므로 적기 수확과를 고르는 지표가 된다. 적기 수확과의 착색정도는 성숙기의 기상, 품종, 재배관리 등에 의해서 상당히 다르므로 과실성숙의 특징을 정확하게 알 수 있다. 특히 착색이 양호한 품종에서는 착색에 현혹되어 빠르게 수확하지 않도록 주의하여야 한다.

표 11-4〉 복숭아 백봉품종의 수확 1일 후 에틸렌 배출량(성숙도)과 착색지수, 과중, 과형지수와의 관계

에틸렌배출량 (μl/kg/시간)	착색지수		과일무게(g)		과형지수	
	수확기 전반	수확기 후반	수확기 전반	수확기 후반	수확기 전반	수확기 후반
2.5 이하	1.4	-	176	-	2.7	-
2.5 ~ 5.0	1.9	2.0	191	195	2.5	1.8
5.0 ~ 7.5	2.1	-	203	-	2.9	-
7.5 ~ 10	2.3	-	207	-	2.8	-
10 ~ 15	2.3	1.8	223	205	2.9	2.3
15 ~ 25	2.7	2.3	220	2.9	2.5	-
25 ~ 35	-	2.2	-	231	-	2.8
35 ~ 45	-	2.9	-	228	-	2.7

※착색지수, 과형지수 : 숫자(1-4)가 클수록 착색이 진행되고 과형은 풍만하게 된다.

또한 나무에 달린 과실의 착색정도를 판정할 때 푸른잎 사이에서는 색이 진하게 보이고 과실에 쪼이는 광이 강할 때 착색정도가 다르게 보이므로 주의하여야 한다.

표 11-5〉 넥타린(판타지아)의 착색정도별 수확시 과실 형질

착 색 정 도	과피안토시안 (㎕/㎠)	과피 엽록소 (㎕/㎠)	당도 (°Bx)	산도 (%)	경 도 (kg)	
					수확시	2일 후
· 황록색의 미착색부가 과면의 반정도로 엷게 착색된다	6	1.0	9.2	1.04	2.84	1.48
· 착색부가 과면의 대부분을 점하고, 미착색부가 있다	15	0.6	9.6	1.00	2.57	0.92
· 과면의 거의 전면이 붉고 진하게 착색하고 미착색은 황색부분이 약간 남는다	24	0.4	10.0	1.01	2.53	0.56
· 과면 전체가 붉게 착색하고, 일부는 거무스름하다	31	0.2	10.6	0.93	1.77	0.43

착색되기 쉬운 넥타린 품종은 수확적기의 판정이 상당히 어려우므로 과실면 전부가 대략 적색으로 되어 과실바탕에 황록색이 거의 소실한 때 과실을 수확한다.

4) 과실의 크기와 형태

복숭아는 수확초기에 큰 과실일수록 숙도가 이른 경향이 있고 과실의 크기가 어느 정도 이상으로 균일하든가 수확최성기가 되면 과실의 크기와 성숙도와의 관계는 적다. 과형과 성숙도와의 관계는 상관은 없으나 미숙한 과실은 봉합선 부위가 돌출하여 있으므로 알 수 있다.

보통 복숭아 수확은 손바닥으로 잡은 느낌이라든가 열매꼭지의 탈락당도에 의해 적기를 판정한다. 복숭아를 완숙의 상태에서 수확하는 만생종의 경우는 손바닥에 넣어서 과실을 잡으면 약간 탄력이 느껴지며 과실이 열

매꼭지에서 용이하게 이탈되어 열매꼭지가 결과지에 남든지 하게된 때에 수확한다.

2. 착색관리 및 수확방법

가. 착색관리

우리나라에서는 생식용 복숭아의 착색관리를 소홀히 하고 있다. 그러나 일본의 경우 전국 69개 복숭아 취급시장에서의 복숭아 담당자에 대한 앙케이트 조사결과를 보면 가격에 최고 영향을 미치는 것은 식미이고, 그 다음으로 착색이 중요한 요인으로 나타났다. 착색된 복숭아는 외관뿐만 아니라 과피가 단단하여 보구력이 좋고 품질이나 영양면에서도 우수하였다.

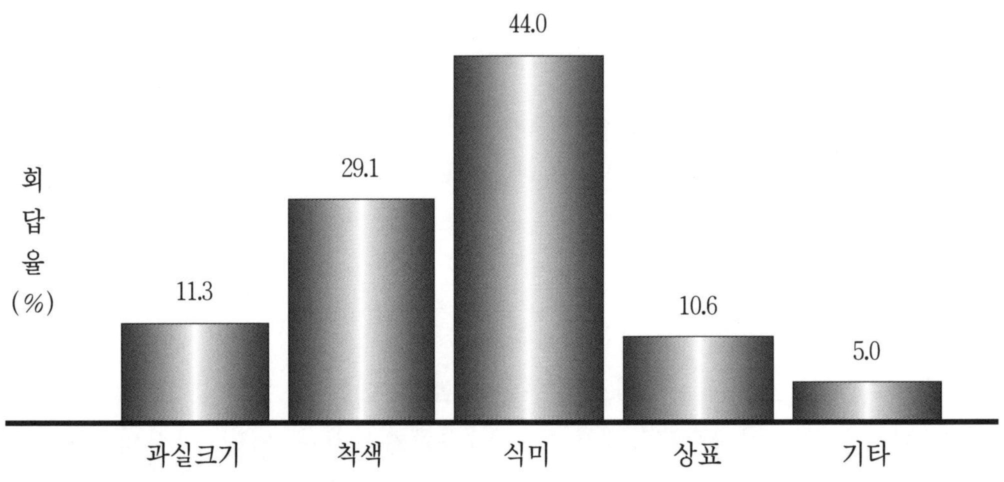

그림 11-2〉 복숭아의 시장가격을 좌우하는 요소(일본)

1) 봉지씌운 과실

생식용 복숭아는 착색을 좋게 하기 위하여 봉지를 벗기는데 요령은 직사광선을 하루종일 계속 받는 부위의 것은 우선 과실이 1/3정도 나오도록 봉지를 찢어주고 며칠 경과 후 완전히 벗겨준다. 착색시에는 품종에 따라 착색정도가 다르므로 표11-6을 참고하여 봉지벗기는 시기를 결정하는 것이 좋다. 그리고 직사광선을 적게 받는 부위의 것은 한 번에 벗겨준다.

착색을 효과적으로 해주기 위해서는 수관하부에 반사멀칭을 깔아주면 좋다. 이때에는 도장지를 제거하여 햇볕이 반사 멀칭으로부터 잘 반사되도록 해야 한다.

표 11-6〉 복숭아 품종의 착색난이와 봉지벗기는 시기

착 색 난 이	품 종 별	반 벗기는 시기	완전히 벗기는 시기
쉽게 착색되는 것	사자조생, 창방조생, 대구보	수확 5~6일전	수확 3~4일전
중간 정도의 것	유명, 고창, 백봉	수확 7~8일전	수확 5~6일전
착색이 어려운 것	포목조생, 기도백도, 고양백도, 백도	수확 10~12일전	수확 8~9일전
	대화조생, 대화백도, 중진백도	수확 10~12일전	수확 6~7일전

2) 무봉지 과실

햇볕이 잘 드는 위치의 무봉지 과실은 착색이 너무 많이 되어 외관이 나쁘게 되지 않도록 하고 수관내부 또는 가지 아랫부분의 햇볕이 잘 들지 않는 곳은 착색이 불량하지 않도록 한다.

착색을 균일하게 하기 위하여 착색 개시 시기에는 아랫가지를 끌어올리고 복잡한 부분의 도장지를 제거하여 수관 내부에도 적당하게 착색이 되도록 하여야 한다.

3) 가공용 과실

복숭아가 착색된 것은 안토시아닌 색소의 발현에 기인된 것이다. 착색과를 가공할 경우 가공품의 색택이 떨어지므로 가공용 과실은 착색이 되지

않도록 봉지가 찢어지지 않게 관리하고 되도록 착색이 덜되게 수확하여야 한다.

나. 수확방법

복숭아 수확은 한나무에서 결과지 위치나 수관의 내외부 조건에 따라 숙도차가 크게 다르므로 수확초기에는 2일마다, 최성기에는 매일 수확하는 것이 좋다. 수확방법은 과실을 손바닥 전체로 가볍게 잡고 과실을 가지 끝으로 향하여 들어서 손가락 눌림자국이 생기지 않도록 수확하여 수확바구니에 담는다.

수확바구니는 압상이 생기지 않도록 내부에 부드러운 스폰지 등을 부착해서 사용하며 안쪽으로 오므라들지 않는 플라스틱용기와 같은 것을 사용한다.

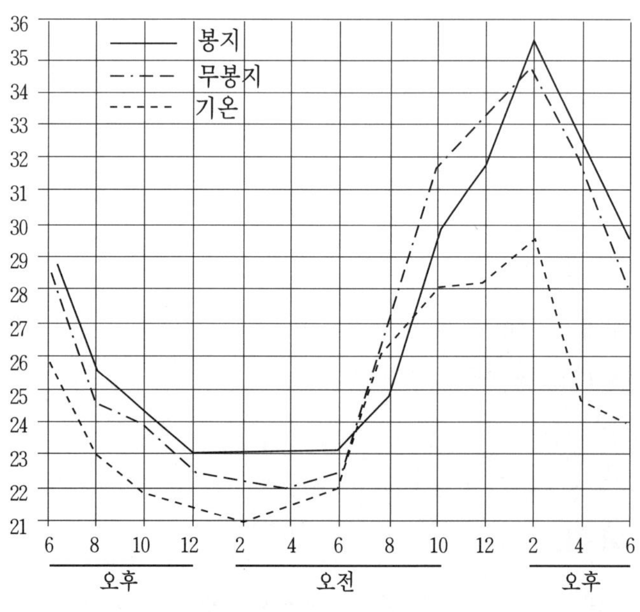

그림 11-3〉 맑은 날 나무에 달린 과실의 온도변화

복숭아는 타 과수보다 호흡량이 많은 과실이므로 온도가 높을수록 호흡작용에 의한 과실내 양분의 소모가 많아져서 신선도가 떨어지고 과실이 쉽게 물러지므로 호흡을 최대한 억제시키기 위한 온도조절이 중요하다.

복숭아는 되도록 낮은 온도에서 수확하여 예냉한 후 선과, 포장을 하여야 한다. 수확은 맑은 날의 경우 온도가 낮은 오전 11시경까지 끝내는 것이 좋고, 부득이 온도가 높을 때 수확할 경우는 통풍이 잘 되는 그늘진 곳이나 저온저장고 등에 옮겨 과실의 온도를 낮추어 호흡량을 적게 하여야 한다.

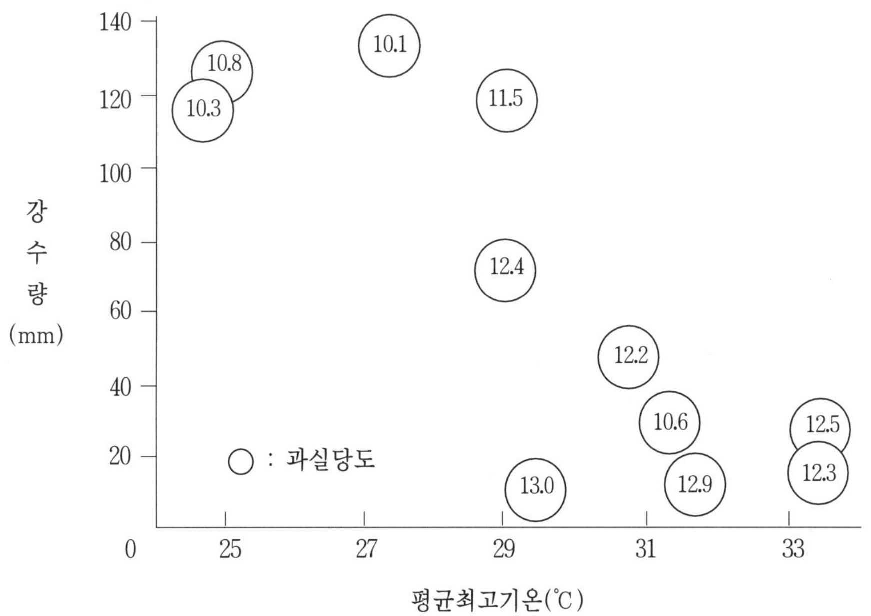

그림 11-4〉 수확 전 15일간 평균기온, 강수량과 과실당도와의 관계(품종:백봉)

수확기의 강우는 당도를 떨어뜨려 품질에 미치는 영향이 커서 1일 이상의 비가 내린 후에 수확한 과실은 수분을 많이 흡수하여 당도가 1~2% 낮아지고 과피가 얇아 수송력이 떨어지며 압상과 및 부패과실이 많이 발생하게 된다. 따라서 비온 후 2~3일 경과 후 수확하도록 한다.

그리고 봉지가 젖었을 경우에는 봉지를 벗겨 과실에 물기를 없애 젖은 봉지를 말려 수확하여야 한다.

3. 수확 후 복숭아의 품질 변화 요인

가. 과실의 수확 후 생리

과실은 수확 후에도 살아있는 유기체로서 물질대사와 일반 생리작용이 유지되므로 조직의 변화가 일어난다. 과실 수확 후 품질변화의 주요인은 생리적으로 호흡작용과 증산작용이 큰 영향을 미치며, 유해물질 생성과 향기성분 상실 또는 기계적인 압상과 찰과상 등도 크게 영향을 주게 되므로 이러한 과정을 이해한다는 것은 매우 중요한 일이다.

1) 호흡작용

과실은 수확 후에도 호흡작용을 계속하게 되므로 산소를 흡수하고 탄산가스를 배출하는데 호흡기질로 생체 세포내에 저장되어 있는 당분이 분해되어 소모된다.

$$C_6H_{12}O_6 + 6O_2 \rightarrow 6CO_2 + 6H_2O + 에너지$$

(당) (산소) (탄산가스) (물)

표 11-7〉 주요 과실의 온도와 호흡열과의 관계

구 분	호 흡 열 (mW/kg)				
	0℃	5℃	10℃	15℃	20℃
복숭아 (평균)	12.1～18.9	18.9～27.2	-	98.4～125.6	175.6～303.6
배 (만생종)	7.8～10.7	17.5～41.2	23.3～55.8	82.6～126.1	97.0～218.2
사과 (조생종)	9.7～18.4	15.5～31.5	41.2～60.6	53.6～ 92.1	58.2～121.2
포도 (콩코드)	8.2	16.0	-	47.0	97.0
포도 (엠페러)	3.9～ 6.8	9.2～17.5	24.2	29.6～ 34.9	-

따라서 수확한 복숭아 과실의 보구력을 증진시키기 위해서는 과실내 양분을 가능한한 적게 소모시키는 것이 중요하다. 특히 복숭아는 고온기에 수확되므로 수확직후 호흡작용을 억제시켜야 하는데 호흡작용은 온도, 습도 등에 따라 다르나 주로 온도의 영향을 많이 받는다.

주요 과실의 온도와 호흡열과의 관계를 보면 과종 및 품종에 따라 달라 복숭아의 경우 호흡열은 0℃일 경우 과실 1kg당 12.1~18.9mW인 것이 온도가 높을수록 급격히 상승하여 20℃에서 호흡열은 175.6~303.6mW로서 0℃와 비교하면 14.6~16.0배나 증가하므로 신선도의 급격한 저하를 초래한다.

2) 증산작용

과실은 호흡작용을 통하여 당분을 분해하고 에너지를 만드는데 그 에너지의 상당부분은 열로 발생하게 된다. 증산작용은 바로 이 열을 식혀주기 위한 기능이다. 증산작용이 활발하면 시들어서 쪼글쪼글해지고 색깔이 변하여 상품성을 떨어뜨릴 뿐 아니라 중량의 감소를 가져와 직접적인 손실을 초래하게 된다.

복숭아 과실은 90%정도가 수분으로 구성되어 있는데 이중 수분이 10%정도 소실되면 상품가치를 잃게 된다. 증산작용은 건조하고 온도가 높을수록 그리고 공기의 움직임이 심할수록 촉진된다. 또한 과실의 표피조직이 상처를 입었거나 절단된 경우에는 그 부위를 통해서 수분증산이 심해진다.

4. 예냉(豫冷)

가. 예냉의 중요성 및 효과

고온기에 수확된 과실은 수확직후 될 수 있는 한 호흡을 억제시켜 영양분과 물성의 변화를 적게하기 위하여 과실의 온도를 낮추어 주는 것을 예냉이라 한다. 과실은 기온이 5℃ 상승함에 따라 품질변화의 속도는 2~3배 증가한다.

예냉효과를 보면 복숭아 백도품종을 예냉과와 비예냉과로 구분하여 냉장차에 75시간 동안 보존한 결과 탄산가스 발생량은 비예냉과에서 월등히 높았다.

표 11-8> 예냉유무와 복숭아 ㎏ 당 탄산가스 발생량 (품종 : 백도)

구분	입고기간중(75시간)(mg)	1시간당 평균(mg)
예냉과	2,326.0	31.01
비예냉과	3,752.5	50.03

예냉유무와 유통 중 부패율은 예냉과는 냉장차에서 5일동안 보존시 부패율이 없었으나 비예냉과는 반부패 12.1%, 전부패 9%로 21.1%의 부패과가 발생되었다.

표 11-9> 예냉유무와 유통 중 부패율 (품종 : 백도)

구분	냉장차 내에서 5일까지 부패율		
	반부패	전부패	계
예냉과	0	0	0
비예냉과	12.0	9.0	21.0

또 과실을 32℃에서 1시간 보관하는 것은 10℃에서 4시간, 0℃에서 7일간의 보존기간에 상응하는 품질노화와 같으므로 수확 후 예냉은 과실의 신선도 유지에 대단히 중요하다.

나. 예냉방법

예냉온도는 0~3℃이며, 예냉방법은 강제 통풍냉각, 차압통풍냉각, 진공냉각이 있다. 우리나라에서는 복숭아 과실의 예냉은 거의 실시되지 않고 있으나 과실의 신선도 유지를 위해 꼭 필요한 조치이다. 그러나 적당한 예냉 시설이 없는 곳에서는 수확직후 과실을 건물의 북쪽이나 나무그늘 등 통풍이 잘 되고 직사광선이 닿지 않는 곳을 택하여 잠시 보관한 후 포장함으로써 예냉효과를 보기도 한다.

1) 강제통풍냉각

강제통풍냉각장치는 우리나라 대부분의 저온저장고 형태로 실내공기를 냉각시키는 냉동장치와 찬 공기를 적재된 과실상자 사이로 통과시키는 공기순환장치로서 비교적 시설은 간단하나 예냉속도가 늦고 가습장치가 없을 경우 과실의 수분손실을 가져올 수 있는 단점이 있다.

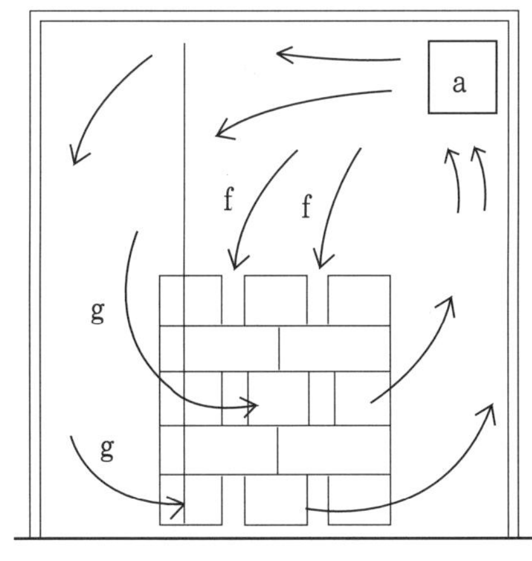

강제통풍방식(a)

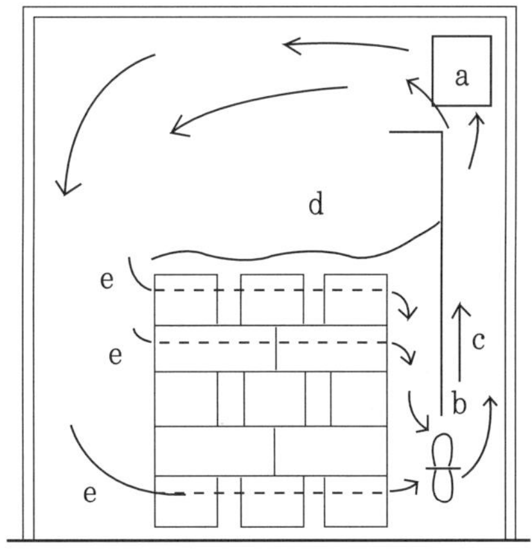

차압통풍 냉각방식(b)

a: 냉각기(cooler)
b: 유압팬
c: 차압부
d: 시트(sheet)
e: 상자에 환기공을 열어 놓으면 상자내부
f: 상자와 상자의 중간에 냉기류 순환 곤란
g: 냉풍은 적재한 상자의 외측을 순환

그림 11-5〉 강제통풍방식(a), 차압통풍 냉각방식(b) 원리도

2) 차압통풍냉각

차압통풍냉각장치는 공기를 쉽게 순환시키도록 과실적재 상자와 유압된 시트를 조합시켜 공기의 압력차를 이용하여 예냉실의 냉기를 강제적으로 적재된 과실상자 내로 순환시키도록 해서 냉기와 과실의 열 교환속도를 빠르게 하기 때문에 강제통풍냉각 보다 예냉효과가 좋다.

표 11-10〉 냉각방식별 과실의 냉각속도

과종	차압통풍냉각	강제통풍냉각
복숭아	6~8시간	1~2일
배	5~6	1~2일
포도	5~6	20~25일

3) 진공예냉

진공예냉은 예냉실내의 압력을 내려 과실표면의 수분을 증발시켜 물의 증발잠열을 이용함으로써 과실을 냉각시키는 장치이다. 대기압하에서 물의 끓는 온도는 100℃이므로 예냉실의 압력을 이 압력까지 낮추어야 하는데 이를 위해서는 충분한 압력에 견딜 수 있는 밀폐된 예냉실과 진공펌프가 있어야 한다.

그러므로 진공냉각은 다른 예냉방법에 비하여 시설비가 많이 소요되는 반면 예냉속도가 빠르고 편리할 뿐만 아니라 적재된 과실을 균일하게 냉각시킬 수 있는 이점이 있다.

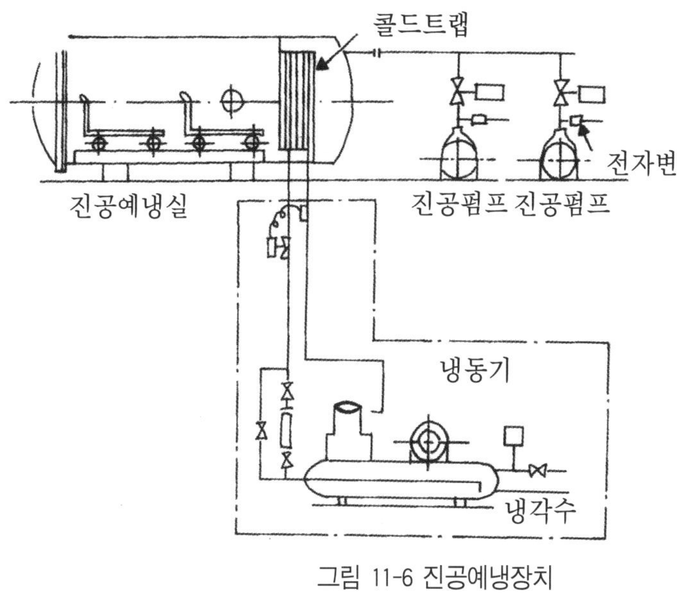

그림 11-6 진공예냉장치

복숭아 과실의 수확 후 예냉은 신선도 유지에 대단히 중요하여 외국에서는 예냉시설을 이용하여 예냉처리한 후 저온유통되고 있으나 우리나라에서는 예냉 후 저온유통 시설미비로 대부분 상온유통되고 있다.

따라서 외국과 같이 0~3℃의 낮은 온도로 예냉된 복숭아를 상온 유통시 온도차가 9~10℃ 이상에서는 온도차에 의해 복숭아에 결로(이슬)가 발생되므로 예냉온도를 외기온보다 과실의 품온을 7~8℃정도 낮춘 후 선별 포장 후 상온 유통시켜야 한다.

5. 선과 및 등급규격

가. 선과방법

과실을 출하하기 전에 과실의 크기와 색깔에 따라 정해진 규격에 알맞게 고르는 것을 선과라고 한다. 과실의 값을 잘 받으려면 선과와 포장이 잘 되어야 하는데 선과를 잘못하여 좋은 과실에 등급외의 과실이 섞이면 상품가치와 신용도가 떨어지므로 선과를 잘 해야 한다.

복숭아 선과방법은 대부분 달관(達觀)에 의하여 결점과실(미숙과, 부패과, 병해충과, 압상과, 상처과, 부정형과 등)을 골라낸 후 착색 및 과실 크기에 따라 구분하여 선별하는데 숙달되지 않은 경우에는 균일도에 차이가 많이 생길 뿐만 아니라 객관성이 떨어진다.

나. 선별방법 및 선별기술

과실의 선별은 품위기준에서 제시된 각종 등급인자 및 규격에 따라 주로 인력에 의해 이루어져 왔지만 산업기술의 발전과 함께 새로운 선별방법 및 기술이 개발되고 있으며 현재 국내외에서 개발이용되고 있는 과실류 선별기의 종류 및 방법은 다음과 같다.

현재 국내에서는 스프링식 중량 선과기가 주로 보급되고 있는 실정이며 크기, 당도, 색택 및 흠집을 동시에 판정할 수 있는 영상처리식 선과기는 일본의 경우 1991년부터 시판 실용화되고 있다. 최근 당도, 내부결함 등 내부품질 판정을 위해 핵자기공명, 근적외선, 초음파 등을 이용한 센서의 개발로 실용화되고 있다.

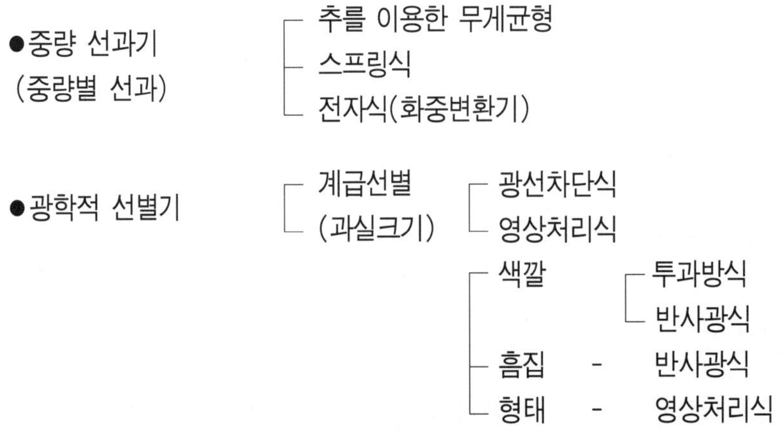

●비과피 내부 품질판정 : (당도, 내부갈변, 밀병 등 초음파, 핵자기공명(NMR), 엑스레이투과식, 투과광식)

1) 중량 선과기

중량식 선별기는 선과단계가 6~10단계이며 선별능률은 시간당 5,000개 정도로 인력에 의한 능률보다 2~3배 높으나 선과 중 과실의 압상이 발생하기 쉽다. 크기 선과범위는 50~1,000g 이고 대상 과실은 배, 사과, 감, 복숭아 등 다양하다.

이 선과기는 이동성, 보관성이 좋은 장점이 있으나 중량 선별에 의한 계급선별만이 가능하고 스프링의 정밀성 및 내구성이 떨어진다.

2) 형상 및 중량겸용 선별기

이 선별 시스템은 일반적으로 원료 자동공급장치, 등급판정장치, 이송장치, 자동배출장치 및 자동계량장치 등으로 구성된다.

이와 같은 형상 중량겸용 선별시설은 복숭아(5kg×7,000상자/8시간), 배(15kg×2,500상자/8시간), 사과(10kg×4,000상자/8시간)를 대상으로 선별할 수 있다.

이 시스템에서 사용하는 카메라식 형상 선별기는 측정 오차가 외경에 대하여 0.3mm 이고 4단계까지 등급선별이 가능하나 우리나라에서는 복숭아에 활용되지 않고 있다.

중량에 의한 계급선별은 8단계까지 가능하며 대부분의 과정이 자동화가 되어 있고, 다품목을 선별할 수 있으며 등급계급선별이 가능하다는 장점이 있다.

3) 광학적 선별기

이 선별시설은 숙도 센서부(과숙과와 미숙과를 선별함)와 컬러센서부(색깔을 최대 5등급)로 나누어진다. 그리고 컴퓨터 제어기, 입력키보드, 선과데이터 처리장치 등), 자동 배출장치 및 포장장치로 구성되어 있는데 숙도, 색깔 및 크기에 의한 등급과 계급을 동시에 판별할 수 있어서 기계적 효율이 높다.

최근에 일본에서 개발된 가장 첨단화된 선별 시스템의 하나로서 이 시스템의 특징은 선별을 하기 전에 숙도선별을 수행하는 것으로 숙도판별은 전자센서를 이용하고 있다.

다. 등급규격

과실에 있어 생산자에서 소비자간의 상거래를 명확히 하기 위해서는 과실의 등급규격 설정과 시행이 대단히 중요하다.

농산물 규격화 및 품질 인증제 실시를 위하여 등급규격이 개정되었으며 개정사유는 현행규격은 크기 구분과 품질을 결합하여 등급을 설정토록 되어 있어 주로 크기 구분에 의해 등급이 좌우되므로 품질 위주의 생산, 소비 실태에 부응하지 못하고 있다. 따라서 품질을 주요소로 크기 구분을 보조요소로 분리 설정 개정하였으며 등급규정은 다음과 같다.

표 11-11〉 포장단위의 등급규격

등급 항목	특	상	보통
낱개의 고르기	다른 크기구분의 것이 섞이지 않은 것	다른 크기구분의 것이 섞이지 않은 것	다른 크기구분의 것이 섞인 것
색택	품종고유의 색택이 뛰어난 것	품종고유의 색택이 뛰어난 것	특·상에 미달하는 것
당도	백도, 유명, 백봉은 12°Bx 이상인 것 기타 품종은 10°Bx 이상인 것	적용하지 않음	적용하지 않음
중결점과	없는 것	없는 것	없는 것
경결점과	거의 없는 것	대체로 없는 것	특,상에 미달하는 것

※중결점과는 다음의 것을 말한다.

① 이품종과 : 품종이 다른 것

② 부패·변질과 : 과육이 부패 또는 변질된 것(과숙에 의해 육질이 변질된 것을 포함한다.)

③ 미숙과 : 당도(맛), 육질, 경도 및 색택으로 보아 성숙이 덜된 것
④ 과숙과 : 경도, 색택으로 보아 성숙이 지나치게 된 것
⑤ 병해충과 : 탄저병, 천공병, 흑성병, 복숭아명나방, 복숭아심식나방 등 병해충의 피해가 과육에까지 미친 것
⑥ 상해과 : 열상, 자상, 타상 및 압상이 있는 것, 다만 손상이 경미한 것은 제외한다.
⑦ 기타 : 경결점과에 속하는 사항으로 그 피해가 현저한 것

※경결점과는 다음의 것을 말한다.
① 형상이 불량한 것(씨 쪼개진 것〈핵할〉을 포함한다), 색택이 불량한 것
② 병해충의 피해가 과피에 그친 것, 또는 과피에 묻어 있는 것
③ 일소, 약해, 찰상 등으로 외관이 떨어지는 것
④ 기타 결점의 정도가 경미한 것

표 11-12〉 낱개의 등급규격

등급 / 항목	특	상	보통
색택	품종고유의 색택이 뛰어난 것	품종고유의 색택이 양호한 것	특, 상에 미달하는 것
형상	품종고유의 형상을 갖춘 것	변형이 심하지 않은 것	
병해충	흑성병 등 반점성 병해는 거의 없는 것 기타 병해충은 그 피해가 없는 것	흑성병 등 반점성 병해는 거의 없는 것 기타 병해충은 그 피해가 과피에 그치고 심하지 않은 것	
상해	열상, 타상 등의 상처 및 압상 찰상이 없는 것	열상, 타상 등의 상처가 없는 것 압상, 찰상이 경미한 것	
씨쪼개짐(핵할)	외관상 씨 쪼개짐이 없는 것	외관상 씨 쪼개짐이 두드러지지 않은 것	
일소	거의 없는 것	심하지 않은 것	
약해	거의 없는 것	심하지 않은 것	

(주) 병충해, 상해, 일소 등의 결점이 산재하거나 여러가지 결점이 있는 경우에는 합산 판정한다.

표 11-13〉 크기구분

	호칭 / 품종	특대	대	중	소
1개의 기준무게 (g)	선광, 천홍, 수봉 및 이와 유사한 품종	180이상	150이상	125이상	100이상
	사자 및 이와 유사한 품종	210	180	150	120
	창방, 대구보, 백도 및 이와 유사한 품종	250	210	180	150
	유명 및 이와 유사한 품종	300	250	210	180
15kg상자의 기준개수 (개)	선광, 천홍, 수봉 및 이와 유사한 품종	80이하	100이하	120이하	150이하
	사자 및 이와 유사한 품종	70	80	100	120
	창방, 대구보, 백도 및 이와 유사한 품종	60	70	80	100
	유명 및 이와 유사한 품종	50	60	70	80

① 표시사항

- 필시 표시사항 : 품종, 산지, 등급, 크기구분(개수), 무게, 생산자 성명, 생산자 주소・전화번호
- 임의 표시사항 : 당도, 자율검사필인, 반품교환 안내
- 표시 금지사항 : 무공해, 저공해, 고급, 최상, 바이오, 청정, 항암 등 소비자의 오해를 초래할 우려가 있는 문자, 숫자 등의 표시와 기타 효능이 검증되지 아니한 사항

② 표시방법

- 산지 : 재배지역의 시・군명을 표시한다.

③ 기타 조건

- 5kg미만의 포장규격은 국립농산물검사소장이 따로 정하는 바에 따른다.

6. 포장

포장의 목적은 수송, 운반, 보관, 판매 등 생산자에서 소비자까지 전달되는 동안 물리적인 충격, 병해충, 미생물, 먼지 등에 의한 오염과 광선, 온도, 습도 등에 의한 변질을 방지하는 것이다. 그러나 이러한 보호목적 뿐만 아니라 취급의 편리, 판매에 유리하고 상품성 향상으로 구매심리를 촉진시키는 데 대단히 중요하다.

특히 상품성 향상으로 판매가격을 높일 수 있으므로 생산성 증대 못지않게 중요하나 우리나라에서는 인식부족으로 과실의 포장이 선진국에 비해 낙후되어 있다.

앞으로 이 분야에 대한 꾸준한 연구가 필요하며 가격이 저렴하고 상품성을 높일 수 있는 겉포장재, 내포장재가 개발되어야 할 것으로 생각된다.

그리고 겉포장재인 박스의 크기도 산지마다 다르며 내포장재에 따라 상자크기가 다른 실정이나 물류 비용을 절감 시키기위해서는 파렛트(Palettization) 하도록 한다.

규격화된 크기의 상자가 출하되도록 하여야 할 것이다.

표 11-14〉 복숭아, 5kg, 골판지 상자

구 분	포 장 규 격
포장치수 (단위:mm)	1. 겉포장 외치수 : 471(길이)×314(너비)×100±10% (높이)
포장재료	1. KSA 1502(외부포장용 골판지)에 규정된 양면골판지 2종, 파열강도 8kgf/㎠이상, 압축강도 350kgf이상, 수분함량 10±2%, 발수도 R_4이상, 골의 종류는 A골 및 B골을 표준으로 하지만 거래 당사자간의 협의에 따라 B+E골을 사용할 수 있다. 2. 식품위생법에 따른 기구 및 용기・포장의 기준・규격에 적합하여야 한다.
포장방법	1. 겉포장 상자 : KSA1003의 골판지 상자형식을 적용 제작 사용하고, 받침틀이나 받침판에 종이나 스티로폴망으로 감싸서 포장한다.
봉합방법	1. 가로면을 접은 다음 세로면과 날개를 접고 날개꽂이를 꽂는다.
시험방법	1. 겉포장 : KSM 7082(종이 및 판지의 고압파열강도 시험방법) KSA 1012(포장화물 및 용기의 압축시험 방법) KSM 7057(종이 및 판지의 발수도 시험방법) KSM 7023(종이 및 판지의 수분 시험방법) 2. 식품위생법 제12조(식품・첨가물 등의 공전)의 기구 및 용기・포장의 기준・규격
포장설계 예시 및 적재모형	1. 겉포장 상자의 입체도 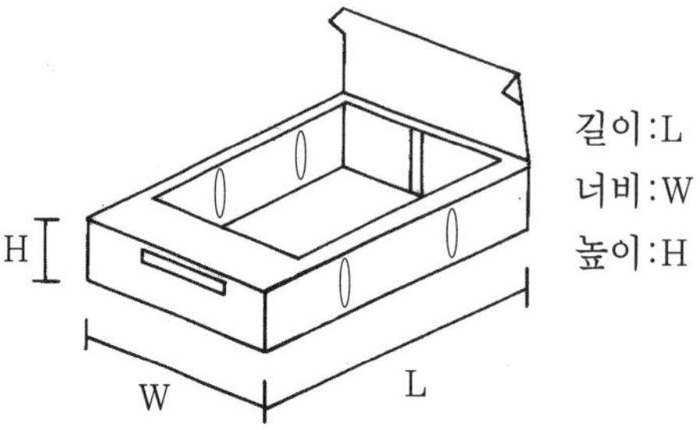 길이:L 너비:W 높이:H H W L 3. 적재모형 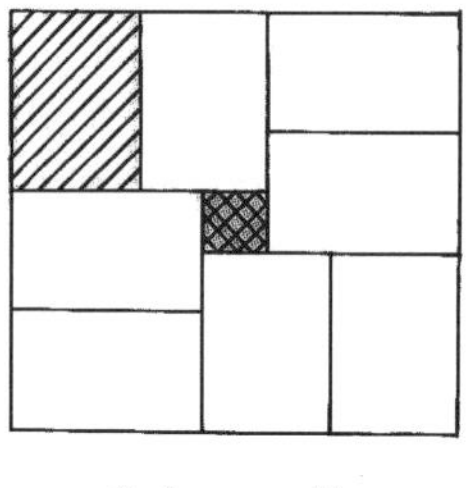 2×4=8상자, T-11형, 97.8% 2. 겉포장 상자의 전개도 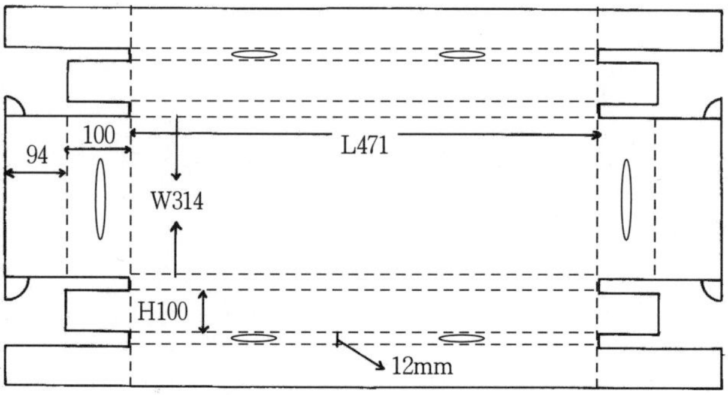 94 100 L471 W314 H100 12mm

표 11-15〉 복숭아, 10kg, 골판지 상자

구분	포 장 규 격
포장치수 (단위:mm)	1. 겉포장 외치수 : 471(길이)×314(너비)×210±10%(높이)
포장재료	1. KSA 1502(외부포장용 골판지)에 규정된 이중양면골판지 1종, 파열강도 8kgf/㎠ 이상, 압축강도 350kgf이상, 수분함량 10±2%, 발수도 R_4이상으로 한다. 2. 식품위생법에 따른 기구 및 용기·포장의 기준·규격에 적합하여야 한다.
포장방법	1. 겉포장 상자 : KSA 1003의 골판지 상자형식을 적용 제작 사용하고, 받침틀이나 받침판에 종이나 스티로폴망으로 감싸서 포장한다.
봉함및결속	1. 봉함 : 골판지 상자의 날개봉함은 폭 2mm이상의 평 철사로 상, 하 양면에 각각 2개 이상씩 봉함하거나 또는 포장용 감는 테이프로 상, 하 양면에 봉함한다(테이프는 상, 하 중간면을 봉함하며 옆면에 5cm이상을 초과하지 못한다) 2. 결속 : KSA 1507(폴리프로필렌 밴드)에 규정된 제16호 P.P밴드로 가로 2개소를 결박하거나 또는 연질 폴리끈으로 가로 2개소를 두 돌림하여 묶는다.
시험방법	1. 겉포장 : KSM 7082(종이 및 판지의 고압파열강도 시험방법) KSA 1012(포장화물 및 용기의 압축시험 방법) KSM 7057(종이 및 판지의 발수도 시험방법) KSM 7023(종이 및 판지의 수분 시험방법) 2. 식품위생법 제12조(식품·첨가물 등의 공전)의 기구 및 용기·포장의 기준·규격 3. 결속재 : KSA 1507(폴리프로필렌 밴드)의 제6항 시험방법에 따른다.
포장설계 예시 및 적재모형	1. 겉포장 상자의 입체도 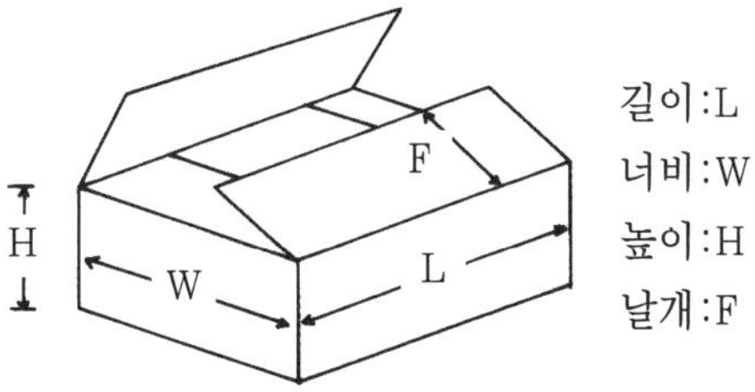 F, H, W, L 길이:L 너비:W 높이:H 날개:F 3. 적재모형 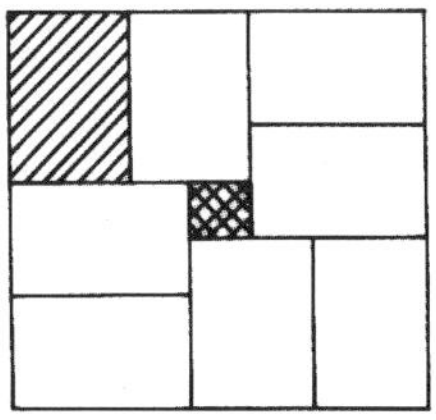 2×4=8상자, T-11, 97.8% 1. 겉포장 상자의 전개도 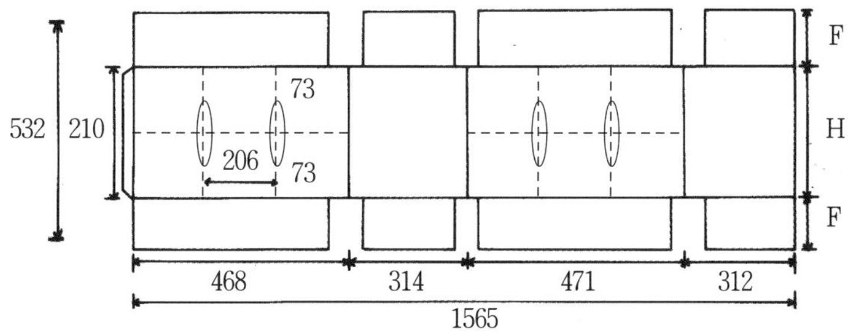 532, 210, 73, 206, 73, F, H, F 468, 314, 471, 312 1565

표 11-16〉 복숭아, 15kg, 골판지상자

구 분	포 장 규 격
포장치수 (단위:mm)	1. 겉포장 외치수 : 471(길이)×314(너비)×290±10% (높이)
포장재료	1. KSA 1502(외부포장용 골판지)에 규정된 이중양면골판지 2종, 파열강도 10kgf/㎠이상, 압축강도 350kgf이상, 수분함량 10±2%, 발수도 R_4이상으로 한다. 2. 식품위생법에 따른 기구 및 용기·포장의 기준·규격에 적합하여야 한다.
포장방법	1. 겉포장 상자 : KSA 1003의 골판지 상자형식을 적용 제작 사용하고, 받침틀이나 받침판에 종이나 스티로폴망으로 감싸서 포장한다.
봉함및결속	1. 봉함 : 골판지 상자의 날개봉함은 폭 2mm이상의 평 철사로 상, 하 양면에 각각 2개 이상씩 봉함하거나 또는 포장용 감는 테이프로 상, 하 양면에 봉함한다(테이프는 상, 하 중간면을 봉함하며 옆년에 5cm이상을 초과하지 못한다) 2. 결속 : KSA 1507(폴리프로필렌 밴드)에 규정된 제16호 P.P밴드로 가로 2개소를 결박하거나 또는 연질 폴리끈으로 가로 2개소를 두 돌림하여 묶는다.
시험방법	1. 겉포장 : KSM 7082(종이 및 판지의 고압파열강도 시험방법) KSA 1012(포장화물 및 용기의 압축시험 방법) KSM 7057(종이 및 판지의 발수도 시험방법) KSM 7023(종이 및 판지의 수분 시험방법) 2. 식품위생법 제12조(식품·첨가물 등의 공전)의 기구 및 용기·포장의 기준·규격 3. 결속재 : KSA 1507(폴리프로필렌 밴드)의 제6항 시험방법에 따른다.
포장설계 예시 및 적재모형	1. 겉포장 상자의 입체도 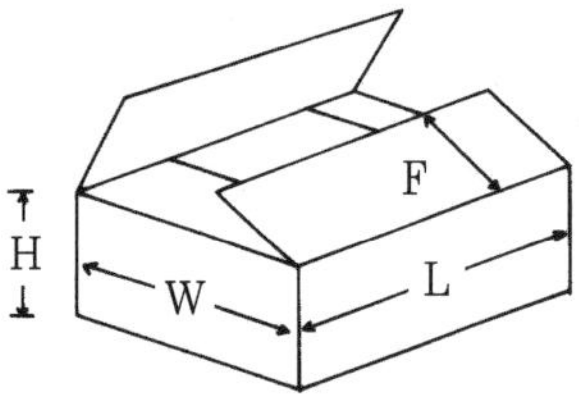 H W L F 길이:L 너비:W 높이:H 날개:F 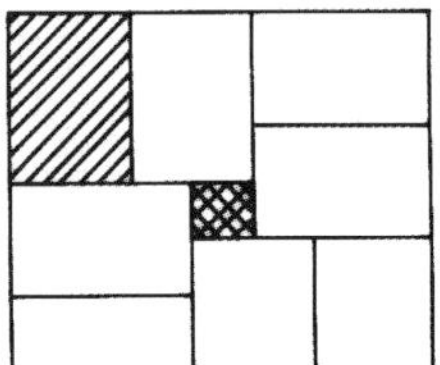 2×4=8상자, T-11, 97.8% 2. 겉포장 상자의 전개도 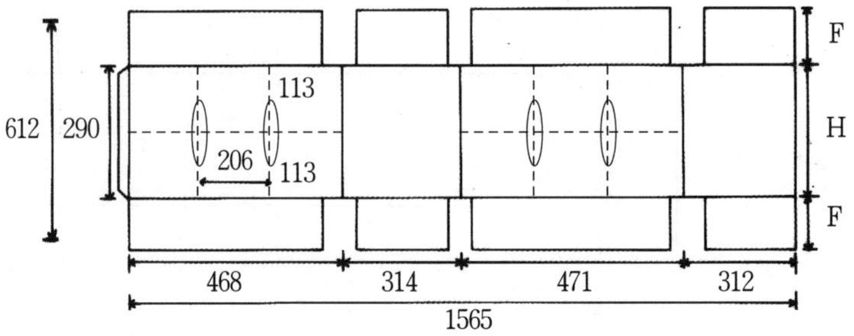 612 290 113 206 113 F H F 468 314 471 312 1565

표 11-17〉 천도복숭아, 10kg, 골판지상자

구 분	포 장 규 격
포장치수 (단위:mm)	1. 겉포장 외치수 : 440(길이)×330(너비)×180±10% (높이)
포장재료	1. KSA 1502(외부포장용 골판지)에 규정된 이중양면골판지 1종, 파열강도 8kgf/㎠이상, 압축강도 400kgf이상, 수분함량 10±2%, 발수도 R_4이상으로 한다. 2. 식품위생법에 따른 기구 및 용기 · 포장의 기준 · 규격에 적합하여야 한다.
포장방법	1. 겉포장 상자 : KSA 1003의 골판지 상자형식을 적용 제작 사용하고, 받침틀이나 받침판에 종이나 스티로폴망으로 감싸서 포장한다.
봉함및결속	1. 봉함 : 골판지 상자의 날개봉함은 폭 2mm이상의 평 철사로 상, 하 양면에 각각 2개 이상씩 봉함하거나 또는 포장용 감는 테이프로 상, 하 양면에 봉함한다(테이프는 상, 하 중간면을 봉함하여 옆면에 5cm이상을 초과하지 못한다) 2. 결속 : KSA 1507(폴리프로필렌 밴드)에 규정된 제16호 P.P밴드로 가로 2개소를 결박하거나 또는 연질 폴리끈으로 가로 2개소를 두 돌림하여 묶는다.
시험방법	1. 겉포장 : KSM 7082(종이 및 판지의 고압파열강도 시험방법) KSA 1012(포장화물 및 용기의 압축시험 방법) KSM 7057(종이 및 판지의 발수도 시험방법) KSM 7023(종이 및 판지의 수분 시험방법) 2. 식품위생법 제12조(식품 · 첨가물 등의 공전)의 기구 및 용기 · 포장의 기준 · 규격 3. 결속재 : KSA 1507(폴리프로필렌 밴드)의 제6항 시험방법에 따른다.
포장설계 예시 및 적재모형	1. 겉포장 상자의 입체도 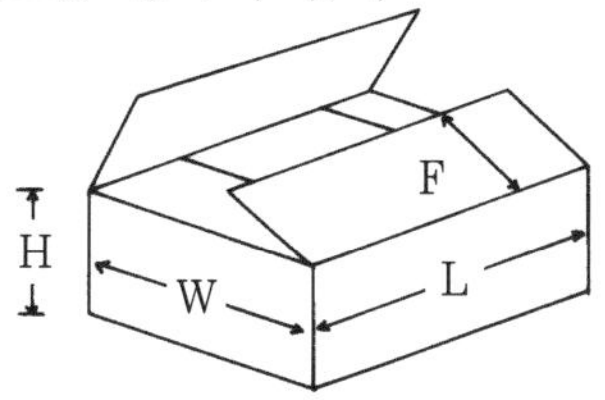 H W L F 길이:L 너비:W 높이:H 날개:F 3. 적재모형 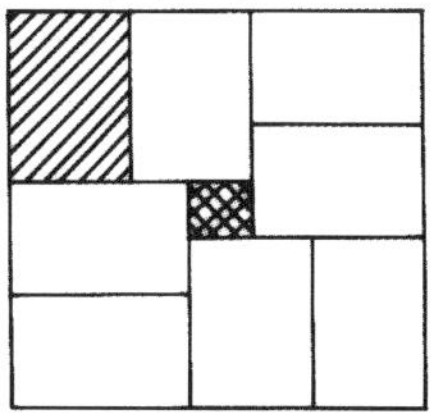 2×4＝8상자, T-11, 96.0% 2. 겉포장 상자의 전개도 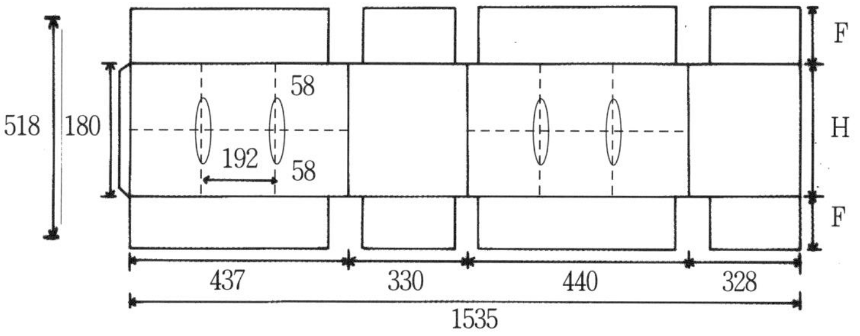 518 180 58 192 58 F H F 437 330 440 328 1535

표 11-18〉 천도복숭아, 15kg, 골판지상자

구 분	포 장 규 격
포장치수 (단위:mm)	1. 겉포장 외치수 : 440(길이)×330(너비)×225±10% (높이)
포장재료	1. KSA 1502(외부포장용 골판지)에 규정된 이중양면골판지 2종, 파열강도 10kgf/㎠이상, 압축강도 450kgf이상, 수분함량 10±2%, 발수도 R_4이상으로 한다. 2. 식품위생법에 따른 기구 및 용기·포장의 기준·규격에 적합하여야 한다.
포장방법	1. 겉포장 상자 : KSA 1003의 골판지 상자형식을 적용 제작 사용하고, 산물로 포장한다.
봉함및결속	1. 봉함 : 골판지 상자의 날개봉함은 폭 2mm이상의 평 철사로 상, 하 양면에 각각 2개 이상씩 봉함하거나 또는 포장용 감는 테이프로 상, 하 양면에 봉함한다(테이프는 상, 하 중간면을 봉함하며 옆면에 5cm이상을 초과하지 못한다) 2. 결속 : KSA 1507(폴리프로필렌 밴드)에 규정된 제16호 P.P밴드로 가로 2개소를 결박하거나 또는 연질 폴리끈으로 가로 2개소를 두 돌림하여 묶는다.
시험방법	1. 겉포장 : KSM 7082(종이 및 판지의 고압파열강도 시험방법) KSA 1012(포장화물 및 용기의 압축시험 방법) KSM 7057(종이 및 판지의 발수도 시험방법) KSM 7023(종이 및 판지의 수분 시험방법) 2. 식품위생법 제12조(식품·첨가물 등의 공전)의 기구 및 용기·포장의 기준·규격 3. 결속재 : KSA 1507(폴리프로필렌 밴드)의 제6항 시험방법에 따른다.
포장설계 예시 및 적재모형	1. 겉포장 상자의 입체도 H W L F 길이:L 너비:W 높이:H 날개:F 3. 적재모형 2×4=8상자, T-11, 96.0% 2. 겉포장 상자의 전개도 563 225 80 192 80 F H F 437 330 440 328 1535

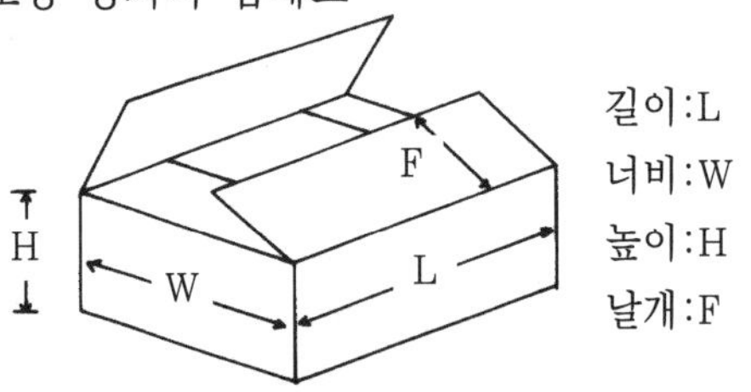

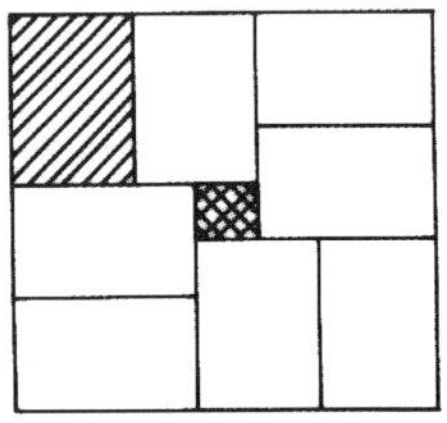

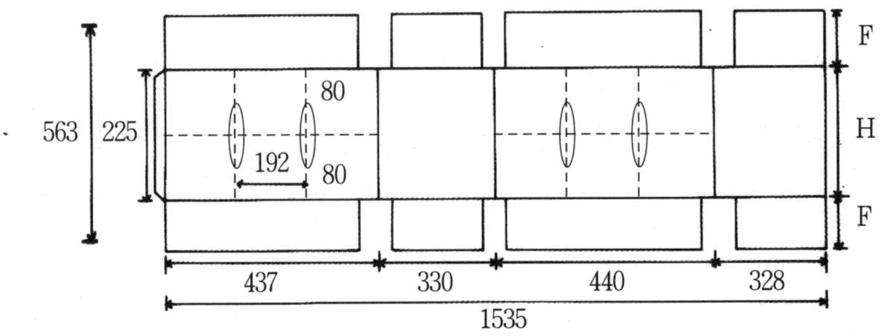

가. 겉포장(상자)

현재 농산물 출하규격은 포장단위 5,10,15kg이며 겉포장재로는 나무상자, 골판지 상자가 이용되고 있는데 1991년 농가의 포장상자 출하비율을 조사한 바에 의하면 골판지 상자가 65.9%, 나무상자가 34.1%로 출하되었다.

나무상자 이용시 압축강도나 파열강도에는 별 영향이 없지만 골판지상자의 파열강도는 10kg/cm이상으로 규정하고 있으나 규격미달 상자가 이용되고 있는 실정으로 수송, 출하시 6~9단까지 적재하게 되므로 상자가 우그러져 과실의 압상피해가 발생되므로 보다 높은 강도의 상자가 이용되는 것이 바람직하다.

나. 전충물(내포장)

복숭아 과실이 출하 후 유통중 마찰에 의하여 상처나 압상이 발생하는 것을 방지하고 또 미관을 좋게 하기 위하여 전충물을 사용하게 된다. 1991년 복숭아 농가의 전충물별 출하비율을 조사한 바에 의하면 PE몰드트레이, 발포PE망, 종이, 볏짚 및 보리짚 순위로 각각 20~24%가 이용되었으며 무전충물의 포장도 3.5%를 차지하고 있었다.

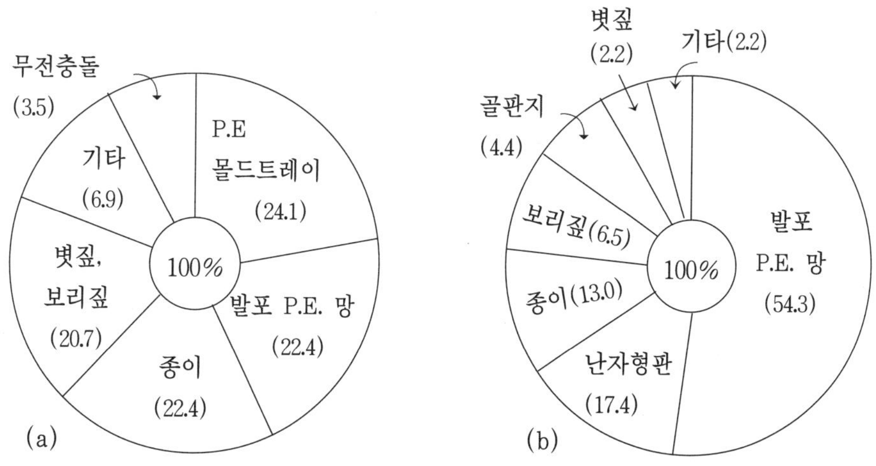

그림 11-7> 전충물(내포장재) 종류별 출하비율(a) 및 농가가 원하는 전충물의 종류(b)

농가가 원하는 전충물의 종류별 조사결과 발포 PE망을 54.3%가 희망하고 있으나 발포PE망은 사용 후 환경공해와 포장시 소요노력이 많이 드는 단점이 있으므로 공해를 유발하지 않으며 포장시 사용이 간편한 펄프몰드 트레이 등이 이용되어야 할 것이다.

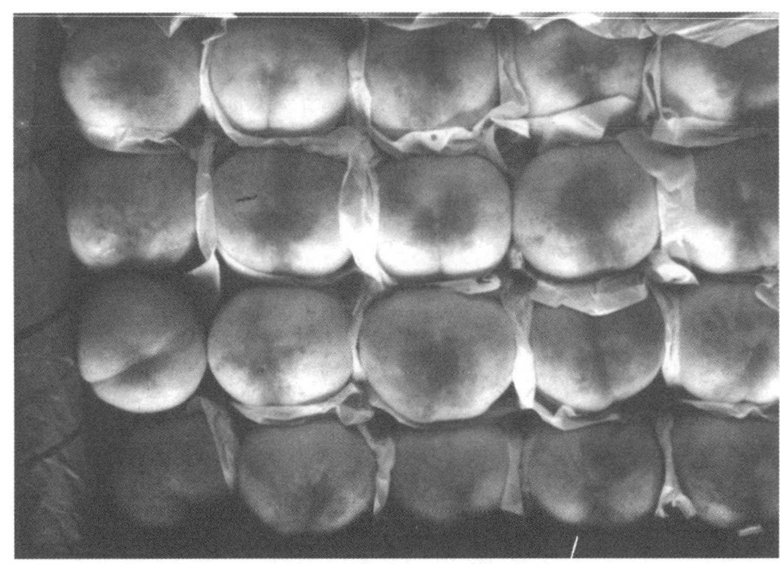

그림 11-8〉 미놀지 포장

그림 11-9〉 발포 PE망 포장

12장 과실의 가공

1. 과실의 가공현황
2. 복숭아 가공용 원료
3. 복숭아 과실의 가공

12장 과실의 가공

1. 과실의 가공현황

복숭아 가공품은 타 과종과 달리 생과보다 맛이 좋으며 특히 복숭아 통조림은 과실 통조림 중 품질이 우수하다. 그리고 가공품은 적당한 감미와 산미 그리고 복숭아 특유의 향기가 잘 조화되어 노소를 막론하고 소비층이 넓다.

'97 과종별 과실 생산량에 대한 가공현황(표 12-1)을 보면 사과 가공량이 60천톤으로 제일 많으며 복숭아 과종의 생산량은 147천톤으로 가공비율은 5%로 아주 낮다.

연도별 복숭아 생산량에 대한 가공량 및 비율은 (표 12-2) '80년 88.7천톤 생산에 가공량은 10.9천톤으로 가공비율이 12.3%이었으며 '90년 114.6천톤 생산에 가공량은 25.6천톤으로 가공비율이 22.3%로 높은 편이었으나 '90년 이후 수입개방화로 값이 싼 외국산 복숭아 가공품 수입으로 인해 복숭아 가공품의 생산이 계속 감소하여 '97년 복숭아 가공량은 7.4천톤으로 생산량에 대한 가공비율은 5%로 낮은 실정이다.

연도별 복숭아 과실의 품목별 가공량(표 12-3)에 있어서 가공품목은 통조림, 주스, 넥타, 잼 및 음료 등으로 다양하지 않으며 주품목으로는 통조림이었으며 이를 제외하고는 주스, 넥타, 잼, 음료로 적은 양이 이용되고 있다.

표 12-1〉'97 과종별 과실 가공현황

(단위 : 천톤)

구분	사과	배	복숭아	포도	감귤	기타	계
생산량	652	260	147	393	649	351	2,452
가공량	60	29	7	17	6	25	144
비율(%)	9	11	5	4	1	7	6

('97. 농림부)

표 12-2〉 년도별 복숭아 생산량 및 가공량

(단위 : 천톤)

구분	'80	'85	'90	'95	'97
생산량	88.7	131.5	114.6	129.6	146.8
가공량	10.9	12.4	25.6	17.0	7.4
비 율	12.3	9.5	22.3	13.1	5.0

('97. 농림부)

표 12-3〉 연도별 복숭아 과실가공 품목별 가공량

(단위 : 천톤)

품 목	'80	'85	'90	'95	'97
통조림	10.4	11.9	14.4	5.4	4.3
주 스	-	-	6.6	4.1	1.0
넥 타	0.5	0.5	2.0	5.7	0.2
기타(잼, 음료)	-	-	2.6	1.7	1.9
계	109	12.4	25.6	16.9	7.4

('97. 농림부)

앞으로 복숭아 가공산업을 발전시키기 위한 당면하고 있는 문제점은 가공공장의 가동 기간이 짧으므로 단기간에 대량으로 가공하자면 시설이 크게 소요되어 공장시설에 대한 이자 및 감가상각비 등의 비용이 많이 들므로 복숭아 가공품의 생산비가 높다. 그리고 가공품 원료는 생식용 위주이기 때문에 가공품의 질이 낮으며, 포장재료(용기) 값이 높아 국제경쟁력이 낮고 또 양질의 저렴한 가공품이 소비자에게 공급되어야 하나 그렇지 못한 실정이다.

앞으로 이러한 문제점들이 개선되어야 하며 가공공장이 아니더라도 일반가정 어디서나 손쉽게 가공품을 만들어 단경기에 이용할 수 있도록 하여야 하며 이때 농가에서는 비상품과 등을 이용하여 복숭아 가공품을 만들어 소비를 증대시켜야 한다.

2. 복숭아 가공용 원료

원예연구소에서는 가공용 복숭아 품종을 선발하고자 백육계 21품종, 황육계 51품종을 공시하여 가공적성 재배적 특성을 종합 검토한 결과 통조림용은 생식가공 겸용종으로 백육계에 대구보, 백도, 유명 3품종, 통조림전용 품종으로 황육계에 카디날, 휘셔, 관도5호, 앰버젬, 황도1호, 로벨, 비비안, 피크 8품종이 선발되었으며, 넥타 전용품종으로 선헤이븐, 관도5호 2품종이 선발되었다.

이들 선발된 품종들은 숙기가 고루 분포되어 있어 조생종인 카디날이 7월 중순부터 만생종인 피크품종이 9월 상순까지로 가공공장의 가동 일수를 기존 30일 내외에서 60일 정도로 연장할 수 있는 이점도 있으며 또 가공용 복숭아의 갖추어야 할 구비조건으로 조직이 치밀하고 부드러우며 봉합선의 좌우가 같고 씨가 작으며 향기가 좋다. 복숭아 크기는 중정도로 균일하며 과육에 붉은 색소가 없거나 적게 함유돼 있으며 특히 품질이 우수하며 수율이 높아 가공품 생산량도 높다.

3. 복숭아 과실의 가공

복숭아로 손쉽게 일반가정에서 만들 수 있는 품목으로는 병조림, 주스, 넥타, 젤리 및 잼을 들 수 있다.

가. 병조림을 만드는데 필요한 기구

많은 양을 병조림할 때는 특수한 기구가 필요하지만 일반가정에서는 보통 쓰는 취사 기구로도 가능하다. 병조림을 만드는데 필요한 기구는 그림 12-1과 같다.

그림12-1〉 병조림을 만드는데 필요한 기구

기구명	설명
병	병 용량은 1,000㎖, 500㎖ 등이 있으며 시중에서 쉽게 구입할 수 있다. 구입할 때는 병입구가 매끈한 것을 고른다.
뚜껑, 조이개	뚜껑과 조이개는 깨끗이 씻어 말려서 보관해 두면 여러번 다시 사용할 수 있고 뚜껑은 병입구와 접촉하는 고무부분이 손상되지 않으면 2~3회 정도 사용할 수 있다. 내용물을 넣기 전에 비눗물로 깨끗이 씻어 사용한다.
찜통, 솥	찜통이나 솥은 병이 충분히 들어갈 수 있을 정도의 크기로 열탕할 때 필요하다. 밑바닥이 편편한 찜통이면 더욱 편리하다.
집게	집게는 병조림병의 소독이나 열탕 소독 후 뜨거운 병을 옮기는데 필요하다.
저울 , 계량컵	병속에 넣을 원료의 양을 계량하거나 당액 조정에 필요하다.

나. 병조림 제조방법

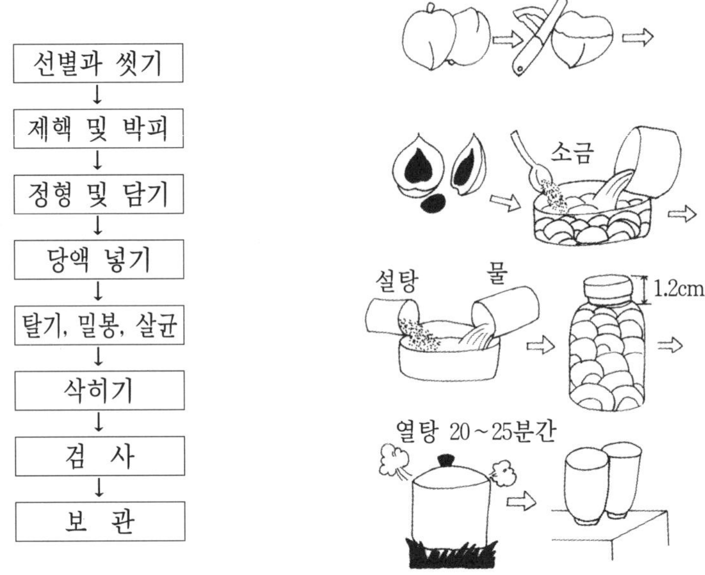

그림 12-2〉 병조림 제조공정

1) 병조림용 원료

병조림용 복숭아 원료는 씨가 작고 과육이 물러지지 않고 향기가 좋으며 또 병조림 제조 중 빛깔이 그다지 변하지 않는 것이 좋다. 이와 같은 점에서 볼 때 황육계 복숭아가 가장 이상적이지만 백육계를 이용하여도 된다. 그리고 너무 익은 과실은 살균할 때 과육이 물러지고 병조림의 당액이 탁하게 되므로 병조림용 원료 복숭아는 약간 미숙한 것으로 백도는 완숙되기 3일전에 수확하는 것이 적당하며 황육계 복숭아는 완숙 1~2일 전에 수확하여 약간 후숙하여 병조림을 제조하는 것이 좋다.

2) 선별 및 씻기

원료는 숙도가 같은 것끼리 나누고 병충해 등의 피해가 많은 부적당한 과실은 골라내어 선별한다. 그리고 물로 깨끗이 씻어 과실에 붙어 있는 흙, 모래, 미생물, 농약 등을 완전히 제거한다.

3) 제핵(除核) 및 박피(剝皮)

복숭아를 2등분한 후 제핵기로 그림 12-13, 12-14와 같이 제핵한다. 제핵을 한 복숭아는 1~2%의 소금물에 담가 둔다. 박피는 숙도, 품종 등에 따라 약간 다르며 백육계보다는 황육계 복숭아의 박피가 어려우나 2~3%의 가성소다 끓는 용액에 30~60초간 침지 후 꺼내어 1~2% 빙초산이나 소금물에 담궈 중화시킨다.

일반가정에서 적은 양을 가공할 때에는 칼로 껍질을 벗겨 2등분이나 4등분하여도 된다.

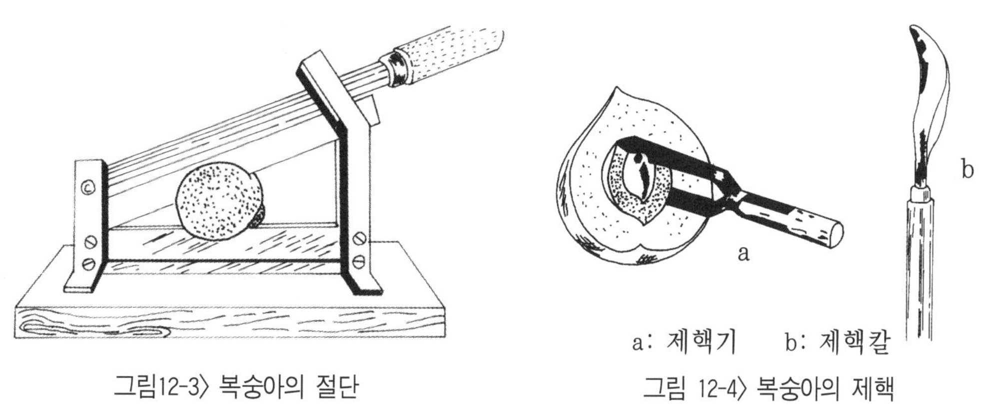

그림12-3〉 복숭아의 절단

그림 12-4〉 복숭아의 제핵

4) 정형 및 담기

과육의 크기를 대, 중, 소에 따라 선별하여 정형한 후 용기에 담는데 정형된 복숭아고형물을 규정량보다 10% 더 담는다. 병조림을 제조한 후 당액은 2개월 경과시 개관하였을 때 당도가 15%되게 계산한 당액을 넣는다.

과육을 병에 담을 때는 과육의 절단 부분이 병조림 병의 밑으로 가게 넣는다. 복숭아 병조림의 내용물 담기 기준은 표 12-4와 같다.

표 12-4〉 복숭아별 통조림의 내용물 담기 기준

통형	고형량 (g)	내용총량 (g)	담는 조각수(개)		
			대	중	소
병조림병(대)	550	1000	7～10	10～14	15～18
병조림병(소)	260	500	3～ 5	5～ 7	7～10

5) 당액 만들기 및 당액 담기

병조림병의 크기에 따라 넣는 내용물의 총량, 고형량 및 당액의 농도가 일정하게 규정되어 있다. 따라서 당액을 만들 때는 이러한 규정에 맞도록 설탕액의 농도를 조절하여 일정량을 넣어야 한다.

이와 같이 하여 규정량에 맞도록 농도를 계산하여야 하는데 설탕액의 경우는 다음 식을 이용하여 당액의 당농도를 계산한다.

$$W_1X + W_2Y = W_3Z$$

$$\text{주입액의 당도}(Y) = \frac{W_3Z - W_1X}{W_2}$$

W_1 = 담는 고형량(g), W_2 = 주입당액의 무게(g), W_3 = 병속의 당액 및 과육의 전체무게(g), X = 과육의 당도(%), Z = 제품의 규격당도(%), Y = 주입액의 당도(%)

예를 들어 복숭아 병조림 병크기가 1000cc일 경우 고형량(W_1)은 550g, 통속의 당액 및 과육의 무게(W_3)는 1,000g, 복숭아 과육의 당도(X)는 8.0%, 제품의 규정당도(Z)를 15%로 조정하려면 주입당액의 무게(W_2)는 1,000g-

550g＝450g이 되어 위 식에 대입하면 다음과 같이 된다.

$$\text{입액의 당도(Y)} = \frac{1000 \times 15.0 - 550 \times 8}{450} \fallingdotseq 24\%$$

계산에 의하면 이 때 24%의 당액을 450g 씩 넣으면 되는 것이다. 그러나 여러가지 조건으로 위의 계산이 반드시 들어맞지는 않으므로 실제의 경험에 의해서 어느 정도는 시정된다.

복숭아 통조림의 경우 보통 24~25%의 당액을 주입한다. 이때 복숭아가 완전히 잠기도록 당액을 넣고 병 윗 부분은 1.2cm 가량 남기고 뚜껑을 덮고 조이개로 조인다.

그리고 백육계 복숭아는 황육계보다 산함량이 낮기 때문에 당액제조시 구연산을 0.2~0.3% (당액 10 l 당 20~30g) 첨가하는 것이 기호성이 좋으며 살균시간도 단축할 수 있다.

6) 탈기

탈기는 병조림 내용물의 공기를 제거하는 것으로 제조공정 중 중요한 과정이다.

복숭아 병조림을 할 때 그 내용물의 변질을 막기 위하여 탈기를 하면 남아 있는 공기가 배제되어 호기성 세균 및 곰팡이 등의 발육을 억제한다.

따라서 저장 중에 일어나는 병 내부의 부식과 내용물의 빛깔, 향기, 맛의 변화를 방지할 수 있다. 병조림병의 탈기방법은 찜통(그림 12-5)에 물을 채우고 온도계를 꽂아 90~95℃에서 10~15분 지나면 병속에 있는 공기는 팽창되므로 병밖으로 배제시킨 후 공기가 통하지 않도록 뚜껑을 밀봉시킨다.

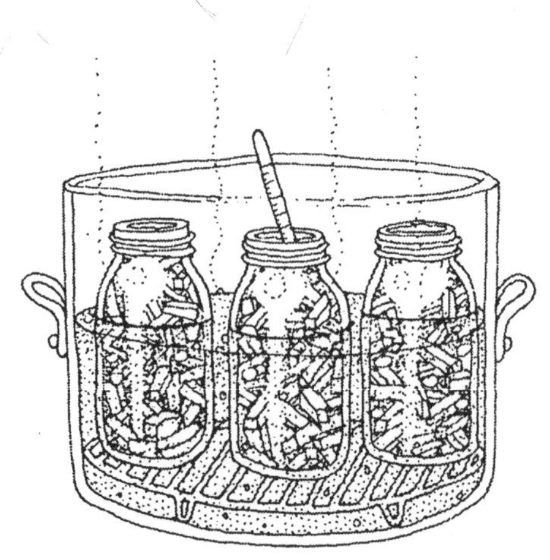

그림 12-5〉 병조림 탈기방법

7) 살균 및 냉각

밀봉된 복숭아 병조림을 살균하는데 살균정도는 용기의 크기, 내용물의 산도 등에 따라 다르나 복숭아 병조림의 살균온도는 95~100℃, 살균시간은 용기크기에 따라 다르나 20~40분간 실시한다.

산도가 낮을때는 살균시간을 단축하고 높을 경우는 연장하여야 한다. 그러나 복숭아 병조림은 품종, 숙도에 따라 과육의 경도가 다르며 살균시간이 길면 과육이 무르고 살균시간이 짧을 경우 육질이 설컹설컹하여 기호성이 떨어지므로 살균시간을 잘 조정하여야 한다. 복숭아 병조림 살균은 탈기 직후 밀봉하여 그림 12-6과 같이 과육과 당액을 채우고 끓기 시작한 후부터 병조림 병 크기에 따라 살균시간을 달리한다.

표 12-5〉 복숭아 병조림 살균온도 및 시간

크기	내용물의 산도(pH)	살균온도(℃)	살균시간(분)
1,000 CC	3.7~4.2	95~100	30~40
500 CC		95~100	20~30

복숭아 병조림은 살균 직후 찬물에 담가 냉각시키지 않으면 병조림 내부에서 당액의 끓는 현상이 계속 일어나며 과육의 적색 색소 함유시 핑크색

으로 변하여 외관이 나쁘게 된다.

따라서 병조림 병의 경우 갑자기 찬물에 담가 냉각시키면 병이 깨질 우려가 있으므로 살균 후 서서히 냉수를 흘려 냉각시킨 후 병조림 병을 건져서 물기를 제거하고 조이개를 풀어 보관한다.

그림 12-6〉 병조림 살균방법

다. 복숭아 넥타, 주스제조 방법

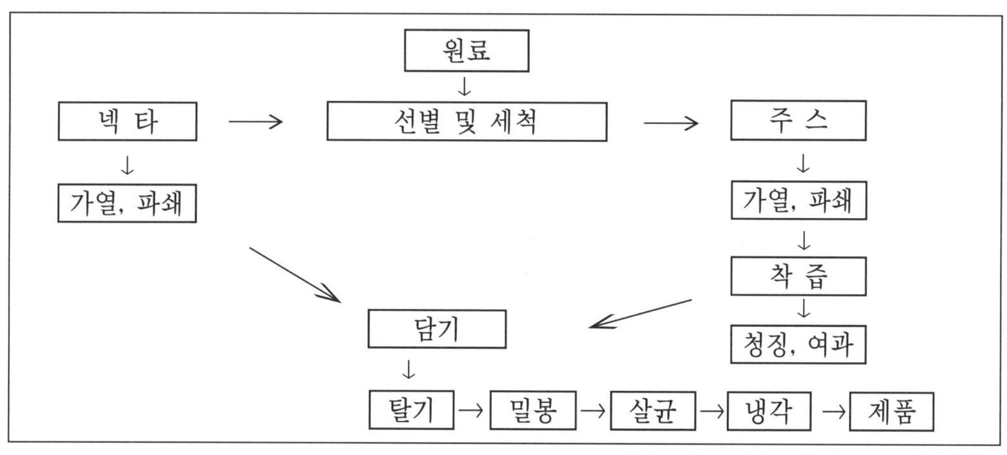

그림 12-7〉 넥타 및 주스제조 공정

1) 원료

넥타, 주스용 원료는 과실의 크기, 외관과 관계없이 신선하고 잘 익어 전분이 없고 당분이 많으며 산이 적당하여야 하나 우리나라에서 많이 재배되고 있는 백육계 품종으로 주스를 만들때에는 산미가 적은 것이 결점이므로 구연산을 0.3~0.5% 되게 첨가하여 주어야 한다.

황육계 복숭아는 숙기에 따라 산과 향기가 다르므로 가공품으로 적당한 숙도는 완숙보다 1~2일 앞당겨 수확하여 2일간 후숙한 후 제조하는 것이 좋다.

2) 선별, 세척, 제핵 및 제피

손상된 과실은 환부를 제거하고 미숙과는 따로 선별하여 후숙시킨 후 넥타나 주스용으로 사용한다.

과피에 흙, 먼지, 곰팡이, 효모 등이 붙어 있으면 가공시 살균효과가 떨어지는 등 품질에 나쁜 영향을 미치므로 세척을 하여야 하며 제핵 및 제피 방법은 복숭아 병조림 제조시와 같다.

3) 가열 및 파쇄

제핵 및 박피된 복숭아를 찜통이나 솥에 물을 소량 넣고 복숭아가 허물허물하게 가열한 후 믹서나 파쇄기로 미립자가 되도록 파쇄한다.

4) 착즙

세척된 복숭아 과육의 조직은 비교적 단단한 편이므로 파쇄기를 사용한다. 대규모로 만들 때는 햄머식 파쇄기 등을 사용하여 파쇄한 후 착즙기를 이용하여 착즙한다.

그러나 일반 가정에서 파쇄기 및 압착기가 없을 경우 칼을 이용하여 껍질을 벗긴 후 씨를 제거하고 잘게 썰어 믹서 등으로 파쇄한 후 착즙하는데 착즙방법은 면포나 망사 등을 이용하여 착즙한다.

그림 12-8〉 소형 파쇄기

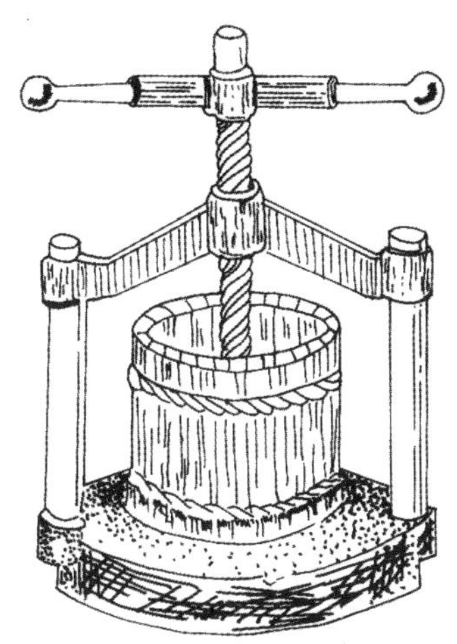

그림 12-9〉 가정용 과즙압착기

5) 청징 및 여과

투명과즙을 만들 때 추출한 과즙을 여과만 하여서는 혼탁한데 이는 과즙 속에 펙틴질 또는 미세한 과육이 교질상태로 떠 있기 때문이다.

일반 가정에서는 착즙된 주스를 스테인레스통 등을 이용하여 65~70℃에서 10~15분간 가열한 후 큰병에 담아 냉장고에 넣어 2일 동안 놓아두면 병밑에 침전물이 생기게 된다. 이 때 침전물을 제거하고 여과한 후 투명한 과즙만 분리시켜 투명한 주스를 만든다. 근년 들어 불투명한 주스나 넥타의 수요가 증가되므로 청징조작을 하지 않고 착즙 직후 불투명주스를 만드는 방법과 착즙을 하지 않고 과육을 포함한 넥타를 제조하는 방법이 있으며(그림 12-7) 일반 가정에서는 이들 방법이 간편하다. 주스와 넥타는 열처리와 동시에 용기(병조림병)에 담아 가밀봉 후 탈기를 할 경우 갈변이 방지된다.

6) 탈기 및 밀봉

여과한 과즙은 공기를 함유하고 있다. 1 l 중에는 33~35㎖의 공기가 들어 있는데 이중 산소가 2.4~2.7㎖ 정도 들어 있어 과즙의 부패, 변질 등을 일으켜 과실주스의 품질을 나쁘게 한다.

따라서 이들 산소를 함유하는 공기를 제거하면 다음과 같은 효과가 있다.

① 주스 중의 휘발성 향기성분과 지질 및 기타 유용성분을 변화시켜서 풍미를 나쁘게 하는 영향을 적게 한다.

② 빛깔의 변화를 적게 한다.

③ 미생물 특히 호기성균의 번식을 억제할 수 있다.

④ 제품 중의 펄프 등의 현탁물질이 위쪽으로 떠올라 외관을 나쁘게 하는 것을 방지한다.

따라서 탈기 및 밀봉방법은 복숭아 병조림 제조방법과 같은 방법으로 실시한다.

7) 살균 및 냉각

밀봉된 복숭아 과실주스에는 많은 미생물이 들어 있으므로 살균을 하며 과실주스의 풍미 및 빛깔을 손상시키지 않고 미생물만을 죽이거나 그 활동을 정지시킬 정도의 온도로 가열하여 살균한다. 넥타 및 주스의 살균 및 냉각방법은 복숭아 병조림 제조방법과 같이 실시한다.

라. 잼 및 젤리 제조방법

1) 잼 및 젤리의 정의

잼은 과피 및 씨를 제거하고 과육을 파쇄하여 적당량의 설탕을 첨가하여 끓여 농축한 것이다. 즉 과즙만을 사용하여 만드는 것이 아니고 과즙과 과육을 혼합한 것이 잼이다.

젤리는 과실을 파쇄한 후 착즙하여 과즙을 청징시킨 주스에 설탕을 가하여 농축시킨 것으로 젤리는 투명하고 광택과 향기가 있으며 단면이 윤기가 난다.

2) 젤리의 응고 현상

젤리의 교질화에는 펙틴, 산 및 당 등 3가지 성분이 필요하다. 따라서 세 가지 성분간에는 양적인 관계가 필요하며 이 양적인 관계가 성립되면 끓이지 않아도 젤리는 자연적으로 응고된다.

일반적으로 펙틴이 적당한 경우에는 산이 많으면 설탕의 양이 적어도 젤리화되고 산이 적은 경우에는 첨가하는 설탕의 양이 많아도 젤리화되지 않는다.

또 산이 적당한 경우에는 펙틴의 양이 많으면 설탕이 적어도 젤리화는 되지만 펙틴이 어느 한계 이하에서는 아무리 많은 설탕을 가하여도 젤리화가 되지 않는다. 따라서 펙틴과 당, 산의 양에 의하여 젤리화된다.

가) 펙틴

펙틴은 다당류의 일종으로 과실 내에서는 그 모체인 프로토펙틴으로 생성된다.

즉 과실이 미숙할 때는 프로토펙틴이라고 하는 물에 불용성인 것이 형성되지만 성숙함에 따라 효소의 작용을 받아 가용성 펙틴이 되어 과실은 점차 연화하는 것이다. 과실이 과숙하면 펙틴은 다시 분해하여 펙틴산이 된다.

젤리응고에 직접 관여하는 것은 펙틴으로 당, 산의 농도가 적당하면 펙틴은 대체로 0.2% 전후에서 젤리화가 되기 시작하고 0.5% 내외에서는 완전히 젤리화된다.

나) 산(酸)

산은 젤리화에 직접적인 관계를 할 뿐만 아니라 맛에도 큰 영향을 주며 실제 젤리화를 결정하는 것은 산의 종류나 농도가 아니고 pH이다. 산도가 높으면 당이나 펙틴의 양이 많아도 응고하지 않는다. 젤리화에 가장 적당한 pH는 3.2~3.9 정도이다.

다) 당(糖)

당분은 어느 과실이나 존재하지만 과즙 중에 존재하는 당분만으로는 젤리 본래의 맛을 나타낼 수는 없다. 따라서 설탕을 첨가하여야 하며 설탕을 너무 많이 첨가하면 품질이 저하된다. 젤리의 당 농도는 60% 이하에서는 젤리의 질이 떨어지므로 젤리에 적당한 당 농도는 62~65°Bx가 적량이다.

3) 잼, 젤리의 제조방법

잼은 과육을 포함하며 젤리는 착즙 후 청징시켜 투명한 과즙을 이용한다.

원료→가당→ 세척→ 파쇄→ 가열→ 착즙→ 청징 → 졸이기→ 담기→ 밀봉→ 살균→ 제품

그림 12-10〉 잼, 젤리 제조공정

가) 세척, 가열, 착즙, 청징은 주스제조 공정과 같다.

나) 가당, 졸이기

가당량은 과육이나 과즙량의 80%를 가당 가열하여 졸인다. 이 때 가열하는 시간이 너무 길면 설탕이 카라멜화 및 변색이 되어 젤리의 풍미와 빛깔이 나쁘게 될 뿐 아니라 펙틴이 분해하여 젤리화는 적어시므로 대체로 15~20분내로 완성되도록 한다. 가열하는 동안에 과즙 중의 단백질 등이 응고하여 표면에 떠오르므로 이것을 건져낸다. 그리고 거품이 날때는 소량의 유지 등을 첨가하는 수가 있다. 졸이는 것을 끝마치는 점을 농축점이라 하는데 이것은 다음과 같은 여러가지 방법을 써서 결정한다.

① 스푼법

가당하여 졸이는 정도는 숟가락 또는 국자로 졸인 액을 떠서 이것을 솥에 흘러내리게 하여 그 상태를 보아 결정하는 방법이다.

액이 묽은 시럽상태가 다 떨어지는 것은 불충분한 것이고 그릇에 일부가 붙어 얇게 퍼지고 끝이 끊어져 떨어지게 되면 적당하게 된 것이다.

② 컵법

졸이는 동안 소량의 액을 떠서 찬물을 넣은 컵속에 소량씩 액을 떨어뜨렸을 때 컵의 밑바닥까지 굳은 채로 떨어지게 되면 적당하고 도중에서 흩어지면 아직 덜 졸인 것이므로 더 졸여야 한다.

③ 온도에 의한 방법

졸이는 액이 젤리점에 이르면 그것이 끓는 온도가 물이 끓는 온도보다 4~5℃ 높은 것을 이용하는 방법인데 끓는 과즙에 온도계를 꽂아 그 온도가 104~105℃(220~221°F)가 되었을 때를 젤리점으로 하는 것이다.

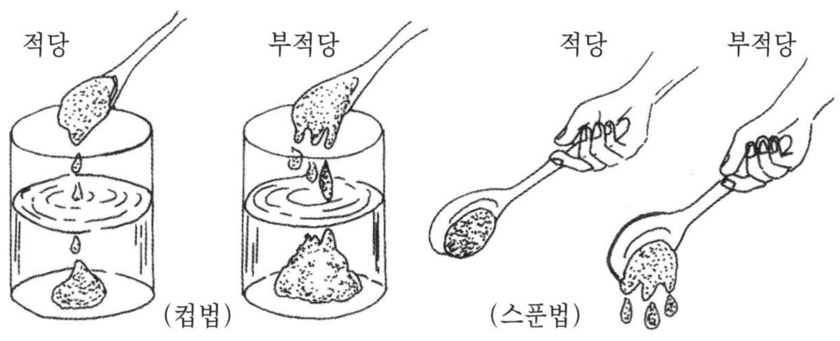

그림 12-11〉 젤리점의 판정

3) 담기, 밀봉, 살균

가당하여 졸여서 농축을 끝마치는데 이것을 식기 전에 미리 잘 씻어 살균한 용기에 거품이 안 나도록 주의하여 담아 밀봉하면 가열 살균하지 않아도 잼, 젤리제품 자체가 저장성이 높아 그대로 저장한다.

그러나 안전을 기하기 위하여 80~90℃에서 15~20분간 살균하면 더욱 안전하게 저장되어 좋다. 병조림병 용기로 유리병을 사용할 시는 파손에 주의하여야 한다.

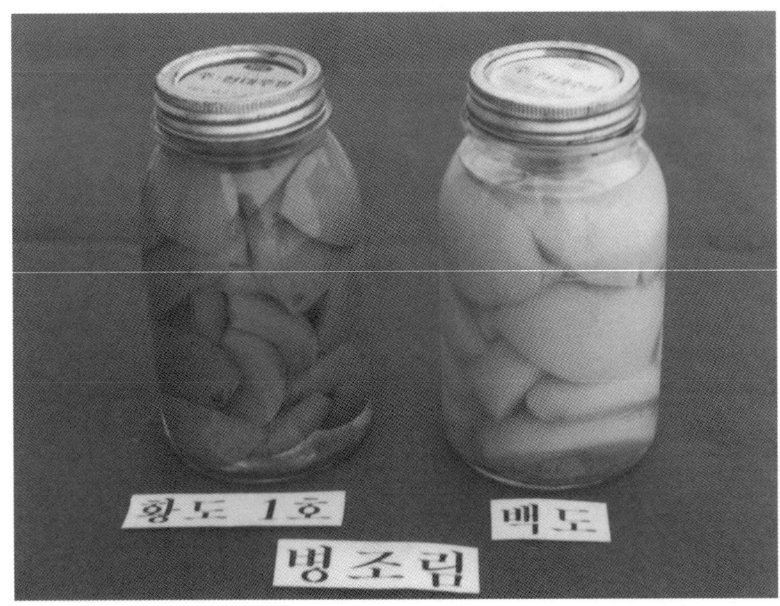

복숭아 병조림

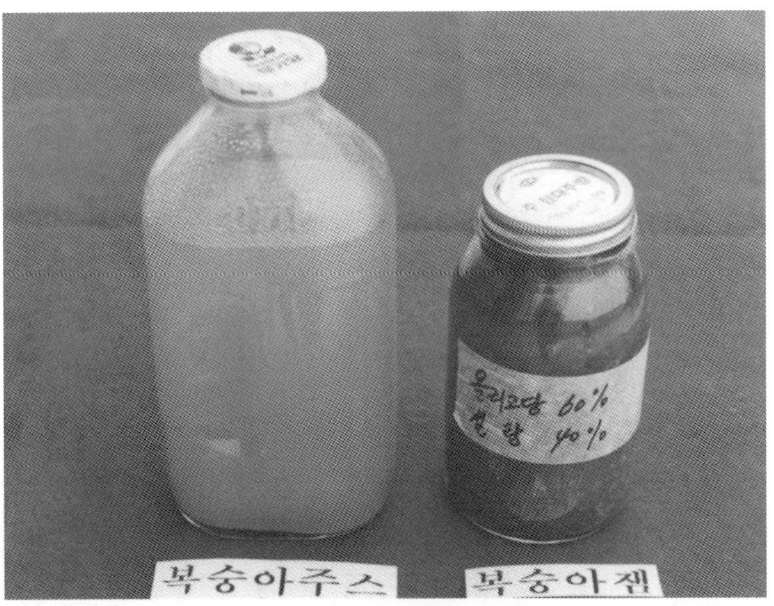

복숭아 주스 및 복숭아 잼

13장 생리장해와 기상재해

13장 생리장해와 기상재해

1. 생리장해

가. 핵할(核割)

1) 증상

① 핵할이란 과실의 발육도중에 씨를 둘러싸고 있는 딱딱한 층인 내과피(핵:核)가 쪼개지는 현상으로 피해과실은 복숭아의 외관과 품질이 저하된다. 조생종이 중, 만생종에 비하여 발생이 많다.

② 발생시기는 과실의 생육초기와 핵이 단단해지는 경핵기(硬核期)로 2차례 발생하게 되는데 과실생육초기의 핵할은 만개후 20~40일경까지 나타나며 핵할의 위치는 주공부(珠孔部)의 상방 또는 하방의 부분이 봉합선에 대하여 평행 또는 직각으로 갈라지고 과실이 발육함에 따라 이 균열은 중과피의 내부까지 이어지지만 이 시기의 핵(核)은 목화(木化)하지 않았기 때문에 점차 유합되어 정상화된다.

③ 경핵기 중의 핵할은 품종에 따라 다소 차이가 있으나 보통 6월 상순~하순에 발생한다. 과실 생육초기의 핵할과 경핵기 중의 핵할은 연관되어 발생하는 경우가 많아 생육초기의 핵할이 경핵기의 핵할발생의 계기가 되고 있다.

2) 발생원인

① 발생원인을 살펴보면 과실생육초기의 핵할은 발생시기가 과실비대기 제1기에 해당하며 동시에 적과(摘果)시기이기 때문에 과실로의 양·수분의 이동이 급격하게 변하기 쉬워 핵할현상이 일어난다고 보고 있다. 경핵기 중의 핵할은 핵층(核層)의 경도(硬度)가 급격하게 증가되어

수분이 빠져나가기 때문에 용적이 수축되어 구조적으로 균열에 대하여 불안정한 상태에서 발생한다.

② 핵할의 발생정도는 해에 따라 차이가 있으며, 과실비대가 촉진되는 해일수록 심하다.

③ 경핵기 이전의 기온은 핵할과 밀접한 관계가 있는데 저온일수록 핵할이 심하고 고온일수록 적게 발생한다.

④ 경핵기 중의 핵할은 낙과를 유발시키기도 하며 핵할된 과일은 종경(從徑)에 비하여 횡경(横徑)의 조직의 이상발육을 나타낸다.

3) 방지대책

① 핵할은 과실비대에 호조건인 해에 발생이 많고, 과실의 비대속도가 빠를 때에 많이 발생하므로 과실 중에 탄수화물과 같은 양분이나 수분이 과도하게 공급되지 않도록 수세관리나 시비 및 수분관리에 주안점을 둔다.

② 큰 과실일수록 핵할이 심하므로 적과를 너무 많이 하지 않도록 한다.

③ 비료를 많이 주거나 과도하고 급격한 관수를 삼가는 것이 좋다.

나. 열과(裂果)

1) 증 상

① 복숭아 수확기에 근접하여 과정부(果頂部)에 봉합선 방향으로 과피가 갈라지는데 일반적으로 한 방향으로 열과되지만 심한 경우에는 2~4 방향으로 열과되기도 한다.

② 품종에 따라 창방조생, 백봉, 애지백도, 중진백도, 암킹, 수봉 등에서 발생이 많은 편이다.

2) 발생원인

① 봉지재배보다는 무봉지재배시 발생이 심하다.

② 성숙기 직전까지 건조한 기상이 계속되어 토양수분이 부족하게 되어 과실비대가 억제되다가 일시에 많은 비가 오면 다량의 수분이 흡수되어 과육의 팽압이 높아지면서 과피가 갈라진다.

3) 방지대책

① 열과가 심한 품종은 봉지재배를 한다.

② 성숙기에 근접하여 토양이 건조하면 볏짚, 보리짚 또는 풀을 베어 수관하부에 멀칭하고 관수해 준다.

③ 밑거름 시용시 깊이 갈고 퇴비와 석회를 충분히 시용하여 뿌리가 깊고 넓게 분포하도록 한다.

다. 일소현상

1) 증 상

① 일소현상이란 여름철 건조기에 직사광선에 노출된 주간이나 주지의 수피(樹皮) 조직, 과실, 잎에 이상이 생기는 고온장해(高溫障害)를 말한다. 경우에 따라서는 겨울철 추운지역에서 밤에 동결되었던 조직이 낮에 직사광선에 의하여 나무의 온도가 급격하게 변함에 따라 주간이나 주지의 남쪽 수피부위에 피해를 주는 현상도 일소에 포함시키기도 한다.

② 복숭아 무대재배(無袋栽培)시 착색이 짙은 품종의 경우 간혹 문제가 되고 있으나 잎에서 발생하는 엽소현상은 발생빈도가 매우 낮아 크게 문제가 되지 않는다.

③ 주간과 주지에 발생하는 일소현상은 일반적으로 복숭아를 포함한 핵과류(核果類), 감귤, 비파, 배, 사과 등 비교적 수피가 매끈한 과수에서

발생이 많다.

2) 발생원인

① 일소에 의한 피해는 몇년에 걸쳐 점진적으로 나타나는 경우와 단시일내에 급진적으로 나타나는 경우가 있다.

② 성목원에서 발생하는 일소현상은 보통 점진적으로 증상이 나타나는데 피해부위는 수피표면에 균열이 생기고 형성층이 고사하고 나중에는 수피가 목질부와 분리된다.

③ 피해부위는 수분증발이 심해지고 편심생장(偏心生長)을 보인다. 피해가 심해지면 나무가 쇠약해져 수명을 단축시킨다. 그늘진 곳에 있던 가지를 갑자기 햇빛에 노출시켰을 경우 모래땅에서 유목(幼木)의 지제부근(地際部近)이 과열된 경우에는 주간과 주지의 수피가 대상(帶狀)으로 함몰해서 균열이 일어나며 심하면 고사하게 된다. 이 경우는 과실에서 일어나는 일소현상과 마찬가지로 단시일내에 일어난다.

④ 복숭아원에서 일소에 의한 피해는 점진적으로 수년간 누적되어 발생하는 경우가 많고 급진적으로 발생하는 것은 적으나 직접적인 원인이 고온에 의한 장해이므로 나무의 온도가 높게 올라가는 7~9월에 증상발현이 많다.

⑤ 토양별로 보면 건조하기 쉬운 모래땅에서 발생빈도가 제일 높고 점질토양에서는 거의 발생되지 않는다. 또한 토심이 얕은 건조한 경사지나 지하수위가 높아 뿌리가 깊게 뻗지 못하는 곳에서 발생이 많다.

⑥ 일소의 발생은 수형(樹形)과도 관계가 있어 배상형(盃狀形)의 수형은 개심자연형(開心自然形)보다 일소의 발생이 많고 주지의 분지각도가 넓을수록 발생이 많다.

⑦ 가지의 굵기가 직경 5cm 이상인 가지에서 발생이 많고 가지의 방향이 동북동, 북향인 가지에 발생빈도가 높다. 일반적으로 수세가 약한 나무에서 발생이 많으며 유목에 비해서 수령이 많을수록 발생이 많다.

3) 방지대책

① 방지대책으로는 근본적으로 나무를 튼튼하게 키워야 하며 지간부(枝幹部)에 햇빛이 직접 닿지 않도록 잔가지를 붙여 해가림이 되도록 하고 그렇지 못한 경우에는 새끼를 감거나 백도제를 도포하여 직사광선을 피하도록 한다.

② 토양이 너무 건조하여 지온이 상승되지 않도록 부초를 하여 주거나 관수를 하여주어 수체의 수분흡수와 증산의 균형이 깨어지지 않도록 유의하여야 한다.

라. 수지병(樹脂病)

1) 증상

① 수지병이란 주지나 주간에서 수지가 분비되는 것을 말하는데 처음에는 투명한 젤리 모양의 수지가 분비되어 이것이 차츰 진한 갈색으로 되고 나중에는 굳어져 흑갈색으로 된다. 5~6월부터 발생하기 시작하여 7~8월의 여름철에 가장 발생이 많다.

2) 발생원인

① 일반적으로 수세가 약한 나무에 발생이 많고 토양조건을 보면 배수가 불량하거나 매우 건조한 땅에서 발생이 많다.

② 여름철 고온기에 직사광선이 수피조직에 장시간 내리쪼일때 조직의 부분괴사와 함께 에틸렌 가스가 다량으로 발생되면서 수지가 발생된다.

③ 장마철 과원이 침수되거나 배수가 극히 불량한 나무의 경우 뿌리의 혐기호흡에 의해 에틸렌, 알데하이드 등이 다량 생성됨으로써 수지발생을 촉진시킨다.

3) 방지대책

① 방지대책은 수지병의 원인을 만들지 않도록 하고 재배관리를 합리적으로 하여 나무세력을 튼튼히 하며 피해염려가 있을 때에는 봄에 진한 석회액을 줄기에 발라 보호해 주며 피해부위는 깎아내고 발코트 등을 발라 준다.

그림 13-1〉 수지병

마. 이상편숙과현상(異常偏熟果現象)

1) 증상

① 초기에는 복숭아 봉합선(縫合線)의 상단부위가 일찍 붉게 착색되며 이 착색부위는 증상이 진전됨에 따라 건전부위보다 일찍 성숙하여 연화(軟化)되고 때로는 급속히 비대 생장하여 혹처럼 튀어나오기도 한다.

② 이러한 현상은 대체로 수확 2~4주전부터 나타나는데 건전부위가 성

숙될 무렵에는 봉합선 부위는 과숙되어 열과되거나 부패하여 상품성이 없는 과실이 되고 만다.

③ 이상편숙과가 발생되는 복숭아원의 잎은 미량요소 결핍시 나타나기 쉬운 황화현상(黃化現象)이 나타나고 때로는 잎의 가장자리나 끝이 말라 죽기도 한다. 또한 이 현상은 나무에 부분적으로 나타나는 것이 아니라 일반적으로 복숭아원 전체에 발생되므로 심한 피해를 주게 된다.

④ 품종에 따라 중, 만생종인 대구보나 백도보다는 조생종인 창방조생에서 발생이 많다.

2) 발생원인

① 발생원인은 수체내 특히 과실 봉합선 부위에 불소(弗素)의 이상축적에 의해서 과실의 성숙과 밀접한 관계가 있는 에틸렌가스의 발생량이 증가됨으로써 발생된다.

② 식물생장조절제인 오옥신계통의 2.4-D나 2.4-DP를 과실에 살포하거나 성숙촉진제인 에스렐을 살포해도 유사한 증상이 나타난다.

그림 13-2〉 이상편숙과 현상

3) 방지대책

① 방지대책은 염화칼슘 1%액을 경핵기에 10~20일 간격으로 3회 정도 엽면살포하여 효과를 얻을 수 있는데 이는 식물체내의 불소가 엽면살포에 의해 흡수된 Ca와 결합하여 대부분이 불용화(不溶化)하여 유효태 불소함량이 낮아지므로써 이상편숙과 발생이 감소된다.

바. 붕소 결핍

1) 증상

① 붕소가 결핍되면 생육초기에는 발아가 늦어지고 발아된 잎은 작고 가늘고 길며 엽맥과 엽맥사이가 황화(黃化)된다.
② 증상이 뚜렷한 경우에는 신초의 선단이 발아하지 않은 채 고사한다.
③ 꽃봉오리는 개화하지 않은 채 떨어지고 개화된다 하더라도 결실되지 않는다.
④ 신초의 신장은 매우 불량하고 결과지에서 발생한 신초는 거의 신장하지 않고 주지와 부주지에 부정아가 발생한다.
⑤ 과실비대기의 결핍증상은 과실이 작고 기형이 되며 증상이 심한 경우에는 핵(核)주위에 있는 과육속의 섬유조직이 갈변하고 괴사(壞死)된다. 이때 잎에 나타나는 증상은 가벼워 성엽의 엽맥간에 유침상(油浸狀)의 황화현상이 나타나고 과실의 당도는 떨어진다.

2) 발생원인

① 붕소결핍은 토양조건 및 환경조건에 따라 좌우되는데 일반적으로 석회질토양, 산성토양, 모래질(砂質)토양 또는 자갈토양에서 결핍장해가 발생하기 쉽다.
② 유기물함량이 적으며 가뭄이 계속 될 때에는 붕소가 결핍되기 쉽다. 우리나라의 토양은 대부분 산성토양이기 때문에 가용성 붕소의 용탈

이 심하여 토양 붕소함량 자체가 적은 데다 토양의 붕소 유효도와 밀접한 관계가 있는 유기물함량이 적어 붕소결핍이 일어나기 쉬운 조건이다.

3) 방지대책

① 토양내 유효태 붕소함량을 높이기 위하여는 유기물의 충분한 공급과 더불어 붕사를 토양에 정기적으로 시용하여야 한다. 나무가 어릴때에는 한 나무당 붕사 20~30g을 나무 주위에 뿌려 주고 가볍게 긁어 주며 성목일 경우에는 10a당 3~4kg을 2~3년에 한번씩 시용하여 준다.
② 주의할 점은 석회비료와 함께 섞어서 사용하는 것은 붕사비료의 비효를 떨어뜨릴 위험이 있으므로 절대로 피한다.
③ 잎에 결핍증상이 나타났거나 가뭄이 계속되어 결핍증상이 유발될 우려가 있을 경우에는 붕산 또는 붕사 0.2~0.3%액(물 1말에 40~60g)을 2~3회 엽면 살포하여 준다.
④ 붕산이나 붕사는 찬물에 잘 녹지 않으므로 적은 물량으로 약간 데워서 완전히 녹인 후에 살포하여야만 약해를 받지 않는다.

사. 붕소과다

1) 증상

① 붕소비료의 과수에서의 중요성이 재배농가에 인식됨에 따라 최근에는 붕소비료의 과다시용에 의한 붕소과잉장해가 문제가 되고 있다. 우리나라 복숭아원에서 붕소과다 증상이 보고된 예는 거의 없지만 사과원에서는 많이 나타나고 있다.
② 피해증상을 요약해 보면 여름에 신초 중앙부위에 있는 잎이 뒤로 만곡되며 주맥(主脈)하부가 괴사하여 낙엽된다. 신초가 고사되며 줄기 특히 가지의 분기점에서 수액(樹液)이 분비되고 나중에 그 부분이 함

몰되며 괴사한다.
③ 과일은 기형이 되며 내부갈변현상이 나타난다.

2) 방지대책

① 과다증상이 나타나면 관수에 의한 토양내의 붕소를 용탈시켜야 하는데 실제적으로는 불가능하며 장마기에 강우에 의한 용탈에 의존하는 수 밖에 없고 당분간 붕소비료를 시용하지 않아야 한다.
② 휴면기에 석회를 충분히 시용한다.

아. 기지현상(忌地現象)

1) 증상

① 기지현상이란 한가지 작물을 오랫동안 재배하였던 땅에 다시 동일작물을 재배할 경우에 생육이 불량해지고 과실의 생산력이 떨어지며 심하면 나무가 고사하는 현상이다.
② 복숭아를 위시한 핵과류(核果類)가 다른 과수보다 개식에 의한 기지현상이 특히 문제가 되고 있다. 그래서 예전부터 복숭아원을 개식하고자 할 경우에는 기존 과원은 폐원시키고 새로운 땅에 개원하기 때문에 복숭아산지는 조금씩 이동되고 있다.

2) 발생원인

① 기지현상의 발생원인은 토양내에 독물질의 축적, 유해 미생물의 증가, 영양결핍, 토양의 물리성 불량 등 여러가지 요인이 관여하는 것으로 알려졌다.
② 독물질설은 식물체내에 있는 청산배당체(青酸配糖體)가 토양내에서 가수분해되어 생성되는 중간생성물인 시안화수소(HCN)가 뿌리에 장해를 주어 생육이 나빠지는 것이라고 주장하는 것이다. 청산배당

체는 잎, 줄기, 과실, 뿌리에는 프르나신(prunasin)이 존재하며 발육 중기의 종자에는 아미그다린(amygdalin)이 존재한다.

③ 복숭아 2년생 묘와 성목에서의 수체내 부위별 청산배당체의 함량을 비교하면, 성목의 뿌리와 2년생가지의 청산배당체의 함량이 현저하게 많아서 성목원을 어떤 원인에 의하여 개식하고자 할 때 토양내 잔존하는 뿌리, 종자 등에 의한 청산 배당체의 축적이 많아 장해를 더 많이 받게 된다.

표 13-1〉 복숭아의 수체내 청산배당체의 분포

부 위	청산배당체	시기별 청산배당체의 함량(mg/g F.W)		
		5월 23일	6월 6일	6월 20일
잎	프르나신	1.81	2.71	1.69
1년생지	프르나신	1.14	2.00	6.60
과 육	프르나신	0.98	0.15	0.19
종 자	프르나신	8.26	3.09	5.45
	아미그다린	-	-	0.31
뿌 리	프르나신	11.22	12.03	10.71

※품종 : 대구보

표 13-2〉 복숭아의 수체부위별 프르나신(prunasin)의 함량비교 (단위: mg/g. 건물중)

구 분	잎	1년생지	2년생지	뿌리
2년생묘	1.26	6.01	-	4.95
성 목	2.21	4.90	9.10	32.25

① 토양내의 선충(線蟲)의 밀도도 기지현상과 밀접한 관계가 있다.
표 13-3은 복숭아재배지 토양과 재배하지 않은 토양의 선충의 종류와 밀도를 나타낸 것인데 재배지 토양에서 선충의 밀도가 높음을 알 수 있다.

표 13-3〉 복숭아재배지 토양과 재배하지 않은 토양의 선충 밀도비교

(단위 : 마리수/200g 토양)

선충의 종류	재배지토양	무재배지토양
Paratylenchus	501	0
Pratylenchus	127	0
Xiphinema	44	0
Tylenchorhynchus	174	0
Tylenchus	24	50
Meloidogyne	39	0
Rotylenchus	32	0
계	941	50

※조사시기, 조사방법, 피해정도에 대한 정보가 반드시 필요함

① 선충이 복숭아의 뿌리에 침입하면 뿌리에 기생해서 식해(食害)를 할 뿐만 아니라 청산배당체의 분해효소인 에멀신(emulsin)을 가지고 있어 청산배당체를 분해하여 중간생성물인 시안화수소 등의 독물질을 발생시키고 이로 인하여 뿌리의 기능을 저하시키는 것으로 알려져 있다.

② 복숭아는 뿌리의 산소요구도가 높아 내수성(耐水性)이 약한 과수이다. 만일 배수가 불량하여 뿌리의 호흡이 억제되면 뿌리에서 시안화수소가 발생될 수 있다. 즉 새로 심은 복숭아나무의 뿌리는 먼저 복숭아나무가 심겨졌던 자리에 남은 잔존물에서 나온 독극물에 의하여 호흡을 저해받을 수도 있으나 토양조건이 혐기적인 상태에서 새로 심은 나무뿌리 자체에서도 유독물질이 발생될 수도 있다.

③ 그 밖에 복숭아나무가 장기간 재배되어 토양내의 영양분이 모두 소모되어서 새로 심은 나무가 영양결핍으로 기지현상을 나타낼 수 있다.

3) 방지대책

① 개식(改植)을 할 때에 기지현상을 방지하기 위하여는 우선 청산배당체가 함유되어 있는 종자, 뿌리, 가지 등 먼저 심겨져 있던 나무의 잔존물을 철저히 제거한다.

② 토양내 선충을 제거하기 위해서는 토양 훈증제(메칠브로마이드, 클로로피크린 등)를 재식 2~3주전에 재식할 구덩이를 중심으로 하여 사방 30cm 부위에 3~4㎖씩 관주기로 주입하여 주면 효과적이다.
③ 배수를 양호하게 하여 뿌리가 호흡하는데 지장이 없도록 하여준다.
④ 개식시에는 충분한 유기물과 석회를 시용하여 토양을 중화시켜 토양내 무기성분의 유효도를 증진시킨다.
⑤ 기지현상은 복합적인 요인에 의한 것이기 때문에 실제로 나무를 새로 심을 때에는 어느 한 요인만을 제거시킬 것이 아니라 모든 발병의 요인을 제거해야 한다.

자. 수확전 낙과

1) 증상

① 복숭아 수확 10~15일 전에 낙과하여 큰 피해를 준다.
② 품종에 따라 유명은 수확전 낙과가 심하고 백도, 대구보 등은 낙과가 경미하다.
③ 지역에 따라 남부지방일수록 수확전 낙과가 심하고 중북부지방은 비교적 적은 경향이다.
④ 성숙기 직전에서부터 수확기까지의 기상상태가 고온건조한 해일수록 낙과가 심하다.

2) 발생원인

① 유명품종의 열매꼭지길이(9.5mm) 및 열매꼭지굵기(Φ3.2mm)는 타품종과 비슷하지만 경와부(열매꼭지가 달린 과실의 움푹 들어간 부위)의 비대가 활발하여 만개후 96일(8월 4일)경에는 열매꼭지길이와 경와깊이가 같아지게 되며, 그 이후 계속된 경와부의 비대로 인하여 열매꼭지 부위의 물리적 인장(引張)압박을 받게됨으로써 수확전 낙과

가 발생된다.

② 성숙기의 기온이 높을수록 열매꼭지 부위의 에틸렌 발생량이 증가하고, 탈리층 형성을 촉진하는 셀룰라제(cellulase)와 폴리갈락튜로나제(polygalacturonase)의 활성도가 높아짐으로써 수확전 낙과율이 급격히 증가된다.

표 13-4〉 성숙기 복숭아 유명품종에 있어서 기온상승에 따른 낙과율과 과경부의 생화학적 특성변화

성숙기 기온	낙과율 (%)	에틸렌발생량 (μg/g/일)	셀룰라제 (unit)	폴리갈락튜로나제 (unit)
20℃	12	2.5	0.7	2.9
25℃	35	4.4	1.1	4.5
30℃	57	14.5	4.7	11.1
35℃	91	29.9	7.4	17.3

3) 방지대책

① 과경부의 물리적 압박을 경감시키기 위하여 결과지 선단부에 착과시킨다.

② 결과지 기부에 결실된 과실은 낙과가 많으므로 모두 솎아준다.

③ 토양이 지나치게 건조하거나 장마철 배수불량으로 잔뿌리가 썩게 되면 수체의 에틸렌 발생량이 증가되어 낙과가 심해지므로 한발시에는 관수해 주고, 장마철에는 배수가 잘 되도록 한다.

④ 밑거름 시용시 심경+퇴비+석회시용을 철저히 하여 뿌리가 깊고 넓게 발달하도록 한다.

차. 쌍자과

1) 증상

① 낙화후 1개의 꽃으로부터 2개의 종자가 동시에 발달하므로써 과실발

육 도중 생리적 낙과를 유발시키기도 하고 과실발육 초기부터 하나의 과실로 발달하지 않고 쌍으로 복숭아가 붙어 발육하여 기형과가 되는 것을 쌍자과라 한다.

② 복숭아 만개후 30일경까지 실시하는 예비적과 작업을 하다보면 과실이 쌍으로 붙어있는 경우를 쉽게 관찰할 수 있으나 어떤 경우는 외관상으로 잘 나타나지 않아 구별이 매우 어려운 경우가 있다. 그러므로 후자의 경우는 과실의 횡경이 약간 크고 둥근 모양을 하고 있으므로 세심히 눈여겨 보아야 발견할 수 있다.

그림 13-3〉 쌍자과

2) 발생원인

① 복숭아꽃의 씨방안에는 2개의 배주가 있는데 그 중 한 개는 퇴화되고 최종에는 씨가 하나만 발달되어 과실이 크는 것이 보통이다.

② 그러나 어떤 원인에 의해서 2개의 배가 모두 자라면 쌍자과로 발달하게 되는데 그 발생원인은 아직 분명치 않고 해에 따라서 그 발생정도

가 차이를 보이고 있는 것으로 보아 수체의 영양조건과 개화 기간 중의 기상조건 등이 배의 발달과 관계가 있는 것으로 보여진다.

③ 쌍자과의 발생은 품종에 따라 차이가 나타나며 털없는 복숭아인 환타지아, 플레이버탑(Flavortop) 등과 같은 넥타린 계통에서 많이 나타난다.

④ 쌍자과는 일반 과실에 비해 조기낙과가 늦게까지 일어나며 보통 6월 중~하순의 일조부족과도 관계가 있다.

3) 방지대책

① 정확한 발생원인은 불분명하나 적과할 때 모양을 보고 대체로 길쭉한 과실을 남기며 둥근 모양의 것은 적과한다.

② 비료를 너무 많이 주거나 강전정하지 않도록 하는 것이 중요하다.

카. 과실 내부갈변

1) 증상

① 복숭아의 성숙과에서 핵 주위의 과육이나 혹은 과피에서 그다지 멀지 않은 부분이 불규칙적으로 멍든 모양으로 갈변되어 상품성을 크게 떨어뜨리는 증상이다.

2) 발생원인

① 복숭아 유명품종에서 수확시기를 지나치게 늦추었을 경우나 강우가 적은 해에 주로 나타나는 증상으로 해에 따라 그 발생정도가 다른 것으로 보아 기상과 관계가 있는 것으로 보여진다.

② 주로 과실 성숙기인 6월과 8월 사이의 기상이 중요하며 이때의 강수량이 400mm 이하이고, 강수일수는 30회 이하, 최고기온 평균이 30℃ 이상의 날수가 많고 일조시수는 반대로 680시간이상의 기상조건이 영

향을 미치며 이러한 조건은 오히려 과실의 내부갈변현상 보다는 과육이 수분을 다소 잃고 마치 바람이 든 것과 같은 증상을 나타내는 경우가 더 많다고 한다.

3) 방지대책

① 유명품종은 육질의 연화가 안 되는 품종으로 수확시기를 너무 늦추면 과실내 여러 생리장해증상이 발생되기 쉬우므로 적기에 수확하도록 해야한다.

② 성숙기 한발장해를 받지 않도록 과원의 수분관리를 철저히 해준다.

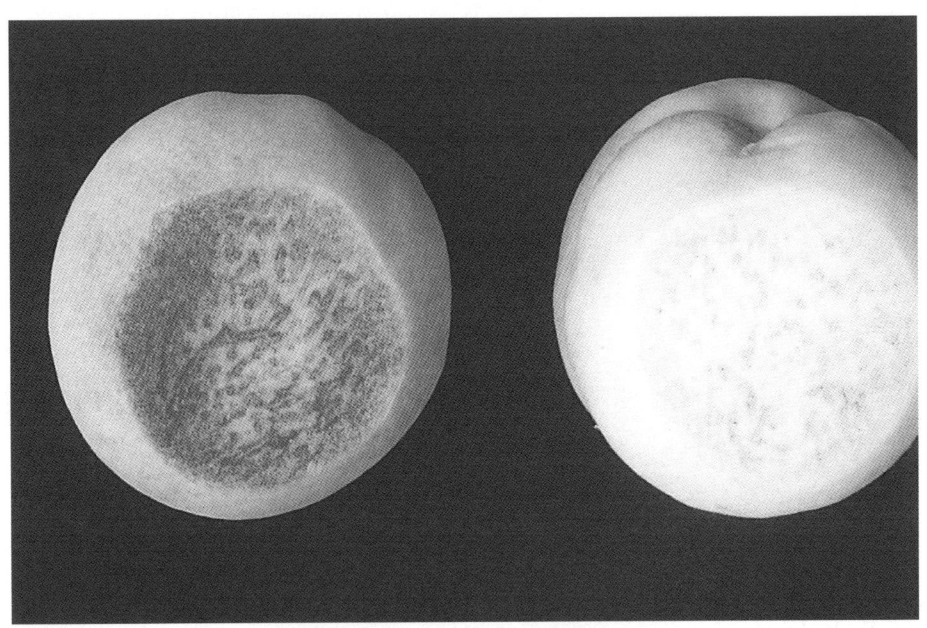

그림 13-4〉 내부 갈변과

표 13-5> 복숭아 과실 내부갈변현상의 발생지역 기상조건 (1998 원예연)

구분	발생조건	영동	영천	김천
		'94	'94	'97
강수량	400mm이하	○	○	
강수일수	30회 이하	○	○	○
최고기온 평균	30℃ 이상	○	○	○
최고기온 30℃이상일수	56회 이상	○	○	○
일조시수	680시간 이상	○	○	

2. 기상재해

기상재해의 종류에는 생육적온 범위를 벗어나는 온도에 원인이 있는 저온과 고온의 해, 수분과 관계가 있는 수해, 한해(가뭄), 우박피해, 설해, 큰 강, 큰댐이나 바닷가에 인접한 지역에서의 안개의 해, 지나친 풍속에 의한 강풍의 해 등이 있다.

가. 안개

짙은 안개는 햇볕을 차단하고, 지온을 낮게 하며, 공기를 과습하게 하여 작물에 해롭다. 바다안개가 심한 지대에서는 바람이 불어오는 방향에 방무림을 설치하는 것이 좋다. 잎이 잘 나부끼는 나무가 안개를 헤치는 효과가 크다고 하며, 오리나무, 참나무 등이 알맞으나, 전나무, 낙엽송 등도 심는다.

나. 눈

눈이 심하게 오면 가지가 찢어지는 등의 기계적인 장해를 일으킨다. 적설이 심한 곳에서는 동계전정을 하여 불필요한 긴 가지를 잘라주도록 한다. 눈이 녹는 시기에는 배수가 잘 되도록 할 필요가 있다.

다. 우박

우박은 대체로 국지적으로 오나 심하게 작물을 손상시킨다. 그리고, 생리적·병리적 장해를 그 후 작용으로 유발한다. 우박을 미리 예측해서 사전에 수확을 하거나, 방조망을 설치하므로써 어느 정도 피해를 감소시킬 수 있다. 우박 뒤에는 약제를 살포해서 병해의 발생을 막고, 또 비배관리를 잘해서 건실한 생육을 꾀하도록 한다.

1) 우박발생 기구

최근 이상기상의 도래가 빈번함에 따라 서리뿐만 아니라 우박의 피해도 자주 발생하는데, 우박의 발생은 산간지대를 관통하는 협곡지역에서 주로 발생한다. 개화기에 발생하는 우박은 표 13-6에서 보는 바와 같이 과총이나 과경이 절단되어 착과율에 크게 영향을 미쳐 착과수가 적어 과실의 크기가 큰 반면 수량이 크게 적었으며, 잎이 파열되어 광합성을 할 수 있는 엽면적의 감소를 초래하여 수체내 저장양분의 감소를 초래하여 수체에 커다란 부담으로 작용한다(홍 등, 1989).

또한 1986년 10월 12일 나주, 1998년 남양주 등에서 발생한 우박은 수확을 앞둔 과실에 큰 피해를 주어 피해가 심한 과원에서는 상품성있는 과실 수확이 거의 힘든 실정이었고, 잎에도 커다란 피해를 주었다.

표 13-6〉 배 품종별 피해양상

피해도	대 상 품 종	우박피해율(%)			착과율	기형과율	평균과중	수 량
		과총절단	과경절단	잎파열도	(%)	(%)	(g)	(kg/10 a)
심	금촌추	87.2	97.2	90.6	2.5	51.7	752	448
	만삼길	91.6	97.7	84.0	2.3	56.7	832	422
중	금촌추	0	56.4	86.0	15.2	24.2	573	3,557
	만삼길	0	52.9	77.6	36.0	28.4	602	4,662
경미	금촌추	0	52.9	25.5	86.1	3.4	487	5,695
	만삼길	0	15.3	18.1	90.6	5.9	552	6,224

2) 우박방제의 실제

가) 망에 의한 우박피해방지

① 우박피해 방지효과

網目의 크기가 1.25mm인 비닐론제 한냉사 F-3000을 이용하면 과실, 엽, 가지에 전혀 피해가 없어 우박피해를 완전히 방지할 수 있으며, 9mm 폴리에틸렌 락셀네트는 과실에 약간 스치는 상처가 나는데, 이 상처는 수확시에는 완전히 회복되기 때문에 문제가 되지 않는다. 망을 피복하면 우박의 피해가 완전히 방지되고 조류나 흡충류, 노린재피해를 막을 수 있고, 수확기 근처의 태풍에 의한 낙과를 방지할 수 있다.

표 13-7〉 망피복에 의한 우박방지 효과

망종류	과실 피해정도별 분포율(%)				엽의 피해			가지의 피해	
	심	중	경	무	낙엽율 (%)	파엽율 (%)	파 엽 정 도	발육지 상 해	큰가지 상 해
한냉사	0	0	0	100	0	0	무	무	무
락셀네트	0	0	16.8	83.2	0	0	무	무	무
무처리구	55.6	37.8	6.7	0.1	15	95	중	중	경

② 망피복이 수체 및 과실에 미치는 영향

망을 씌우면 확실히 우박을 방지할 수 있지만, 망에 의한 차광이 수체에 영향을 미친다. 즉, 액화아의 형성은 10% 정도만 차광되더라도 영향을 받으며 차광정도가 강할수록 액화아의 형성이 불량해지고, 신초의 크기도 30% 이상 차광되면 가늘어지고, 과실의 크기는 40% 이상 차광되는 경우 영향을 받는다. 20% 정도 차광되는 망을 5년간 사용한 경우, 화아형성 및 과실비대가 불량해지며, 과실의 품질이 저하되는 문제가 야기되기도 하였다.

나) 우박피해후 사후대책

① 우박 피해정도의 분류기준

우박피해를 받게 되면 피해정도에 따라 적절히 사후대책을 마련하는 것이 중요하다. 그림 13-5와 표 13-8에서 보는 바와 같이 배의 경우 발육지의 낙엽률 및 파엽률에 가지의 열상정도를 가미하여 결정하는데, 우박 직후에는 피해를 과대평가하기 때문에 2～3일 경과후에 잎의 탈락여부에 따라 결정한다.

② 적과

우박피해후 가장 문제가 되는 것이 적과이다. 우박피해를 받은 경우 적과정도는 피해시기와 정도에 따라 적과량을 다르게 해야 하는데, 배의 경우 낙화직후부터 5월 중순까지 피해가 매우 심한 경우 50～60%, 심한 경우 20～30%, 중간 정도인 경우 10% 줄여 착과시키고, 가벼운 경우에는 정상적으로 착과시키는 것을 원칙으로 하는데, 복숭아도 이에 준하여 적과를 실시하는 것이 합리적이라 판단된다. 따라서 5월 하순부터 7월까지 우박피해를 받은 경우에는 극심한 경우에는 전부 적과를 하고, 심한 경우 30～50%, 중간 정도인 경우 10% 줄여 착과시키고, 가벼운 경우 정상적인 착과를 시킨다.

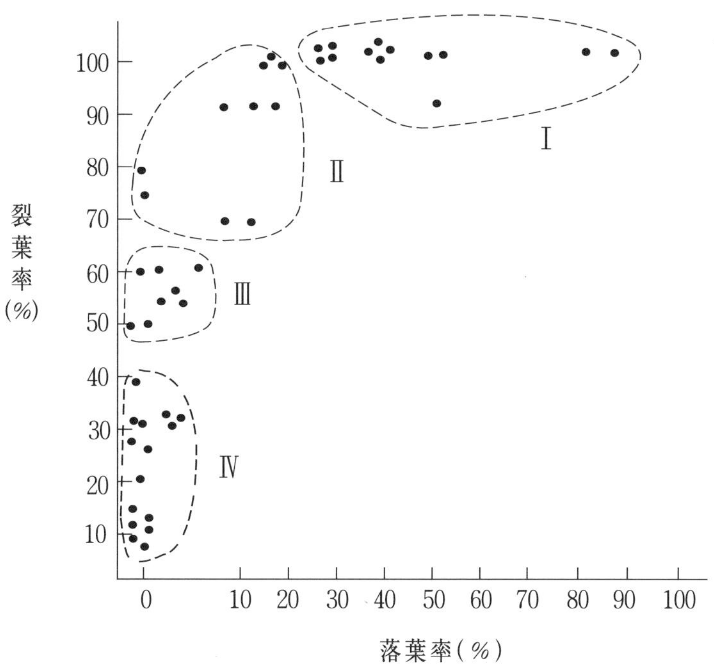

그림 13-5〉 발육지의 낙엽률 및 파엽률에 의한 피해정도의 분류 (1975)

표 13-8〉 피해정도 분류기준

피해정도	낙엽율 (%)	열과율 (%)	가지 및 엽의 피해정도
Ⅰ극심	30 이상	100	발육지의 잎의 대부분이 지그재그로 열개되고 가지의 열상이 많음
Ⅱ 심	10～30	70～100	열개된 잎이 많고, 가지에도 상처자국이 있음
Ⅲ 중	10 이하	40～ 70	잎에 구멍이 있고, 찢어진 자국이 있음
Ⅳ 경	10 이하	40 이하	잎에 구멍이 있음

③ 약제살포

우박피해를 받은 직후 석회보르도액을 살포하면 약해의 염려가 있으므로 3일 정도 경과후 살포해야 하고, 다이센, 다코닐, 톱신 등 봉지에 든 농약은 피해를 받은 직후에 바로 살포할 수 있다. 농약은 충분한 양을 골고루 살포해야 다음해의 결실을 기대할 수 있다.

④ 신초관리

잎에 심한 피해를 받고 가지에 상처를 받아 새순이 부러진 가지는 수세 회복과 화아형성을 위하여 피해부위 바로 아랫부분에서 절단하여 새순을 발생시키고, 6월 하순~7월 상순에 발생한 새가지를 유인한다.

⑤ 시비

우박피해후 시비는 불명확한 점이 많다. 배의 경우에는 일반적으로 다비 재배를 행하므로 수세회복을 위하여 추비가 필요없다는 의견과 소량의 추비가 필요하다는 의견이 있는데, 일본에서는 우박피해를 받는 경우 일반적으로 2~3kg/10a를 추비로 시용하고 있다. 복숭아의 경우에는 우박피해를 받은 후 추비의 불필요 또는 필요여부는 토양조건, 시비내력, 수세 등에 따라 다르게 적용되어야 한다고 판단된다.

라. 풍해

1) 풍해의 발생

풍속 4~6km/hr 이상의 강풍, 특히 태풍의 피해를 보통 풍해라고 하며, 때로는 결정적인 피해를 준다. 풍해는 풍속이 빠르고 공기습도가 낮을 때에 심하다.

풍해는 기계적 장해와 생리적 장해로 분류될 수 있는데 기계적 장해는 방화곤충의 활동제약 등에 의한 수분·수정저해, 낙과, 가지의 손상 등이며, 생리적 장해는 상처부위의 과다 호흡에 의한 체내양분의 소모, 증산과다에 의한 건조피해발생, 광합성의 감퇴, 작물체온의 저하에 의한 냉해 유발 등이다.

풍해대책으로는 입지의 선정이 가장 우선이며, 상습적으로 피해를 받는 지역에서는 방풍림의 설치가 요구된다.

방풍림은 바람의 방향과 직각으로 교목을 몇줄 심고, 교목의 아래로 바람이 새지 않도록 그 안쪽에 관목을 몇줄 심는다. 방풍림의 방풍효과범위는 그 높이의 10~15배 정도이다.

재배적인 조치로는 칼리비료의 증시, 질소비료의 과용회피, 밀식의 회피 등으로 생육을 건실하게 하면 기계적 피해나 병해도 감소된다. 태풍 후에는 병발생이 많으므로 약제살포를 한다.

마. 과실발육기 저온장해

나무나 꽃에 직접적인 동해를 입히지 않는다 하더라도 과실발육기에 온도가 너무 낮으면 과실의 비대 및 품질에 악영향을 미치게 된다.

과실발육기의 온도가 낮으면 과실의 성숙에 긴 기간을 필요로 하며, 그 정도가 심하면 미숙으로 끝나는 것 등도 발육기 중의 저온장해라고 할 수 있다.

우리나라에서는 1993년도에 생육기인 7~9월에 걸쳐 장기간의 강우에 의하여 평년도에 비하여 일조시간 및 온도가 현저하게 부족하였으나 작황은 평년수준과 별차이가 없었던 것으로 보아 우리나라에서는 여름철의 온도가 다소 낮더라도 낙엽과수인 핵과류의 경우 그리 문제가 되지 않을 것으로 보인다.

바. 동(한)해

복숭아는 휴면기에 내한성이 강하여 -20~-25℃의 저온에서도 잘 견딜 수 있지만, 내한성의 정도는 생육주기에 따라 다르며, 휴면기간중에서도 그 기간에 따라 달라 휴면초기에는 약하고, 휴면중기에는 대단히 강하며, 이른 봄의 휴면 후기에는 약해진다.

또한 내한성은 기온의 하강속도, 나무의 영양상태 등에 따라서도 다르다. 나무가 건전한 발육을 할 경우에는 내한성이 강하지만, 웃자라거나 과다결실, 조기낙엽 등으로 수체 내 저장 양분의 축적이 적을 경우에는 내한성이 약하다.

뿌리는 지상부보다 약하며, 그 내한성도 종류, 품종, 계절, 기온의 하강속도, 영양상태 등에 따라 다르다. 대부분의 경우 뿌리는 휴면기에 -15~-10℃에서 동해를 받고, 여름의 생장기에는 -7~-3℃에서 동해를 받는다.

1) 부위별 동해

주로 지상부의 동해가 문제되고, 그 피해는 수체의 특정 부분에 심하게 나타나는 것이 보통인데, 발생부분에 따라 다음과 같이 분류한다.

가) 목질부의 동해

성목보다 묘목이나 유목에 많이 나타나는데, 매실, 복숭아, 양앵두 등에 많고, 증상은 심재가 흑변하며, 목부가 암색으로 되는 것이 보통이다.

나) 분지부의 동해

특히, 분지각도가 좁은 분지부에 피해가 많다.

다) 지접부의 동해

지접부는 성숙이 늦고 온도의 변화가 심하기 때문에 동해를 받기 쉽다. 휴면기보다도 이른 봄에 피해가 더 발생하기 쉽다.

라) 원줄기의 동해

급격한 온도의 저하에 의하여 가지 내부의 수분이 급격히 얼기 때문에 발생하는 것으로서 여름이 되면 회복되어 실제로 피해가 거의 없는 것이 보통이지만 한번 동열상을 일으킨 것은 그 후에도 다시 발생하기 쉽다.

마) 겨울철의 일소

원줄기의 남서면과 굽은 가지의 위쪽에 많이 발생한다. 이것은 낮동안에 직사광선으로 온도가 상승된 것이 밤에 급히 온도가 내려가기 때문에 수피가 동결되는 것이 원인이다. 유목에는 원줄기의 껍질이 세로로 갈라지고 목부로부터 분리되는 경우가 많다. 피해부에 동고병균이 침입하면 피해가 한층 더 커지기 쉽다.

바) 가지의 고사

작은 가지의 끝이 말라 죽는 것으로서 복숭아 등에서 피해가 더 크다.

사) 눈의 동해

잎눈보다는 꽃눈이 더 약하지만 겨드랑눈보다 끝눈이 피해가 더 크다. '83~'84년에 걸쳐 저온처리 시험을 실시한 결과, 표 13-9~표 13-13에서 보는 바와 같이 10월의 -10℃ 처리에서 화아가 동상을 받기 시작하였고 1월에는 -25℃에서 동상을, 난동해인 1983년 3월에는 -15℃에서 높은 동상율을 보였으나 1984년 3월에는 -20℃에서도 동상율이 경미하였다

품종별 동해 피해양상을 살펴보면, 창방조생이 10~3월 모두 동해율이 낮은 경향을 보였으며, 개화기무렵의 화기 동해율에 있어서는 백도>창방조생>대구보 순으로 약하였다. 이와같은 내한성 실험은 시료를 5℃에 3일 예냉시킨 후 시간당 5℃의 강하과정을 거쳐 소정의 온도를 6시간 처리한 후, 해빙과정을 거쳐 20℃에서 일주일간 보관후 갈변율을 조사한 결과이다.

표 13-9〉 복숭아나무의 온도별 동해율 ('83. 10. 10)

부 위	품 종	동 사 율 (%)			
		0℃	-5℃	-10℃	-15℃
형성층	창방조생	0	0	0	0
	대 구 보	0	0	0	100
	백 도	0	0	0	9
유조직 (목부)	창방조생	0	0	0	55
	대 구 보	0	8	0	100
	백 도	0	0	1	0
엽 아	창방조생	0	0	0	0
	대 구 보	0	0	0	100
	백 도	0	0	0	0
화 아	창방조생	0	0	4	12
	대 구 보	0	3	7	86
	백 도	0	5	13	100

표 13-10〉 복숭아나무의 온도별 동사율 ('84. 1. 10)

부 위	품 종	동 사 율 (%)			
		-15℃	-20℃	-25℃	-30℃
형성층	창방조생	0	0	27	46
	대 구 보	0	0	22	81
	백 도	0	0	19	100
유조직 (목부)	창방조생	0	0	69	100
	대 구 보	0	8	79	100
	백 도	0	0	91	100
엽 아	창방조생	0	0	2	65
	대 구 보	0	0	0	62
	백 도	0	0	0	100
화 아	창방조생	0	0	94	100
	대 구 보	0	0	96	100
	백 도	0	5	100	100

표 13-11〉 복숭아나무의 온도별 동사율 ('83. 3. 10)

부 위	품 종	동 사 율 (%)				
		-5℃	-10℃	-15℃	-20℃	-25℃
형성층	창방조생	0	0	0	0	0
	대 구 보	0	0	0	0	0
	백 도	0	0	0	0	20
유조직 (목부)	창방조생	0	0	28	58	94
	대 구 보	0	0	0	70	100
	백 도	0	0	0	84	100
엽 아	창방조생	0	0	0	0	76
	대 구 보	0	0	0	6	100
	백 도	0	0	0	18	84
화 아	창방조생	4	7	44	52	100
	대 구 보	2	4	67	93	100
	백 도	0	0	93	88	100

표 13-12〉 복숭아 꽃의 온도별 동사율 ('84. 4. 28)

부 위	품 종	동 사 율 (%)	
		-2℃	-5℃
수 술	창방조생	2	44
	대 구 보	0	18
	백 도	19	100
암 술	창방조생	13	71
	대 구 보	4	53
	백 도	50	100
꽃 잎	창방조생	0	46
	대 구 보	0	24
	백 도	15	98
잎	창방조생	35	35
	대 구 보	8	41
	백 도	31	93

2) 동해의 증상

피해의 정도는 변색정도에 따라 식별하는데, 피해가 클수록 갈색의 정도가 진해진다. 피해가 심한 나무는 가지의 모든 부분이 생기를 잃고 전체의 수피가 갈색을 띤다. 특히, 가지나 줄기의 서남쪽 수피가 변색이 심하고, 심한 것은 냄새도 난다. 또, 목질부에 있어서도 내부의 심재가 갈변하고, 그 주위의 목부도 암색을 띤다.

이와 같은 나무의 경우에는 눈의 대부분도 진한 갈색으로 변색되고, 꽃눈이 생기를 잃으므로 한눈에 건전한 꽃눈과 용이하게 구분할 수 있게 된다.

휴면기 내한성은 수 또는 목질의 내부가 가장 약하다고 한다. 목질 내부의 변색부가 절구면적의 1/4 이내인 것은 생육기에 완전히 회복되지만, 1/2에 달한 것은 대부분 고사한다.

피해가 가벼워 변색정도가 담갈색을 나타내는 것은 여름에 거의 피해부가 나타나지 않을 정도로 회복되지만 농갈색을 나타내는 것은 대개 고사한다. 피해가 더욱 가벼운 것은 새가지의 끝이 말라 죽거나 꽃눈이 죽는 것 이외에 분지각도가 좁은 곳과 햇볕이 미치지 않는 잔가지들이 피해를 받는다.

여름에 직사광선이 쬐는 부분이 습기를 머금어 수침상을 나타내는 경우가 있는데 이것은 동해에 의하여 약해진 수피가 그 후 일소의 해를 받아 피해가 한층 진행되어 수분을 삼출시키기 때문이다. 피해수는 발아와 개화가 늦어지고 균일하지 못하며, 잎이 작고 담색이며 꽃도 작은데, 그 정도가 피해의 정도와 비례한다.

수피가 동사한 부분은 여름에 수분을 잃고 말라 굳어지며 어느 정도 함몰되어 건전부와의 경계에 균열이 생기는 것이 보통이다. 이에 대하여 여름에도 습기를 띠고 농갈색을 나타내며, 변색부분이 넓어져 그때까지 발아 신장하고 있던 가지가 갑자기 고사하는 경우가 많다. 이것은 피해부에 동고병 등의 병균이 침입하였기 때문이다.

3) 동해의 예방

그 지역에 적합한 종류와 품종을 선택해야 함은 물론이지만, 재배기술면에서의 대책으로는 내한성의 강화와 외부로부터 수체를 보호하는 두가지 방법이 있다.

가) 내한성의 강화

나무의 생장이 일찍 정지하여 가지가 완전히 성숙하고, 특히 수체 내에 탄수화물의 축적이 충분해야만 내한성이 강하다. 그러므로, 과다결실, 조기낙엽, 토양의 과습상태 및 질소질 비료를 과용할 때에 동해가 심하다.

① 결실을 알맞게 제한할 것

과다결실이 과실의 품질불량·해거리 등을 일으키고, 수체 내의 탄수화물 축적이 적어져 내한성이 저하된다. 같은 조건에 있는 나무라도 전년의 결실량에 따라 내한성의 차이가 심한 것을 볼 수 있다.

② 잎의 보호

서리가 올 때까지 건전한 상태로 잘 보전해야 한다.

③ 토양의 과습방지

특히 8월 이후 나무의 성숙기에 토양의 습도가 과다하면 나무가 생장을 계속하여 충분히 성숙하지 못한다. 그러므로 배수에 유의하고 초생재배를 하여 수분이 감소되도록 한다.

④ 시비의 합리화

적기에 적량을 시용한다.

⑤ 정지·전정상의 주의

과다한 전정은 질소를 과용하는 것과 같은 결과를 가져오므로 지나치지 않게 해야 함은 물론이고, 분지각도가 넓은 가지를 선택하고, 특히 원가지는 45°이상의 분지각도가 있는 것을 선택하며, 전정은 추위가 지난 2월에 실시하는 것이 좋다.

⑥ 내한성 대목의 이용

지접부의 피해가 심하므로 내한성대목을 선택하여 사용한다. 예를 들면 매실은 자두에 고접토록 한다.

나) 수체의 보호

① 수체의 보호

복숭아 유목은 낙엽 후 나무가지를 적절히 모아 묶어서 짚이나 거적으로 싸매어 주고 늦서리가 지난 후에 풀어 주도록 한다.

② 지접부의 보호

지접부는 성숙이 늦고 표면온도의 변화가 심하다. 북쪽으로 갈수록 이와 같은 현상은 더 심하여 동해를 받기 쉽다. 이것을 방지하기 위해서는 10월 중·하순경 추위가 오기 전 지접부에 20~30cm 높이로 왕겨·톱밥 또는 흙 등을 덮어 준다.

③ 굵은 가지의 보호

원줄기의 남쪽 또는 굵은 가지의 양광면의 수피가 고사하거나 동고병균이 침입하는데, 이것은 주로 이른 봄의 낮 동안에 햇볕에 의하여 수피온도가 올라가고 다시 밤 동안에 급격히 내려감으로써 활동하기 시작한 조직이 동결되기 때문에 일어나는 것으로 보고 있다. 방지대책으로는 원줄기의 남쪽 또는 굵은 가지의 양광면에 백도제를 바르거나 거적으로 덮는다.

④ 방풍림의 설치

동해는 겨울 동안의 찬바람에 의하여 조장되므로 추운지방에서는 방풍림이 필요하다.

4) 동해를 입은 나무의 처리

피해를 입은 나무는 가급적 전정을 늦추어 동해의 정도가 판정될 때 실시하고 강전정을 피한다. 시비는 가급적 일찍 해주고 특히 속효성의 질소질비료를 시용하도록 한다.

동해를 입으면 동고병 등이 쉽게 발생하게 되므로 발아직전에 석회황합제를 특히 굵은 가지에도 충분히 묻도록 뿌린다. 피해부가 클 경우에는 묘목을 심어 기접을 실시한다.

어린나무의 수피가 열상으로 목질부에서 떨어졌을 경우에는 그 부분이 건조하여 형성층이 고사되므로 새끼로 잘 감아준다. 수피의 변색이 심하여 회복될 가능성이 없을 경우에는 죽은 껍질을 깎아내고 백도제나 기타 보호제를 발라준다.

표 13-13〉 백도제의 조제비율

구 분	물	생석회	돼지기름	식염	살충,살균제
소요량	1l	200g	25g	25g	소정함량

동해를 받은 나무는 가급적 착과를 줄여주고 중급 이상의 피해를 입은 나무는 결실을 시키지 말아야 하며 1~2년간 이식을 해서는 안 된다.

사. 상해(서리피해)

1) 상해를 일으키기 쉬운 기상조건

여기서 말하는 상해는 봄에 일어나는 만상해를 가리키며 동상해라고도 한다. 즉 4월 상순에서 5월 하순에 걸쳐서 이동성 고기압이 덮고 있어 낮에는 쾌청하지만 기온이 낮고 밤이 되면 방사냉각이 급격하게 되면 서리가 내린다.

복숭아에서는 이때가 바로 개화기에서 낙화기에 이르는 시기이므로 저온에 대한 저항성이 가장 약하며 피해를 받기가 쉽다.

서리가 내리는 것을 예측하려면 기상대에서 발표되는 장기예보를 기초로 하여 일기의 변화를 조사하면 상당히 정확하게 예측할 수 있다. 즉 서리가 내리는 조건의 기압배치는 이동성 고기압하에 있을 때이므로 시베리아 부근에 고기압이 생겼다고 하면 동상해의 위험이 가까워졌다는 징조이다.

일본에서 농민들에게 지도하고 있는 동상해 발생시의 기상조건을 열거하면 다음과 같다.

첫째, 강우후에 찬 북풍이 불고 낮의 최고기온이 20℃이하 일때,

둘째, 초저녁에 바람이 멈추고 한밤중에 쾌청하면서 온도가 내려갈 때,

셋째, 오후 6시의 기온이 10℃ 이하이고 1시간에 1℃의 비율로 온도의 강하가 보여질때,

이상과 같은 경우에는 서리가 내릴 위험성이 많다고 한다.

2) 상해의 피해양상

화기가운데 암술이 피해를 받기 쉽고 그 중에서도 배주와 태좌가 약하고 그 다음이 화주이다. 수술은 화사와 꽃가루를 포함하여 강하고 특히 꽃가루의 경우에는 봄의 저온에서 잘 죽지 않는다.

꽃잎은 꽃봉오리일 때에는 강하나 개화 후에는 암술보다 약하여 서리가 내린 후 바로 갈변하나 결실에 대하여는 영향을 미치지 않는다.

꽃봉오리일 때에 상해를 받으면 자방내부와 화주의 기부가 갈변해서 고사하나 개화중에는 화주가 갈변하고 곧이어 흑변하여 떨어져 버린다. 또한 피해정도가 경미하여 외관상 건전화와 구별할 수 없는 것도 얼마 안 있어 위축되어 정상적인 발육이 되지 않고 조기에 낙과하는 것도 상당히 있다.

신초에서의 피해는 적으나 아접묘 등에서 발아한지 얼마되지 않은 신초에서 피해를 보이는 수가 있다.

3) 피해정도와 수량

그림 13-6에서 보는 바와 같이 30%이하의 경미한 피해에서는 수량에 영

향이 없으나 그 이상의 피해를 입으면 피해정도가 커질수록 수량이 감소하며 또한 나무에 남아있는 꽃도 어떠한 피해를 받아 기형과가 되거나 생리적인 낙과율이 높아져 피해율은 급상승하게 된다.

또한 피해정도를 나무전체에서 지상 1.5m부위에서 상하로 나누어서 보면 1.5m이하의 부위에서 피해가 많고 그 위로 올라갈수록 피해는 감소한다.

품종별 피해상황을 보면 표 13-15와 같이 대구보, 강산조생은 강하고 사자조생, 창방조생, 관도계통이 약하고 본표에는 표기되어 있지 않지만 넥타린계통도 약한 편이다.

4) 위험한계온도

내한성은 꽃의 발육정도에 따라 달라 꽃봉오리일 때에는 강하고 개화기가 될수록 약해진다. 낙화후 10일까지는 피해를 받을 위험성이 있다.

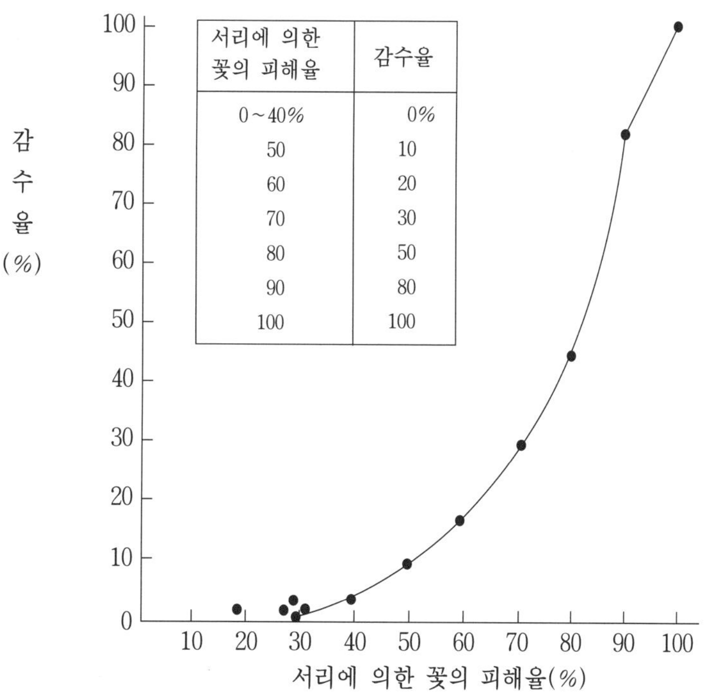

서리에 의한 꽃의 피해율	감수율
0~40%	0%
50	10
60	20
70	30
80	50
90	80
100	100

그림 13-6> 서리에 의한 꽃의 피해와 감수율과의 관계 (품종 : 대구보, 만개후 7~8일의 서리피해)

표 13-15는 복숭아의 발육정도별 동상해를 받는 위험한계온도를 표시한 것인데 여기에 나타낸 수치는 식물체온을 나타낸 것으로 여러가지 조건에 따라서 달라질 수 있기 때문에 위험한계온도는 0.3~0.4℃정도 폭을 두고 보는 것이 타당하다.

이 온도는 백엽상에서 측정한 온도보다 1.0~1.5℃ 정도 낮다고 생각하면 된다.

휴면후의 생장기에는 내한성이 극히 약하여 -4~-1℃ 에서도 동해를 받게 된다. 또한 발육이 진전될수록 내한성이 약해져 결실기가 개화기보다, 개화기가 화뢰기보다 내한성이 약하다는 것이 밝혀졌다.

표 13-14〉 복숭아나무의 품종별 서리에 의한 피해

품종	서리에 의한 피해율
포목조생	73%
사자조생	95
창방조생	90
강산조생	67
고창	78
대구포	67
기도백도	86
백도	75
관도	73

표 13-15〉 꽃의 발육단계별 동상해 위험 한계

발육단계	한계온도(℃)
꽃봉오리가 부풀어오르기 시작할 때	-4.5
꽃잎이 보이기 시작할 때	-3.5
개화직전	-2.3
만개기	-2.0
낙화기	-2.0
유과기	-2.0

※ 상기의 온도에서 30분간 이상 경과하면 위험

5) 상해방제의 실제

가) 정확한 온도관측

방상대책을 위해서는 정확한 온도관측이 반드시 필요하다. 기온은 시시각각 변하는데 이러한 변화를 정확히 측정해서 적절한 방상작업을 해야 한다. 온도계가 정확하지 못하면 방상대책에 실패하기 쉽기 때문에 정확한 온도계를 사용하여야 한다. 또한 장기간 사용한 온도계는 표준온도계로 수정해서 사용해야 한다. 배과원에서 온도계를 설치하는 방법은 덕면에 온도계를 설치하여 배나무 근처의 온도를 측정해야 하며, 야간에 측정하는 경우에는 노출된 상태로 관측해야 한다.

나) 서리 발생가능 기상조건

① 서리가 내리기전 2~3일 전에 비가 오거나, 전일은 차가운 북풍이 세게 불어 하루 중 기온이 그다지 높지 않고 최고기온이 18℃이하일 때 서리가 내리며, 하루 중 기온이 20℃이상되면 서리가 내리지 않는다.

② 오후 6시 기온이 7℃, 오후 9시 기온이 4℃ 정도일때, 기온의 하강상태를 관찰하면 저녁부터 다음날까지 평균 1시간에 0.8~1℃의 비율로 저하하거나, 일몰부터 자정까지는 거의 일직선으로 기온이 하강하고 자정이 지나면 완만할 때에는 서리가 내리지 않는다.

③ 야간에 구름 한점없이 청명하여 별이 뚜렷이 관찰될 때 서리가 내리지만 자정기온이 크게 내려가도 바람이 불어 엷은 구름이 나타나면 서리발생은 적다.

다) 방상방법

① 중유 및 고체연료 연소법

중유연소법은 많이 사용되지만 취급이 불편하다. 연소기구에 따라서는 불완전연소로 공해가 발생하기 때문에 도시, 주택지, 고속도로 근처에서는 사용하기 어렵다.

표 13-16〉 연소법의 종류 및 특성

종류		10a당 연소구수	연료소비	특성
중유	히터	20	2.1 l /시간/연소구	온도상승효과 큼 관리용이 : 1인 35~40a
	드럼통	25~30	2.1 l /시간/연소구	중유소비량 많음 관리난이 : 1인 25~30a
고체연료 (F-heat)		40~50	2.5kg/4시간	점화 간단, 온도상승효과 큼 관리용이 : 1인 60~70a

② 폐타어어 연소법

최근 방상자재로 많이 이용되고 있으나, 화력이 강하기 때문에 연소지점 근처의 가지나 잎이 위험하고, 연소시 공해발생이 문제가 된다.

③ 전정지 또는 왕겨 연소법

전정지를 묶어 놓은 경우, 과수원으로 냉기가 유입되는 부분에서 연소하면 효과가 크다.

④ 방상팬

외국에서는 1대가 4~5ha를 감당할 수 있는 대형 Wind machine이나 소형방상팬이 실용화되고 있다. 또한 연소법과 병행하여 이용하면 매우 효과적이다.

⑤ 살수법

스프링클러를 이용하여 살수하는 경우 0℃이하가 되면 꽃봉오리나 꽃이 얼어 동상해가 발생한다. 이러한 피해는 도중에 살수를 중지하면 발생한다. 그렇기 때문에 아침에 해가 뜰 무렵에 살수할 필요가 있다. 이 방법은 수량이 풍부한 곳에서 사용할 수 있다.

아. 고온장해

1) 휴면타파와 고온장해

낙엽과수의 자발휴면이 자연상태에서 타파되기 위해서는 겨울에 일정한 저온에 접해야 하는데, 자발휴면의 타파에 필요한 저온요구도는 종류에 따라 다르다.

겨울에 너무 따뜻하여 저온요구도를 충족시키지 못하면 봄이 되어도 발아, 개화, 전엽 등의 모든 현상이 순조롭게 이루어지지 못하고 꽃봉오리 상태로 말라 죽어 떨어지거나 개화, 결실이 되더라도 잘 전엽되지 않아 어린 과실이 떨어지는 것이 많으며, 수량도 극히 불안정하게 된다.

자발휴면을 타파하는데 필요한 저온은 종류 및 품종에 따라 다르지만 대체로 겨울(12~2월)의 평균기온이 5℃ 이하인 것이 좋고 평균기온이 9℃에서도 효과는 있었지만 휴면타파에 오랜 시일을 필요로 한다.

요시무라(吉村, 1957)는 복숭아에 대한 휴면타파온도를 조사한 결과 0~1℃에서 888시간 있게 하면 충분히 휴면이 완료된다고 하였다.

우리나라에서는 겨울의 기온이 낮으므로 휴면타파가 문제되지 않으나 하우스에서 촉성재배할 때 자발휴면이 타파되기 전부터 가온해 주면 개화, 전엽에 장해를 받아 촉성의 효과를 기대하기 어렵다.

2) 생육기의 고온장해

여름에 온도가 너무 높으면 각종 장해가 생겨 동화·호흡작용의 불균형에 의한 생리장해와 가지나 잎 및 과실의 이상고온에 의한 일소 등의 장해가 발생하여 경제적 재배가 곤란하게 된다.

특히 큰 가지의 수피는 일소 피해를 받기 쉬우므로 가지를 잘 배치하여 잎으로 가려지도록 하거나, 백도제 또는 백색 수성페인트를 발라 준다.

복숭아의 일소현상

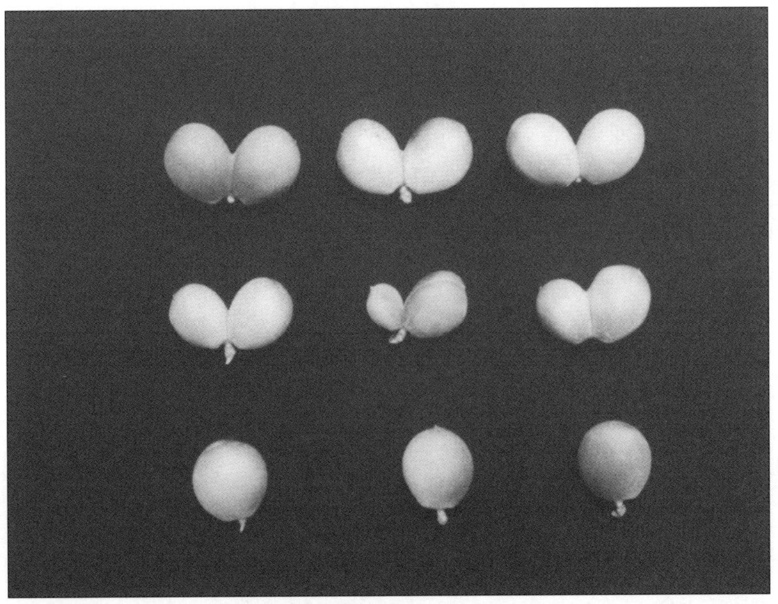

쌍자과의 여러 모양

14장 병해충 방제

1. 병해방제
2. 바이러스성 병해
3. 해충방제

14장 병해충 방제

1. 병해방제

가. 세균성구멍병

우리나라 각지에 널리 분포하여 적지 않은 피해를 주는 병이다. 잎에 발생시 대체로 최초 발생은 4월 하순경부터이나 발생최성기는 7~8월 장마철이다. 과실은 5월 중·하순, 신초의 가지는 6월에 침입 발병한다.

1) 기주식물 : 복숭아, 양앵두, 자두, 살구나무

2) 병징

잎의 발생초기는 담황색 및 갈색의 다각형 반점이 나타나고 후에 갈색에서 회갈색으로 변하면서 병반에 구멍이 생긴다. 구멍은 작고 연속해서 많이 나타나며, 구멍이 둥글기보다는 다각형으로 되는 점이 다른 병과 구별되는 증상이다. 가지에는 가지의 잎눈자리를 중심으로 둥글고 보라빛의 병반이 나타나며 점차 갈색으로 되고 오목하게 들어간다.

과실의 표면에는 갈색의 작은 점이 나타나고 그후 흑갈색으로 확대되면서 부정형의 오목한 병반이 생긴다.

3) 병 원 균

이 병원균은 짧은 막대모양의 세균이다. 발육 최저온도는 10℃이고 최적온도는 25~30℃이며 최고온도는 35℃이고 사멸온도는 51℃에서 100분간이다. 병균은 가지의 병반조직속에서 잠복하여 겨울을 보내고 다음해에 발생을 계속한다.

4) 전염경로

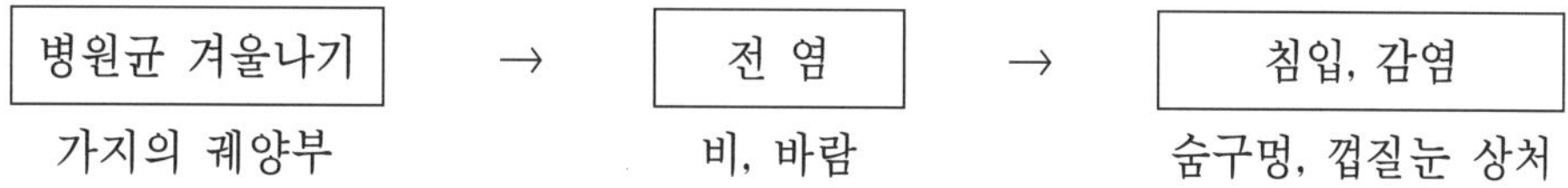

5) 방 제 법

① 봄철 석회유황합제 5도액을 뿌린다.
② 전정시 피해지를 제거하고 과실에는 가능한 일찍 봉지를 씌운다.
③ 꽃피기전 꽃봉오리가 붉어질 때 6-6식 석회보르도액을 살포한다.
④ 발아후부터 6월말까지 아연석회액이나 농용신수화제 800배액을 주기적으로 예방살포한다. 아연석회액을 살포시 4~5월 상순에 4-4식을 주 1회 정도 살포하고 5월 이후에는 6-6식을 10일 간격으로 살포하면 된다. 엽의 예방에는 아연석회액이 효과적이나 과실의 예방에는 농용신이 좋다.
⑤ 비, 바람이 심한 곳은 방풍림을 설치해야 안전하다.
⑥ 배수를 좋게하고 질소질 비료를 과다 사용하지 않는다.

나. 잿빛무늬병(灰星病)

이 병은 해에 따라서 많은 피해를 초래하는 병으로서 대체로 열매의 성숙기에 발병하기 시작하여 저장중에도 계속하여 발생한다.

1) 가해식물 : 배, 복숭아, 양앵두, 자두나무

2) 병징

주로 열매에 발생하며 가끔 나무줄기 또는 화총에도 발병한다. 처음에는 열매의 표면에 갈색반점이 생겨 이것이 점차 확대되어 병반크기가 2~3cm 정도 되면 그 위에 갈색을 띤 백색 또는 크림색이 점차 회색으로 변한다. 병든 과실은 심한 냄새를 발생한다.

3) 병 원 균

이 병원균은 자낭균병의 흑지병균(黑脂病菌)에 의한 병으로 자낭반은 17~20℃에서 잘 발생하며 30℃ 내외에서 죽게 된다. 분생포자나 균사의 발육 최적온도는 25℃ 내외이고 습도가 높을수록 발아율이 높다. 병균의 균사가 기주체에 침입하여 감염되는 경우에는 10℃에서 18시간, 25℃에서 5시간이면 발병된다.

4) 전염경로

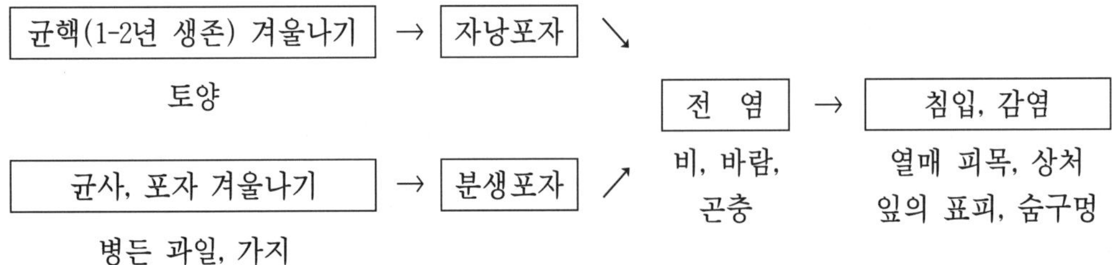

5) 방 제 법

① 병에 걸린 가지와 과실은 일찍 제거하여 불에 태운다.

② 월동직후 석회유황합제 5도액을 살포하고 5월부터 7월까지 다코닐 600배, 안트라콜 600배 등을 교호로 살포한다(방제약제 참조).

③ 병균이 과실에 침입하면 1~2일후에 발병하므로 수확 20일전에 적용 약제를 살포 한다.

④ 과실에 봉지를 씌워 재배한다.

다. 잎오갈병(縮葉病)

이 병은 우리나라 전역에 분포하며 해마다 흔히 볼 수 있고 적지 않은 피해를 주고 있다. 복숭아나무 뿐만 아니라 핵과류의 잎에도 피해를 주는데 봄철에 비가 많고 기온이 낮은 해에 많이 발생하고 20℃ 이상일 때에는 적게 발생된다.

1) 기주식물 : 복숭아나무, 기타 핵과류

2) 병징

주로 잎에 발생된다. 피해잎은 잎표면에 적색 또는 황색을 띠고 우글쭈글하게 부풀어 올라 건전한 잎의 2배 정도로 커지며 뒷면은 황백색으로 변하고 흰가루가 생긴다. 병세가 심해지면 잎은 검게 말라 떨어진다.

3) 병 원 균

이 병원균은 자낭균병 잎오갈병균에 의한 병으로 자낭포자와 분생포자를 형성하며 균사는 기주조직의 세포간극에서 자란다. 병원균의 발육 온도는 최저 10℃, 최적 20℃이며 최고 26~30℃이고 죽는 온도는 46℃이다. 기주에 침입 적온은 13~17℃이다.

4) 전염경로

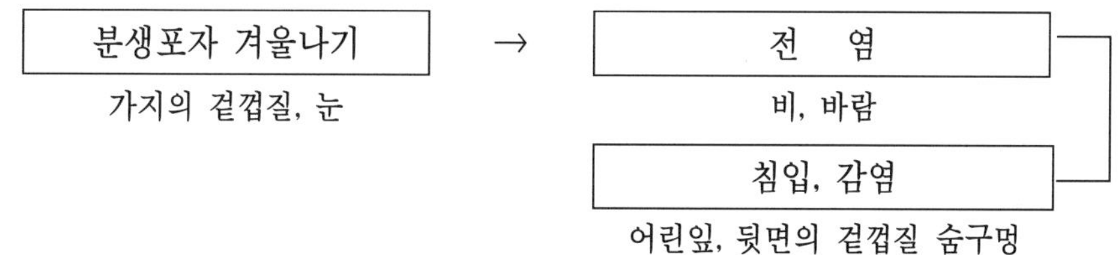

5) 방 제 법

① 이른 봄부터 석회유황합제 5도액과 3도액을 2회 살포한다.

② 꽃이 피기전부터 5월에 걸쳐 전염원이 될 수 있는 가지나 잎을 제거한다.

③ 꽃피기 직전에 탄저병 방제와 겸하여 6-6식 석회보르도액을 살포하고 꽃이 떨어진 후부터 10일간격으로 2회 정도 다이센 500배, 다코닐 600배, 델란 800배를 충분히 살포한다.

④ 방풍림을 설치하고 습기가 많은 곳에서는 재배를 피한다.

라. 검은별무늬병(黑星病)

우리나라 각지에 분포하며 수량에 큰 피해를 주는 일은 없으나 품질을 저하시킨다. 대체로 5월 중순부터 6월 중순경까지 발생하므로 이 기간에 비가 많으면 더욱 발생이 심하다. 조생종에는 피해가 적고, 중・만생종에는 많이 발생하는데 특히 황육계는 피해가 심하다.

1) 기주식물 : 복숭아, 사과, 살구, 매실나무

2) 병징

열매를 비롯하여 나뭇가지, 잎 등에 발생한다. 열매의 표면에는 처음 약 3mm 크기의 흑색원형의 반점이 생기고 그 주위에는 언제나 진한 녹색이 나타난다. 과실에 나타나는 증상이 세균성구멍병과 흡사하여 혼동하기 쉬우나 흑성병은 과실 표피에만 나타나고 병반이 갈라지지 않아서 세균성구멍병과 증상이 다르다.

가지에는 6~7월경 적갈색의 작은 반점이 생기고 점차 커지면서 짙은 갈색으로 변하며 가을 낙엽이 될 때에는 병반은 다소 부풀면서 흑갈색으로 되고 원형 또는 타원형으로 2~3mm 크기로 된다. 잎에는 처음 흑갈색의 작은 점이 생기고 후에 갈색의 둥근 점으로 되어 말라서 둥근 구멍이 뚫려 세균성구멍병 모양을 나타낸다.

3) 병원균

이 병원균은 불완전균병 암색선균(暗色線菌)에 의한 병으로 분생포자를 형성하며 병원균의 발육온도는 2~32℃이고 발육 최적온도는 20~27℃이다. 피해가지의 껍질병반은 조직안에서 균사의 형태로 겨울을 난 후 4~5월경부터 포자를 형성하여 비, 바람에 운반되어 전염하는데 약 35일의 잠복기간을 거쳐 5월 하순경이면 발병한다.

4) 전염경로

분생포자, 균사 겨울나기	→	포자형성	→	전염	→	침입, 감염
가지, 병에 걸린 부위		5~6월		빗물		열매

5) 방 제 법

① 발아전에 석회유황합제 5도액을 2회 살포한다.

② 열매를 솎은 후 일찍 봉지를 씌운다.

③ 봉지씌우기가 늦어질 경우 꽃이 진 후 10일 간격으로 다이센엠-45 600배, 톱신(지오판) 1500배액을 살포한다. 중, 만생종은 6월 하순까지 살포할 필요가 있다.

마. 탄저병(炭疽病)

탄저병은 봄철 4~5월에 강우가 많은 해에 발생이 심한데 우리나라의 경우는 이때 비가 비교적 적기 때문에 큰 피해는 없다.

그러나 해에 따라서 적지 않은 피해를 주는 경우도 있다. 기온이 25℃ 내외인 5월 상순경부터 발병하여 6~7월경에 많이 발생한다.

이 병은 유럽종 황도에 발병이 심한 편이며 동양계 품종은 저항력이 있기 때문에 발병이 적다. 그러나 유명, 홍진유도에는 다소 발생이 된다.

표 14-1〉 품종별 탄저병 내병성

구 분	품 종
강한 것	대구보, 강산조생, 백도, 포목조생, 기도백도
중 정도	귤조생, 대화백도, 중산금도, 마장백도, 관도2호, 8호, 12호, 백봉, 고창
약한 것	엘버타, 신옥, 중진백도, 창방조생, 금도, 관도, 유명, 홍진유도

1) 기주식물 : 복숭아나무

2) 병 징

잎, 가지에도 발생하나 주로 과실에 피해를 준다. 잎에 발생되면 잎은 위쪽으로 약간 말리고 나무가지에는 처음에 녹갈색의 수침상 병반이 생겨 후에는 담홍색으로 변하고 움푹해진다.

과실에 발생하면 처음에는 그 표면에 녹갈색의 수분을 머금은 듯한 병반이 생겨 이것이 나중에는 농갈색이 되고 건조하면 약간 움푹해진다. 그 표면에 담홍색의 점질을 분비한다. 병든 열매는 떨어지는 것도 있으나 어릴 때 걸린 과실은 대개 나무가지에 달린채 말라 미이라가 된다.

3) 병원균

이 병원균은 불완전균의 흑분균(黑粉菌)에 속하는 병균으로 분생포자를 형성한다. 병원균의 발육온도는 12~33℃이고 발육최적온도는 25℃ 내외이며 죽는 온도는 48℃에서 10분간이다.

4) 전염경로

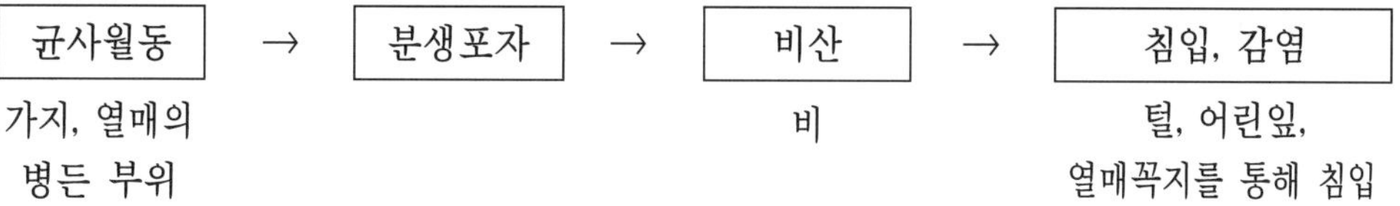

5) 방 제 법

① 감염이 심한 5월 중하순 2차전염이 시작되기 전에 속히 봉지를 씌운다.

② 발병이 심한 곳은 꽃피기 직전 6-6식 석회보르도액을 살포하고 꽃이 떨어진 후에는 다이센엠-45 500배, 다코닐 600배, 안트라콜 600배를 살포한다.

③ 전정시 이병지를 제거하여 태운다.

④ 발병된 어린 과실은 발견 즉시 따서 땅속에 묻는다.

⑤ 물빠짐이 좋은 사질양토에 나무를 심고 질소질 비료의 과다 시용을 삼가한다.

바. 흰가루병(白粉病)

1) 병징

주로 잎에 발생하나 드물게는 과실에 발생하는 경우가 있다. 처음에는 잎이 퇴색하고 밀가루를 뿌린 듯한 흰색 또는 연회색의 균총이 발생한다. 심한 경우에는 잎이 황화되고 조기 낙엽된다. 유목에 발생하는 경우가 많으며 피해과는 부패하거나 낙과되는 일은 없고 과피 손상에 따른 열과 혹은 기형과가 발생된다.

2) 발생환경

자낭각의 형태로 월동하여 1차 전염이 이루어지며, 후에 병반에서 형성된 분생포자가 2차 전염원이 된다. 낙화 직후부터 발병하기 시작하며 5월 중하순경에 발병량이 많다. 과원 주위에 찔레나무가 있으면 발병이 심하다.

3) 전염경로

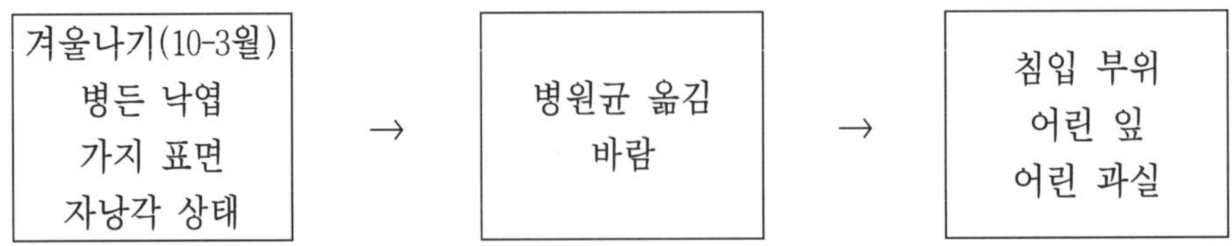

4) 방제

가) 재배적 방제

① 과수원 토양의 물빠짐이 좋게 하고 질소질 비료의 과다시용을 삼가한다.

② 병든 과실은 발견 즉시 제거해 준다.

나) 약제 방제

① 발병이 심한 과수원에서는 꽃이 피기 직전 보르도액(6-6식)을 살포하여 전염원의 양을 줄인다.

② 발생이 많은 지역에서는 꽃이 떨어진 후부터 적용이 가능한 약제를 10일 간격으로 2~3회 살포한다.

사. 줄기마름병(胴枯病)

전국적으로 분포되어 있으며 세력이 약한 나무, 수령이 많은 나무는 강전정을 할 경우 또는 병해충 및 바람, 추위에 의해 피해를 받아 나무세력이 약해진 경우에 발병이 심하다.

1) 기주식물 : 복숭아, 양앵두, 자두, 살구나무

2) 병징

땅 표면 가까운 줄기부분 표피에 피해를 준다. 상처를 통해 침입하는 병균으로 처음에는 껍질이 약간 부풀어 오르나 여름에서 가을에 걸쳐 마르게 되고 피해나무는 겨울을 난 후 심하면 말라죽는다. 늙은 나무에서는 피해부위에서 2차적으로 버섯 같은 것이 생기기도 한다. 병반은 봄과 가을에 확대되고 여름에는 일시 정지한다.

3) 병원균

이 병원균은 자낭균병 구과균(球果菌)에 의한 질병으로 상처를 통해 침입하여 피해부위 조직 속에서 겨울을 난 후 다음해에 발생을 계속한다. 발육온도는 5~37℃이고 최적온도는 28~32℃이며 포자의 발아적온은 18~23℃이다. 균사의 발육에 필요한 pH는 5.6~5.8이고 포자는 pH 4.2~5.3이다.

4) 전염경로

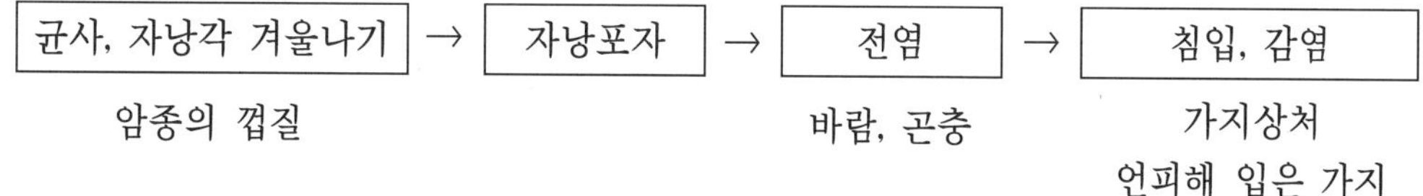

5) 방제법

① 비배관리를 잘하여 나무수세를 튼튼하게 할 것이며 충분한 유기물을 시용한다(10a당 2000~3000kg).

② 강전정을 피하고 여름철 강한 직사광선이 줄기에 직접 닿으면 일소현상이 일어나므로 일소방제 대책을 세운다.

③ 추운 지방에서는 겨울철에 언피해를 받지 않도록 대책을 세우고 피해가지는 전정시 잘라 불태워 버린다.

④ 일단 병환부를 발견하면 깎아내고 톱신페스트, 발코트도포제, 석회유황합 제원액을 발라주어 재발을 방지한다.

아. 흰날개무늬병(白紋羽病)

이 병은 주로 재배한지 10년 이상의 노목(老木)이나 오래된 과원에서 발생이 심하나 이 병이 심하게 발생하여 죽은 나무를 뽑아내고 새로운 유목으로 교체한 과원에서는 2~3년생의 유목에서도 다발생하는 경우도 있다. 흰날개무늬병에 뿌리가 조금만 기생당한 감염 초기에는 지상부에 외부적인 쇠약증상이 뚜렷이 나타나지 않고 외관상 건전한 것처럼 보인다. 그러나 지상부에 쇠약증상, 착화과다, 여름철의 위조, 잎의 황변 등의 이상증상이 확인될 즈음에는 이미 뿌리의 거의 모두가 침해되어 방제가 곤란해지므로 피해가 크게 나타난다. 한편 이 병원균은 토양내에서 오랜 기간을 살 수 있으며 기주범위도 특이하게 넓으므로 일단 이 병이 발병된 경우에는 막대한 방제노력과 비용이 투여되어야 하므로 경제적으로 손실이 아주 큰 병해중의 하나이다.

1) 병징

지상부의 쇠약 증세는 뿌리의 상당 부분이 침해되어 병이 많이 진행된 후에 보여지게 된다. 다시 말하면 감염초기나 병의 진전이 경미한 경우에는 수년간 외관적으로 완전히 건전해 보인다. 그러나 병이 계속적으로 진전되면 잎색이 담황색으로 변하고, 신초의 생육이 불량하며, 조기에 낙엽된다. 가지의 선단부가 갑자기 고사되는 경우도 있으며 결국에는 나무 전체가 죽게 된다. 특히 병든 나무에서는 화아분화가 왕성해지므로 개화기가 빨라지고, 과실이 많이 착과되나 작아지고, 광택이 나쁘며 과피가 쭈글쭈글하고 수분이 적다. 심하게 피해를 받은 나무의 뿌리는 이 병의 특징이라 할 수 있는 백색의 균사막으로 싸여 있으며 이 균사막은 시간이 경과하면 회색 내지 흑색으로 변한다. 굵은 뿌리의 표피를 제거하면 목질부에 백색부채모양의 균사막을 확인할 수 있다.

2) 발생환경

흰날개무늬병은 재배한지 10년이 지난 노목이나 노후과원에서 많이 발생하는데 이것은 자주날개무늬병이 10년 미만의 과수원에서 많이 발생하는 것과는 대조적이다. 왜냐하면 자주날개무늬병균이 좋아하는 토양조건은 미숙전 토양으로, 이러한 장소에서는 토양산도가 낮으며 부식이 풍부하고 탄질율(炭窒率)이 높으며 건조하기 쉽다. 흰날개무늬병균은 이와는 정반대의 조건에서 생육이 좋다. 특히 화산회토나 토양입경이 큰 충적토에서 발병이 많다. 배수가 잘 이루어지나 항상 토양 수분이 충분한 토양에서 병원균의 생육이 양호하다. 이와 같은 토양에 잘게 부순 전정가지 같은 거친 유기물을 시용하면 이 유기물에서 병원균이 증식하여 더욱 심하게 발병된다.

3) 전염경로

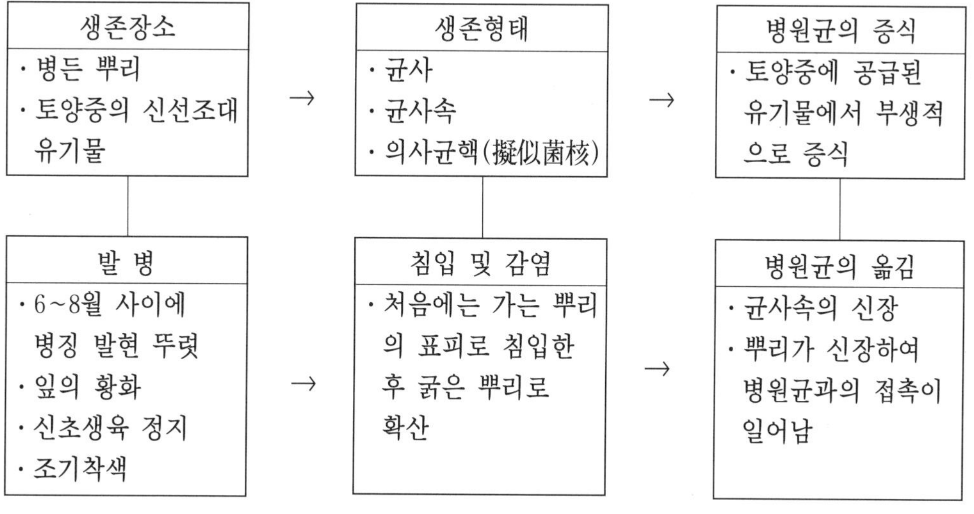

4) 방제

가) 재배적 방제

① 심하게 감염된 나무는 조기에 발견하여 완전히 굴취하여 소각한다.
② 수세에 영향을 미치는 강전정이나 과다결실을 피한다.
③ 병에 걸린 나무는 모든 과실을 적과하고 수세회복을 위한 조치를 취한다.
④ 배수가 잘 되게 하고 굵고 거친 유기물의 시용을 피한다.

나) 약제 방제

① 나무를 심기 전에 지오판수화제(500배)나 베노밀수화제(1,000배)에 20~30분 정도 묘목을 침지 소독한 후 재식한다.
② 발병된 나무의 치료는 뿌리를 굴취한 후 죽은 뿌리를 완전히 제거하고 지오판수화제(500배)나 베노밀수화제(1,000배)로 뿌리를 세척한 다음 복토할 흙에 약액을 잘 섞어서 복토한다. 그러나 발병정도가 심한 나무는 수년내에 재발병하므로 조기에 발견하여 조기에 치료하는 것이 가장 바람직하다.
③ 발병이 심한 과원에서는 토양소독제를 사용하여 토양소독을 실시한다. 토양소독제를 사용하기 전에 토양 중에 있는 뿌리나 잔가지 등을 철저히 제거하는 것이 바람직하다. 토양소독은 20℃ 이하에서는 효과가 낮으므로 여름부터 가을에 걸쳐서 행하는 것이 좋으며, 소독제를 토양에 주입한 후에는 비닐 등으로 토양표면을 피복하는 것이 좋다. 치료는 지오판, 베노밀 희석액을 수령×10 *l* 정도 관주하며, 인접된 나무도 동시에 관주한다

자. 근두암종병(根頭癌腫病)

1) 병징

이 병은 뿌리나 뿌리와 줄기의 접합부 즉 지면부 및 주간에 발생하는 병

으로 병이 진행되면 표피가 갈라지고 그 부위에 크고 작은 혹이 형성된다. 혹이 처음 형성될 때는 연한 갈색을 나타내며 조직도 무르나 오래된 혹은 흑갈색으로 변하여 경화되어 그 부분의 도관부 파괴가 일어나 수세가 저하된다.

2) 발생환경 및 전염경로

이 병은 사과, 배, 포도, 복숭아, 감, 밤나무 등 거의 모든 과종에 발생하나 모든 핵과류에 발생이 많고 피해도 심한 것으로 되어 있다. 병원균은 감염된 토양이나 병든 묘목을 통하여 주로 전파가 이루어지므로 묘목의 구입시에는 묘목의 뿌리 부분에 혹이 형성되어 있는지를 세심히 관찰해볼 필요가 있다. 이 병의 병원세균은 호기성이며 발육온도 범위는 0~37℃이고 생육 적온은 25~30℃이나 20℃ 내외에서 암종이 잘 형성된다.

병원균의 침입은 주로 지면부이하 뿌리 부분의 상처를 통하여 이루어지나 지상부 주간에 형성되는 혹은 토양 중의 병원세균이 빗물에 튀어올라 상처를 통하여 감염되어 형성되기도 하며 뿌리로 침입한 병원세균이 도관부를 통하여 이동하므로써 형성되는 경우도 있다고 알려져 있다.

3) 방제

가) 재배적 방제

① 개원시에는 근본적으로 무병묘목을 사용해야 하므로 이 병의 발생이 없는 곳에서 생산된 건전한 묘목을 심어야 한다.

② 병원균은 주로 상처를 통하여 침입하므로 재식 및 작업시 뿌리 부분에 상처가 나지 않도록 주의해야 한다.

③ 이 병은 토양 pH가 높은 경우에 발생이 심하므로 발병이 확인된 토양에서는 석회 시용량을 줄이도록 한다.

④ 잘 부숙된 유기물질을 충분히 시용하여 수세를 튼튼히 한다.

나) 약제 방제

① 재식전에 묘목에 혹이 확인될 경우에는 소각 처분하는 것이 좋으나 부득이한 경우에는 혹을 완전히 제거한 후 스트렙토마이신제(1,000배) 등에 침지소독하면 약간의 효과가 있다.

② 발병이 극심한 토양은 토양소독제로 토양 소독을 실시해야 한다.

2. 바이러스성 병해

복숭아 등 핵과류의 바이러스병에 관하여 국내에서는 보고가 극히 적은 편이다. 우리나라에서는 최(1993) 등에 의해 모틀증상을 나타내고 주름진 잎에서 오이모자이크바이러스(CMV)를 분리동정한 보고와 황화모자이크 증상으로부터 구형바이러스를 분리한 보고 등에 지나지 않아 연구가 이제 시작단계에 있는 실정이다. 원예연구소에서 복숭아 및 핵과류의 주 재배지역을 중심으로 외국에서 수입한 항혈청을 이용하여 ELISA법으로 바이러스 이병여부를 조사한 결과 표 14-3에서와 같이 여러 종의 바이러스들이 비교적 높은 비율로 감염되어 있는 것을 확인할 수 있었다. 일부지역에 한정되어 검정한 성적이므로 보다 조사범위를 넓히고 정밀 조사하면 바이러스 감염율은 더 높아질수도 있을 것이다.

표 14-2〉 ELISA검정에 의한 핵과류에 발생하는 바이러스 종류 및 감염율 조사
('94～'98 원예연)

조사지역	바이러스 검정(이병율, %)					
	PNRSV	PPV	PDV	CLRV	TomRSV	CLSV
A	8.7	0	69.6	0	0	8.7
B	0	0	10.3	0	44.8	-
C	0	0	40.9	0	22.7	-

전 세계적으로는 PNRSV, PDV 등 13종의 바이러스가 분리 동정되어 있으며 병원 바이러스는 미확인되었으나 접목전염하는 바이러스성 병해도 50여종 이상 보고되어 있다. 본 장에서는 아직 우리나라에서는 발생이 확인되지 않았거나 미동정되었지만 가까운 일본에서 보고된 바이러스성 병해와 세계적으로 복숭아 등 핵과류에서 주로 문제가 되는 주요 바이러스성 병해의 병징과 병원바이러스 및 방제대책에 관하여 알아보고자 한다.

가. 복숭아 황화모자이크병(Peach Yellow Mosaic Disease)

1) 병징과 피해

주요 병징은 잎에 황색의 반점이 들어가는 것이다. 전엽후기의 잎에 황백색의 반점무늬를 형성한다. 반점이 들어간 잎은 엽맥주변으로 선황색에서 점점 짙어지면서 복잡한 색조를 띠게 된다. 이른 봄에 전개된 잎에서 초기에 황색반점 증상을 나타내는 것은 기형잎이 된다. 모자이크 증상이 보이는 시기는 4월 상순의 전엽초기부터 6월 상중순까지이며 이후에 기온이 상승하게 되면 없어지지만 기형엽은 계속 유지된다. 我孫子 등에 의하면 주간 18℃, 야간 13℃에서는 전개시에 선명한 모자이크와 기형증상이 나타나지만 28~23℃에서는 병징이 은폐된다고 보고하고 있다. 해에 따라 병징의 정도가 조금씩 다르며 수량이나 수세 등에 미치는 영향에 대해서는 아직까지 명확하게 보고된 바가 없다. 우리나라 복숭아에 발생되고 있으며 발병율이 높다.

2) 병원 바이러스 특성

PYMV는 직경 30nm 정도의 구형바이러스로 이병주에서 분리한 바이러스를 다시 복숭아에 재접종하면 동일한 병징을 나타낸다. 바이러스 입자는 잎과 화변조직의 세포내 세포질에 생성된 viroplasm에 산재해서 결정배열

해 있다.

3) 전염 및 방제방법

접목에 의해 전염되며 곤충과 즙액에 의한 전염은 아직 보고되지 않았다. 병징이 육안으로 관찰되므로 쉽게 바이러스 감염을 진단할 수 있으며 바이러스 무독 복숭아 실생 등에 접목접종해서 병징이 재현되는 것을 확인할 수도 있다. 방제는 바이러스 무독 모수에서 육성한 묘목을 심어야 하고 고접하는 경우에도 바이러스 무독접수를 이용해야 한다.

나. 복숭아 별무늬모자이크병 (Peach Star Mosaic Disease)

1) 병징과 피해

4월부터 5월 상순경 신엽에 병징이 나타나지 않다가 5월 중순 이후에 전개된 어린 잎에 병징이 나타난다. 처음에는 신엽에 약한 엽맥투명(vein clearing)증상을 나타내다가 점점 병징이 뚜렷해진다. 나중에는 황색의 별무늬 혹은 나무 가지 모양의 병반으로 되어 이 병반부를 중심으로 해서 오그라들어 결국에는 잎이 비뚤어지게 된다. 과실과 가지, 수간에는 증상을 나타내지 않는다. 우리나라에도 자두에서 병징이 관찰되고 있다.

1) 병원 바이러스의 특성 및 방제방법

병원바이러스는 아직 미확인되었으며 접목전염되는 것으로 보아 바이러스성으로 추정하고 있다. 진단은 병징관찰에 의해 쉽게 가능하므로 병징이 나타나지 않는 나무의 가지를 접수로 이용하는 것이 방제방법이라 할 수 있다.

다. 위축병(Peach Rosette and Decline Disease)

1) 병징과 피해

나무전체에 병징을 나타내지는 않으며 일부 가지에만 병징을 나타낸다. 발병된 가지는 절간이 짧아지고 생육이 나빠지며 발병가지에서 나온 잎은 작아지고 엽육이 비후해진다. 또한 황색의 점무늬 등이 생기고 기형화된다. 병징이 나타난 가지는 총생되지만 이러한 증상은 1~2년내에 소실되었다가 다음해에 또 다른 가지에서 발병되고 증상이 점점 확산되게 된다.

일부 과수원에서 발생되고 있으며 생리적 장해와 구별에 신경을 써야 한다.

2) 병원바이러스의 특성 및 방제방법

병원 바이러스는 아직 미확인되었으나 접목전염하는 것으로 바이러스성 병해로 추정하고 있다. 진단은 병징관찰에 의하여 가능하며 무병접수와 묘목을 사용하는 것이 방제방법이라 할 수 있다.

라. 사과 황화반점바이러스(Apple Chlorotic Leaf Spot Virus)

1) 병징과 피해

잎에 담녹색의 반점무늬 등의 병징이 관찰되는 때도 있지만 일반적으로 잠복감염되어 겉으로 병징이 나타나지 않는다. 감수성 대목을 사용한 경우 대목이 이상을 일으켜 쇄약해지는 경우도 있다. 주지나 측지의 수피부분이 갈색에서 붉은색의 부분이 보이기 시작하다가 점점 움푹 들어가고 심해지면 갈라지는 증상을 나타낸다. 갈라진 부분에서 수피괴사가 일어나고 이 괴사병징이 형성층 조직에까지 확산되어 심한 경우에는 모든 가지를 고사시키기까지 한다. 갈라짐 증상이 나타나지 않는 대신에 가지가 납작해지고 홈이 패이거나 뒤틀리는 증상이 나타나기도 한다. 수피가 거칠어지는 병징은 1년생 유목과 어린 잔가지에 흔히 나타난다. 이 병나무의 생육은 거의 30% 정도로 억제되면서 흡지가 지제부에서 강하게 자라나오기도 한다. 잎 크기도 정상보다 작아지고 잎 수도 적어지며 잎도 빨리 떨어진다.

이 바이러스는 복숭아 이외에 사과나 배에도 감염되는 병해로 복숭아에 감염율이 높다.

2) 병원 바이러스의 특성 및 방제방법

ACLSV는 Trichovirus group에 속하는 실모양의 바이러스로서 세계적으로 인과류 및 핵과류 과수작물에 광범위하게 감염되어 있다. 우리나라에서는 사과에서 분리동정되었으나 복숭아에서는 아직 미동정되어 있다. 바이러스 입자중에 핵산 함량은 5.2+0.2%이지만 순화 바이러스의 자외선 흡광도 수치는 1.55~2.05로 높다. 즙액접종에 의해 명아주(Chenopodium quinoa) 등의 초본식물에 감염되며 바이러스 증식기주로 이용되기도 한다. 항혈청을 이용하여 진단이 가능하며 감수성 목본 지표식물을 이용하여 검정이 용이하고 방제를 위해서는 무독모수의 육성이 가장 중요하다.

마. 핵과류 괴사 원형반점 바이러스 (Prunus Necrotic Ring Spot Virus)

1) 병징과 피해

바이러스의 계통이나 핵과류의 품종에 따라서 병징이 다르게 나타나지만 대부분 잠복감염되어 무병징을 나타내는 경우가 많다. 그러나 Elberta와 대화조생 등의 품종의 경우 유목의 생육이 억제되고 백도, 신옥 등 품종에서는 성목의 수량을 바이러스 무독수에 비해 감소시키는 것으로 보고되어 있다. 또한 바이러스에 감염되어 있는 경우 품종에 따라서는 활착율이 30~60%로 떨어지고 생육이 나빠진다. 눈의 발아가 지연되며 눈들은 발아하기 전에 죽기도 한다.

초기에는 잔가지들이 고사하거나 가지에 암종들이 생기는 경우도 있으며 봄에 잎에 황화나 괴사반점들이 생기지만 새로 자라나는 가지들에는 괴사반점이 나타나지 않는다. 만성적인 경우에는 병징이 은폐되는 경우도 많지만 나무의 수세가 약해지고 생육도 억제된다. 또한 측아와 엽아가 고사하고 수피가 거칠어지는 증상도 나타날 수도 있으며 과실수량도 떨어지고 과실 성숙시기도 지연된다고 보고되어 있다.

2) 병원바이러스의 특성

PNRSV는 Ilarvirus group에 속하는 다입자성의 구형 바이러스로서 직경 23nm의 구형 입자와 간상형의 입자가 혼재한다. 조즙액에서의 불활화온도는 50~62℃ 정도이며 침강계수가 72s(T), 90s(M) 및 95s(B)인 세 성분이 알려져 있고 M과 T 입자에는 감염성이 없고 B입자에 감염성이 있다. M과 B 성분이 혼재해 있는 경우에 현저히 감염성이 증가된다. 즙액접종에 의해 쌍자엽식물 21과의 식물에 감염하므로 기주 범위가 매우 광범위하다.

접목전염, 화분전염 및 종자전염 하는 것으로 알려져 있다. 또한 초본식물에는 즙액접종에 의해 전염한다. 화분전염에 의해 인접한 나무에 감염시키는 것이 확인되었지만 그다지 감염율이 높지는 않은 것으로 보고되어 있다.

3) 진단 및 방제방법

백보현(白普賢)이 지표식물로 이용되고 있으며 가지에 검정코자 하는 나무의 눈을 접목하면 검정수가 바이러스에 감염되어 있는 경우 접목부에 이상증상이 일어나게 된다. 바이러스는 접목부분 이외에는 이행하지 않으므로 한본의 가지에서 다수의 재료를 검정하는 것이 가능하다. 초본식물로는 오이가 지표식물로 이용되며 접종엽에 황색반점을 나타내고 혈청학적 수법으로서는 ELISA법을 이용하여 진단이 가능하다. 방제를 위해서는 바이러스 무독수의 접수와 대목을 이용하는 것이 가장 좋은 방법이다.

바. 토마토 원형반점 바이러스 (Tomato Ringspot Virus)

1) 병징과 피해

핵과류의 종과 품종에 따라서 나타나는 병징들이 다양하며 잠복감염되어 있거나 일반적으로 잎이 비정상적으로 되고 잎끝에서부터 엽맥을 따라 황화 반점을 나타내는 경우가 많다. 잎의 기부에 비해 중륵쪽이 튀어나오는 증상을 나타낸다. 코르크층이 쭈글쭈글해지면서 뒤틀리는 증상도 나타난다. 잎끝이 황화된 쪽으로 굽어지고 얼룩반점들이 생기게 된다. 이러한 모자이크 증상은 다음해에 눈이 노랗게 되는 증상으로 나타나게 된다. 봄에 일부 눈들로부터 잎의 발육이 억제되고 작고 가느다란 노란 잎들이 뭉쳐져 총생하게 된다. 이 총생한 잎들은 갈변하고 고사하거나 작은 채로 남게 된다. 일부 잎들은 전개되지만 로젯트화 되기도 한다. 바이러스 전염이 서서히 위로 진전되고 과실은 선단부의 가지에서만 착과되며 작고 쭈글쭈글한 과실이 생산된다. 또한 기주의 품종과 바이러스 계통에 따라 다르지만 주간에 움푹 들어가는 증상이 생기는 경우도 많다. 주간의 비대부분이 편평해지고 목질부에 홈이 패이며 움푹 들어가 prunus stem pitting병이라고 불리기도 한다. 지제부 아래부터 홈이 생기고 점차 그 아랫부분이나 뿌리부분으로 증상이 확산된다. 홈패임증상이 심해지면 형성층과 수피가 괴사하고 주간 비대와 목질부 조직의 파괴가 심해지게 된다.

2) 병원 바이러스 및 방제방법

병원 바이러스는 Tomato Ringspot Nepovirus이며 구형입자이다. 핵과류 종 및 품종에 따라 나타내는 병징들이 매우 다양하며 진단은 항혈청 검정으로 가능하지만 보다 안전한 검정을 위해서는 초본 및 목본 지표식물을 이용하여 검정하는 것이 좋다. 방제는 병징이 나타나지 않는 무독모수를 접수로 사용하거나 열처리 등을 통해 무독화하여 사용하는 것이 가장 안전한 방법이다.

사. 딸기 잠재 원형반점 바이러스 (Strawberry Latent Ringspot Virus)

1) 병징 및 피해

복숭아 품종의 경우 대부분 잠복감염되어 있는 경우가 많으며 전엽과 개화시기가 지연되는 것이 특징적인 증상이다. 잎이 가늘어지며 절간이 짧아지고 신초정단부가 뭉쳐져서 로젯트화한다. 봄에 이러한 병징들이 심해지며 후에 신초의 생육은 거의 정상으로 되돌아간다. 과실은 대부분 모양이 좋지않고 착과량도 적어진다.

2) 병원 바이러스 특성 및 방제대책

Strawberry latent ringspot virus(SLRSV)는 nepovirus 그룹에 속하는 바이러스로 구형입자를 가진다. 선충에 의해 전염되며 즙액, 접목전염하고 종자전염율도 70% 이상인 것으로 보고되어 있다. 명아주와 오이에 국부 황화반점을 형성하고 선단부로 전이되며 기주범위가 넓은 편이다. 바이러스 입자는 엽육세포와 표피조직에서 관찰되며 봉입체도 관찰된다. ArMV, CLRV, RRV, TomRSV, TBRV 등과 혈청학적인 유연관계는 인정되지 않는 것으로 보고되어 있다.

다른 과수작물과 마찬가지로 복숭아도 바이러스들이 대부분 잠복감염되어 있는 경우가 많아 육안관찰보다는 항혈청을 이용한 검정법이나 감수성 목본 지표식물을 이용하여 검정하는 것이 보다 효과적일 수 있다. 항혈청을 이용한 ELISA검정이 가능한 바이러스로는 PNRSV, PPV, PDV, ACLSV, CLRV, TomRSV 등이 현재까지 사용되고 있다. 목본성 작물을 이용한 접목검정방법은 장기간이 소요된다는 점에서 비효율적이지만 가장 안정적인 검정방법이므로 선진외국의 경우 대부분이 바이러스 무독모수 육성 프로젝트에서는 필수적 과정으로 수행하고 있다. 다음 표는 미농무성과 워싱턴주립대학이 공동으로 수행하고 있는 프로젝트과제인 NRSP-5라는 과제에서 수행하고 있는 목본성 지표식물을 이용한 검정 바이러스성 병해의 종류와 검정소요기간을 나타낸 것이다.

표 14-3〉 지표식물별 검정 바이러스 종류 및 검정소요 기간

지표식물 품종	온도	검정소요기간(일)	검정바이러스
Prunus armeniaca Tilton	26	40	Apricot ring pox, cherry twisted leaf virus
Prunus hybrid Shiro plum	18	40	Peach little peach, Peach wart
Prunus persica Elberta	22	40	PNRSV, PDV, ACLSV, SLRV, PPV
Prunus serrulate Kwanzan	18	60	Green ring mottle
Prunus tomentosa IR 473/1 또는 IR 474/1	22	84	PNRSV, PDV, TomRSV, stem pitting(TomRSV), yellow bud mosaic(TomRSV), ACLSV, PPV
Prunus serrulata Shirofugen	26	20	PNRSV, PDV, Greening mottle
Prunus persica seedling GF305	20	60~90	PNRSV, PDV, ACLSV, SLRV, PPV, yellow bud mosaic(TomRSV), ApMV, bud failure(Mule's ear)

※USDA와 Washington State University의 NRSP-5(national research support project 5)의 virus indexing procedure 참조

우리나라에서도 원예연구소에서 일부 재배 품종들을 대상으로 바이러스 무독모수를 선발 육성하였으며 항혈청 검정과 일부 목본성 지표식물을 이용한 접목검정체계 확립시험을 수행 중에 있다. 따라서 보다 정밀하고 안전한 바이러스 검정체계 확립과 함께 바이러스 무독모수가 보급되어 고품질 과실의 다수확 뿐만 아니라 외국에서의 유해 바이러스의 도입을 철저하게 차단하여 우리나라 과수산업을 안전하게 보호하는 것이 우리가 해결해야 할 가장 중요한 과제일 것으로 생각한다.

3. 해충 방제

가. 복숭아심식나방

1) 기주 : 복숭아나무, 자두나무, 살구나무, 사과나무, 배나무 등

2) 가해상태

과실 속을 먹어 들어가 피해를 준다. 알에서 깨어난 유충은 과실표면에 바늘구멍같은 작은 구멍을 뚫고 먹어 들어간다. 유충이 들어간 자리에는 수지 또는 과즙이 흘러나와 이슬방울이 맺힌 것과 같은 모양이다. 유충은 열매속을 불규칙하게 먹고 돌아다녀 과실을 전혀 먹을 수 없게 한다.

3) 형태

가) 성충

몸은 암갈색 내지 회황갈색으로 겹눈은 적색이고 앞날개는 회갈색이고 날개의 양쪽에 검은색의 삼각 무늬가 있다. 머리에서 앞쪽으로 돌기가 나와 있고 앉은 모양은 팬텀 비행기 모습이다. 성충의 길이는 7~8mm이고 날개를 편 길이는 13~15mm이다.

나) 알

지름이 0.3mm 정도이고 원형으로 적색이다.

다) 유충

머리는 황갈색이고 몸은 등색 또는 등홍색으로서 방추형이고 각 마디의 작은 암흑색 반점위에 작은 털이 나와 있다. 몸길이는 12~15mm 이다.

라) 고치

흙속에 지으며 겨울고치는 편원형이고 여름고치는 거칠고 방추형이다.

4) 생활사

1년에 1~2세대를 지내며 땅 속에서 편원형의 겨울고치를 지어 노숙유충으로 겨울을 지낸 후 이듬해 봄 고치안에서 빠져나와 땅 지표면에 방추형의 여름고치를 만들어 번데기가 되는데, 제1회 성충은 6월 상순부터 8월 중순까지, 제2회 성충은 8월 중순~9월 상순에 발생한다. 알은 반드시 과실에만 산란하는데 복숭아는 털이 길어서 털 사이에 낳는다. 성충은 낮에는 줄기, 잎, 봉지, 나무밑의 잡초사이에 숨고 해가 지면 나와 활동하며 산란한다. 주화성(走化性)과 주광성(走光性)이 없다.

〈복숭아심식나방의 생활사〉

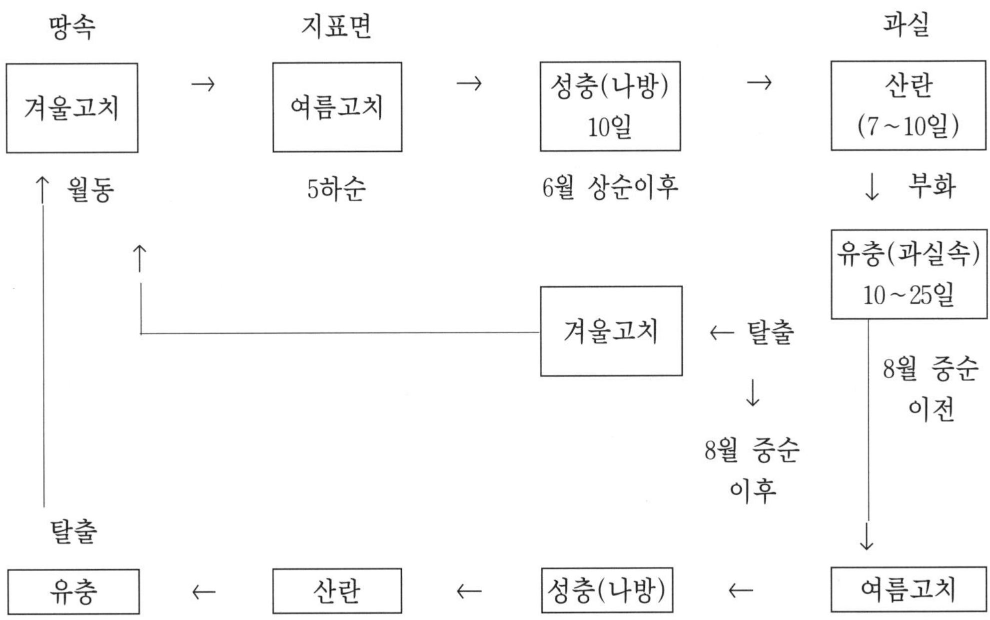

5) 방제법

① 토양살충제 처리 : 다이아톤 또는 지오릭스입제를 5월 하순과 7월 하순 2회에 10a당 5kg을 수관 밑에 고루 살포하고 긁어준다.
② 살란제 : 다이메크론 1,000배, 스미치온 1,000배, 오후나크 등의 약제를 6월 상순부터 9월까지 10일 간격으로 4~5회 살포하여 알을 죽이거나 알에서 깨어나오는 어린 유충를 잡는다.
③ 피해 과실의 제거 : 일단 과실을 뚫고 들어간 유충은 약제 살포로는 효과가 없으므로 유충이 탈출하기 전에 따서 물속에 담그어 질식시켜 죽인다.
④ 피해가 심한 과수원에서는 알을 낳기 전에 봉지를 씌운다.
⑤ 산란기에 석회보르액을 살포하면 석회 성분에 의해서 기피작용을 시킨다.
⑥ 복숭아심식나방 페르몬을 설치하여 수컷 성충을 모아 잡는다. 현재 예찰용으로 이용하고 있다.
⑦ 천적으로 흰무늬꼬리납작맵시벌(*Coccygomimus alboannulata*)이 있다.

나. 복숭아순나방

1) 기주 : 복숭아나무, 자두나무, 매실나무, 살구나무, 사과나무, 배나무 등

2) 가해상태

각종 과수의 신초와 과실을 먹어 들어가 피해를 준다. 신초피해는 복숭아 나무가 가장 심하고 사과 및 기타 과수 순으로 피해를 준다. 5월 상순 제1회 발생유충은 복숭아나무의 신초를 식해하고 제2회 유충은 신초와 웃자란가지 및 과실을 먹어 들어가며 제3~4회 유충은 과실만 가해한다.

4~5월 성충이 우화하여 길이가 10cm 정도인 신초 잎 뒷면에 알을 낳으면 부화유충은 잎자루의 부착부로부터 식입하여 신초의 어린 조직을 아래로 먹어 들어가는데 약 1주일에 피해신초가 말라 황색으로 변하면 진과 똥을 배출하므로 쉽게 발견할 수 있다. 1마리의 유충이 3~6개의 신초를 가해한다. 과실에 침입하면 식입부로부터 즙액과 똥이 배출되므로 각종 나방과 파리, 말벌, 꽃등애, 개미 등이 몰려들게 되며 각종 병균이 전염되어 부패된다. 만생종 과실에 피해가 심하다.

3) 형태

가) 성충

수컷은 몸길이가 6~7mm이고 날개를 편 길이가 12~13mm인 작은 나방인데 머리, 가슴, 배 모두 암회색이다. 암컷은 수컷에 비하여 약간 크다.

나) 알

납작한 원형이고 유백색이며 진주 광택을 가지고 있는데 1주일 후에는 광택을 잃고 홍색을 띠게 되며 7~15일 사이에서 유충이 깨어나온다.

다) 유충

머리는 황갈색 몸은 엷은 등황색이며 등에는 약간의 돌기가 나 있다. 길이는 10~13mm이다.

라) 고치

나무 껍질 속이나 죽은 가지 등에 고치를 지으며 타원형이고 길이는 7~8mm이다. 늙은 유충으로 겨울을 지낸다.

4) 생활사

연간 발생회수 및 발생시기는 지역에 따라 약간 다르다. 추운 곳에서는

2~3회 따뜻한 곳에서는 4~5회 발생을 되풀이한다. 제1회 성충은 4월 하순~5월 하순, 제2회 6월 중・하순, 제3회 7월 하순~8월 상순, 제5회 9월 상순에 출현한다. 전체적으로 연간 최대 발생기는 8월 하순~9월 하순경이다. 성충의 수명은 수컷이 7~10일이고, 암컷이 10~14일 정도이며 낮에는 나무그늘에 숨고 해가 진후에 나와 활동한다. 다소 주광성이 있어 해가 진후 30~60분 사이에는 유인되는데 강한 광선보다 약한 광선에 유인된다.

알을 낳는 곳은 1화기에는 복숭아나무 신초 끝에서 3~5매 하부의 잎 뒷면에 1개씩 낳고 제2회 성충 일부와 3~4회 성충은 과실에 보통 3개씩 알을 낳는다. 월동 유충은 피해과에서 탈출하여 수간의 그늘진 곳이나 저장고 근처의 적당한 틈에서 고치를 만들고 그 속에서 월동한다.

〈복숭아순나방 생활사〉

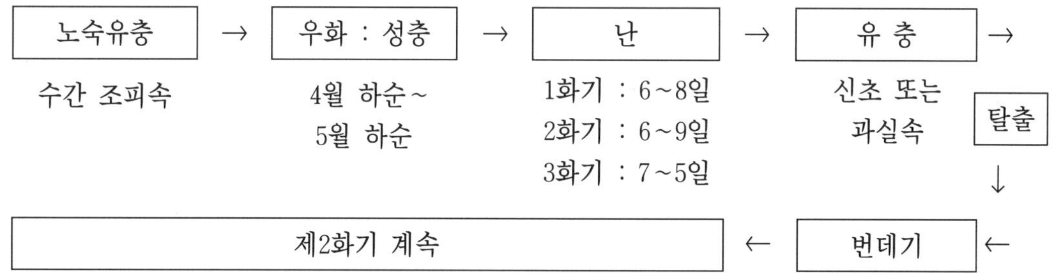

5) 방제법

① 봄철에 거친 껍질을 제거하여 월동 유충을 잡아 소각시킨다.

② 과실에 봉지를 씌워 산란 및 유충의 침입을 방지한다.

③ 피해과실은 유충이 탈출하기 전에 따서 물속에 담구어 질식시켜 죽인다.

④ 봄철 1화기 유충이 신초끝에 들어가 있을 때 신초를 잘라 불태울 것. 말라 버린 신초는 이미 유충이 다른 가지로 이동한 후이므로 잘라도 소용없다.

⑤ 6월 하순부터 9월까지 산란기에 데시스 1,000배, 더스반수화제 1,000배,

세빈 800배 등의 약제를 살포한다.

⑥ 당밀액을 만들어 유살병에 넣어 나무에 걸어놓고 유인하여 잡는다(당밀액은 5일마다 교체).

⑦ 자외선을 이용한 등화유살을 한다.

⑧ 페르몬으로 유인하여 잡는다.

⑨ 천적을 이용한다. 천적으로는 긴줄고치벌(*Agathis conspicus*), 줄고치벌(*Agathis diversus*), 철필뾰족맵시벌(*Agrothreutes grapholithae*), 배좀나방 고치벌(*Apanteies molestae*), 순나방살이고치벌(*Apanteles taragamas*), 좀나방자루맵시벌(*Diadegma motestae*), 황다리금좀벌(*Dibrachys cavus*), 순나방고치벌(*Eubadizon extensor*), 순나방벼룩좀벌(*Euplemus formosae*), 송충살이납작맵시벌(*Itoplectis alternans spectabilis*), 좀벌레살이고치벌(*Macrocentrus thoracicus*), 뭉특고치벌(*Meteoridea japonensis*), 외줄좀벌 (*Pediobiu pyrgo*), 솜씨벌레자루맵시벌(*Pristomerus vulnerator*), 중국자루 맵시벌(*Pristomerus chinensis*), 세줄좀벌(*Tetrastichus ibseni*), 안경꼬마자 루맵시벌(*Trathala flavoorbitalis*), 송충알벌(*Trichogramma dendrolimi*) 등이 있다.

다. 복숭아명나방

1) 기주 : 복숭아나무, 양벚나무, 사과나무, 자두나무, 감나무, 귤나무, 석류나무, 밤나무 등

2) 가해상태

유충이 과실을 뚫고 들어가 식해하며 똥을 배출한다.

3) 형태

가) 성충

몸길이는 15mm 정도이고 날개를 편 길이는 25~30mm이며 가슴과 배에 흑색 반점이 있고 앞 날개에는 20개, 뒷 날개에 10개 정도의 흑색점이 있다.

나) 알

길이가 0.6mm 정도이고 납작한 타원형이고, 유백색 내지 담홍색이다.

다) 유충

몸길이가 25mm 정도이고 앞가슴은 갈색이며 몸은 암갈색이고 배면은 담록색이다. 각 마디에 몇개의 흑색점과 긴 털이 나있다.

라) 번데기

약간 모가 진 긴 타원형이고 갈색이며 몸길이는 13mm 정도인데 나이롱망 같은 회백색의 고치속에 들어있다.

4) 생활사

1년에 2회 발생하고 노숙 유충으로 엉성한 고치속에서 월동하여 이듬해 6월에 복숭아나무 또는 과실의 표면에 알을 낳는다. 알은 1주일 후에 부화하며 부화유충은 과실속으로 먹고 들어가 과실 표면에 암갈색의 똥과 즙액을 배출한다. 1마리가 여러개의 과실을 식해하고 다 자라면 수피 틈에서 고치를 만들고 그 속에서 번데기가 된다. 유충 기간은 20일 정도이고 번데기 기간은 10일이며 고치의 표면은 나무 부스러기로 덮여 있고 회황색이다. 제2회 성충은 7월 하순~8월 상순에 발생하여 1화기 때와 같이 생활한다. 10월경에 노숙 유충 상태로 수간의 표피사이에 고치를 만들고 그 속에서 월동한다.

〈복숭아명나방 생활사〉

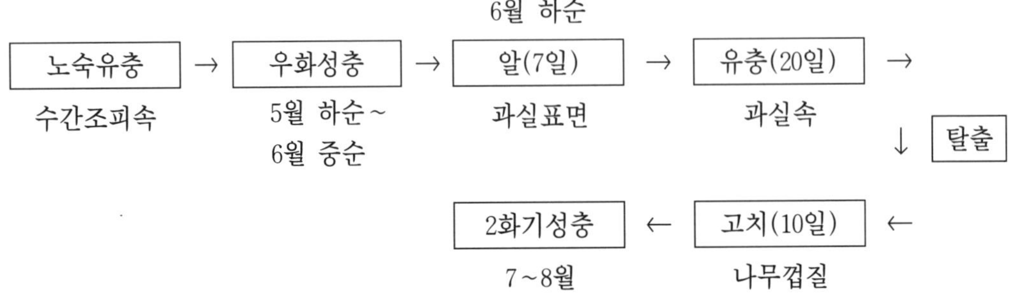

5) 방제법

① 피해과는 유충(어린벌레) 탈출 전에 따서 물에 담구어 질식시켜 죽인다.

② 봄철 일찍 거친 껍질을 제거하여 겨울을 나고 있는 고치를 제거하고 기계유 유제를 살포한다.

③ 봉지를 잘 씌워 유충이 들어가지 못하도록 한다.

④ 알에서 깨어나 과실에 뚫고 들어가기 전에 복숭아심식나방 방제와 겸해서 약제를 살포한다.

⑤ 천적을 이용한다. 천적으로는 먹수염납작맵시벌(*Acropimpla persimilis*) 과 가시은주둥이벌(*Ectemnius* 〈*Metacrabro* 〉 *spinipes*)이 있다.

라. 복숭아굴나방

1) 기주 : 복숭아나무, 자두나무, 매실나무, 사과나무 등

2) 가해상태

유충이 엽육 사이를 굴모양으로 식해하며 원형으로 돌아다니며 자갈색으로 되고 구멍이 생긴다. 심한 경우 잎 전체가 걸레모양으로 찢어지고 낙엽된다.

3) 형태

가) 성충

길이는 3mm 정도이고 앞 날개는 은백색이며 황백색의 줄이 몇 개 있다. 뒷날개는 회백색이다.

나) 유충

몸길이는 6mm 정도이며 몸이 납작하고 양끝이 뾰족하다. 머리의 색은 달걀색, 몸은 담록색이고 가슴과 다리는 흑색이며 짧다.

다) 번데기

길이는 4mm 정도로 방추형이며 담록색을 띤다.

라) 고치

길이 5mm의 백색 방추형으로 흰실같은 줄을 늘인 속에 달려있다.

4) 생활사

1년에 4~7회 발생한다. 따뜻한 지방에서는 7회 발생한다. 과수원 주위의 풀숲이나 피해 낙엽에서 성충으로 월동하여 이듬해 일찍부터 복숭아잎에 날아와 알을 낳는다. 알에서 깨어난 유충이 잎조직 속으로 들어가 가해한다. 유충은 잎 뒷면에 흰실 같은 줄을 늘이고 집을 지어 번데기로 되었다가 성충으로 되어 나온다.

〈복숭아잎굴나방 생활사〉

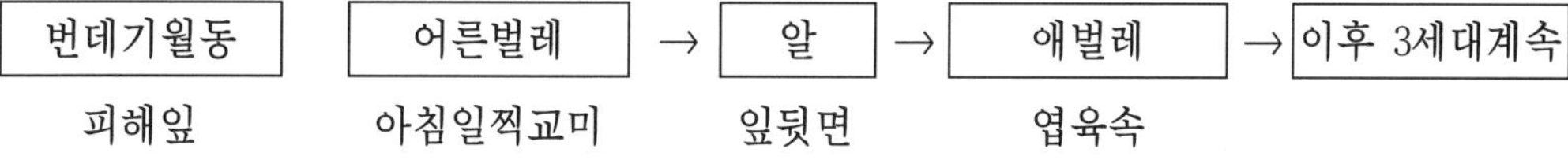

5) 방제법

① 봄철 피해낙엽을 긁어 모아 태우거나 땅속깊이 묻는다.

② 1화기에는 지면 근처의 대목부위에서 발생하는 신초엽에서 생활하므로 대목의 흡지를 제거한다.
③ 2화기 성충발생이 끝나는 6월중 · 하순에 전문약제를 살포하여 3~4화기의 발생밀도를 낮추도록 한다.
④ 복숭아는 수확기에 복숭아굴나방의 3~4화기가 되므로 농약의 안전사용 기간을 지켜야 하며 수확 후에 약제방제를 하여 9월에 급격히 발생하는 것을 예방한다.
⑤ 발생기에 데시스, 바이린, 코니도, 스미사이딘, 호리마트 등을 살포한다.

마. 진거위벌레

1) 기주 : 복숭아나무, 사과나무, 배나무 등

2) 가해상태

성충이 피해식물의 열매꼭지를 반쯤 자르고 과일 속에 1개씩 알을 낳아 놓는데 시일이 경과하면 열매꼭지가 떨어진다. 유충은 새순에 피해를 준다.

3) 형태

가) 성충

광택이 있는 자갈색이며 주둥이가 길고 다리가 발달되어 있다.

촉각은 주둥이의 중앙부에 있으며 기부에서 제8절 까지는 강한 털이 드문드문 있다. 몸길이는 14mm 가량이다.

나) 알

난형에 반투명하고 지름이 1mm이다.

다) 유충

유백색에 다리가 없고 몸길이가 9mm 가량이다.

4) 생활사

1년 1회 발생하며 늙은 벌레로 땅속에서 월동한다. 이듬해 봄에 번데기가 되며 4월 하순부터 성충이 나타나서 어린 과실의 열매꼭지를 반쯤 자르고 과실에 조그마한 구멍을 뚫은 다음 그 속에다 한개씩 알을 낳으므로 알에서 깨어난 어린벌레가 과실의 내부를 먹고 자라는 동안에 열매 꼭지가 부러져 열매가 떨어지게 된다. 늙은 상태의 유충으로 탈출하여 땅속에 들어가 흙으로 집을 만들고 그 속에서 월동한다.

5) 방제법

① 열매꼭지가 부러진 것을 철저히 따서 물에 담구어 죽인다

② 유기인제 계통의 살충제를 살포한다.

③ 이른 아침에 유충의 동작이 민첩하지 못하므로 나무가지를 흔들어 한데모아 잡아주는 방법도 있다.

바. 뽕나무깍지벌레

1) 기주 : 복숭아나무, 매실나무, 살구나무, 앵두나무, 벚나무, 배나무, 사과나무, 포도나무, 밤나무, 호두나무, 뽕나무 등

2) 가해상태

가지, 잎 및 과실에 기생하며 즙액을 빨아먹어 점차 나무가 쇠약해지며 심하면 말라 죽는다. 복숭아 등 핵과류에 피해가 심하다.

3) 형태

가) 성충

암컷의 길이는 1.1mm, 숫컷은 0.9mm 정도이며 암컷은 원형에 가까운 타원형이고 등황색이며 숫컷은 등적색이다. 눈은 암갈색이며 다리와 더듬이는 담황색이고 염주 모양이며 10마디로 되어 있고 각 마디에 작은 털이 나 있다. 날개는 백색 투명하고 배 끝에 교미기가 있다. 암컷의 깍지는 지름이 1.7~2.0mm이고 원형이지만 수피사이에 많이 기생할 때는 부정형인 경우도 있다. 깍지의 색깔은 백색~회백색이고, 깍지는 중심부가 높으며 몸은 등황색~암갈색이다.

2) 알

길이는 0.2×0.1mm이고 타원형이며 매끈하고 광택이 있다. 알의 색깔이 백색인 것은 수컷이 되고 등황색인 것은 암컷이 된다.

3) 약충

제1령충은 크기가 0.25~0.15mm이고 납작한 타원형이다. 제2령충은 깍지와 충체에 의하여 암수구별이 가능하다. 이때 숫컷은 깍지가 고치모양이고 짧은 타원형이며 백색 솜털 같은 것으로 덮여 있다. 암컷은 깍지가 타원형이 회갈색이다. 제3령충은 숫컷은 고치를 형성하고 길이는 0.75mm이며 황색이다. 암컷은 깍지의 길이가 1.2mm이고 원형이며 회백색~회갈색이다.

4) 생활사

1년에 3회 정도 발생하지만 북쪽지방에서는 적고 남쪽지방에서는 많다. 월동한 암컷은 5월 상순에 산란하고 5월 중순에 부화하며 6월 중순에 번데기가 되어 6월 하순에 우화한다. 제2회 성충은 7월 상순에 산란하고 7월 중순에 부화, 8월 상순에 번데기가 되며 8월 중순에 우화한다. 제3회 성충의 산란기는 8월 하순이고, 9월 상순에 부화, 9월 하순에 번데기가 되어 10월 상순에 우화한다. 수컷은 약 1주일을 넘기지 못하며 날개는 있지만 멀리 날지 못한다. 암컷은 가지에서 부착하여 즙액을 빨아 먹으며 수명도 길다. 교미 후 깍지 밑에 불규칙하게 알을 낳는데 산란수는 40~200개이고 고온일때 산란수가 많다. 알 기간은 7~10일이고 부화약충은 활발히 기어 다니며 기주 식물로 분산하지만 제1회 탈피 후에는 고착생활을 하게 되며 납물질을 분비하여 점차 깍지를 형성한다. 암컷은 3회 탈피 후에 성충이 되며 번데기를 거치지 않는다. 그러나 수컷은 제1회 탈피 후 약 2주일에 제2회 탈피를 하며 백색고치 속에서 번데기가 된다. 번데기 기간은 1주일이며 날개가 있는 숫컷이 우화한다.

5) 방제법

① 봄철에 거친 껍질을 제거하고 기계유 유제를 살포한다.

② 5월 중순 약충발생기에 적기방제하고 생육기에도 약충기에 수프라사이드 등 전문약제를 살포한다.

③ 천적을 이용한다. 천적으로 흰깍지깡충좀벌(*Adelemcyrfus aulacaspidis*), 사철깍지좀벌(*Aphytis proclia*), 털깡충좀벌(*Apterencyrtus microphagus*), 애홍점박이무당벌레(*Chilocorus kuwanae*), 홍점박이무당벌레(*Chilocorus rubidus*), 깍지좀벌(*Prospallella berlesei*) 등이 있다.

사. 공깍지벌레

1) 기주 : 복숭아나무, 자두나무, 살구나무, 매실나무, 벚나무, 모과나무, 사과나무, 포도나무

2) 가해상태

잎 또는 가지에 기생하며 즙액을 빨아먹어 점차 나무가 쇠약해진다.

3) 형태

가) 성충

몸길이가 1.5mm 정도이고 날개를 편 길이는 2.5mm이다. 암컷은 구형이고 광택이 있는 갈색~농갈색이며 외피에는 주름이 있고 지름은 4~5mm이다. 수컷은 날개가 있고 머리와 가슴은 적갈색이지만 가슴은 빛깔이 엷으며 더듬이와 다리는 담황색이다.

나) 알

긴 지름이 0.3mm이고 타원형이며 적갈색이다.

다) 약충

납작한 타원형이고 적갈색이며 배 끝이 가늘다.

4) 생활사

1년에 1회 발생하고 약충으로 월동한다. 4월 하순부터 즙액을 빨아먹고 5월 중하순에 구형이고 갈색인 성충이 되며 산란기에는 깍지가 딱딱해진다. 5~6월에 깍지 내부에 수백개의 적갈색이고 구형인 알을 낳는다. 5월 중하순부터 부화된 약충은 잎의 뒷면으로 이동하여 즙액을 빨아 먹다가 낙엽 전에 가지로 돌아와 고착하여 월동한다.

5) 방제법

① 봄철 발아전에 기계유 유제 및 석회유황합제를 살포한다.

② 5월 중하순 스프라싸이드 등 전문약제를 살포한다.

③ 천적으로는 홍점박이무당벌레(*Chilocorus rubidus*)가 있다.

아. 복숭아혹진딧물

1) 기주 : 복숭아나무, 자두나무, 살구나무, 벚나무, 귤나무 등

2) 가해상태

월동난에서 부화된 약충(간모)이 어린 잎에 몰려와 즙액을 빨아 먹으면 잎이 세로로 말린다. 발생이 심한 경우 배설물에 의해서 어린 과실에 동녹이 발생되고 그을음병이 생긴다. 5월부터 유시충이 생겨 배추 등 십자화과 채소 및 기타 여름기주로 날아가 가해한다. 십자화과 채소에는 각종 바이러스를 매개하므로 무서운 해충이다.

3) 형 태

가) 무시충(無翅蟲) 암컷

난형이고 녹색~적록색으로 뿔관은 흑색이고 중앙부가 약간 팽대되어 있다.

나) 유시충(有翅蟲) 숫컷

담적갈색이고 더듬이의 제3마디에 10~15개의 원형 감각기가 있다. 배의 등면에는 각 마디에 흑색의 띠와 반문이 있고 뿔관은 중앙부 뒷쪽이 팽대되어 있다.

다) 알

긴 타원형으로 길이가 0.66mm이고 흑색이다.

4) 생활사

1년에 빠른 세대는 23회, 늦은 것은 9회 발생하며 복숭아나무 눈 부근에서 알로 월동한다. 3월 하순~4월 상순에 부화된 간모는 단위생식을 한다. 무시충을 태생(胎生)하면 새끼는 신초 또는 새잎에 기생하여 흡즙하고 잎이 세로로 말린다. 5월 상·중순에 2~3세대 경과후 유시충이 생겨 여름기주로 이전한 후 6~18세대를 번식하다 늦가을에 유시충이 생겨 다시 겨울기주인 복숭아로 날아와 산란성 암컷이 되면 여름 기주에서 날아온 수컷과 교미한 후 산란성 암컷이 자라서 11월 상·중순에 복숭아 눈 근처에 알을 낳는다.

〈복숭아혹진딧물 생활사〉

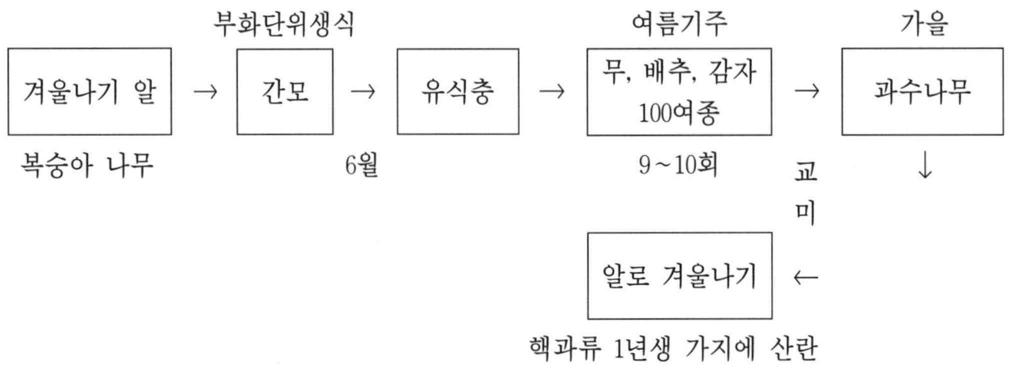

5) 방제법

① 월동직후 기계유 유제 및 석회유황합제를 살포할 것.

② 발생기에 진딧물 전용약제인 모노프액제, 아시트수화제, 피리모수화제 또는 메타유제 등의 약제 중 선택하여 교호로 살포한다.

③ 복숭아과원 가까이에 무우, 배추 등 십자화과 식물을 심지 않는 것이 좋다.

④ 천적을 이용한다. 뒷박벌레류, 꽃등에류, 풀잠자리류, 기생벌 등 다수의 적이 있으므로 잔효성이 긴 살충제는 피하는 것이 좋다. 천적으로는 목화검정진딧벌(*Ephedrus japonicus*), 날나리꽃등에(*Epistrophe ballealus*), 코롤라꽃등에(*Metasyrphus corollae*), 꼬마남생이무당벌레(*Propylaea japonica*), 애꽃등에(*Sphaerophoria sylindrica*), 좀넓적꽃등에(*Syrphus ribesii*), 검정넓적꽃등에(*Syrphus serarius*) 등이

있다.

자. 복숭아가루진딧물

1) 기주 : 복숭아나무, 매실나무, 자두나무, 살구나무 등

2) 가해상태

주로 잎의 뒷면 엽맥에 붙어서 가해하나 어린 잎에도 붙어서 흡즙하며 가해한다. 잎을 말지 않으나 흰가루를 분비하고 배설물에 의해서 과실이나 나무에 그을음병을 발생시킨다.

3) 형태

가) 유시충 암컷

몸길이가 2.1mm 정도이고 전체가 녹색이나 머리는 녹황색이다. 몸전체가 흰가루로 덮여 있어 백색으로 보인다.

나) 무시충 암컷

유시충 암컷보다 크고 방추형으로 황록색이며 등에는 세로로 2줄의 녹색 흠이 있다. 몸 전체가 흰가루로 덮여 있다.

4) 생활사

복숭아나무에서 알로 월동하여 번식 가해하다 7월이 되면 유시 태생 수컷으로 변하여 여름기주로 이동하여 증식한다. 10월경 다시 복숭아나무 또는 매실나무로 돌아와 교미하여 월동알을 낳는다.

5) 방제법

① 이른 봄에 기계유 유제 및 석회유황합제를 살포한다.
② 발생기에 침투성 진딧물 전용 약제를 살포한다.

차. 복숭아유리나방

1) 기주 : 복숭아나무, 벚나무, 살구나무, 자두나무, 사과나무, 배나무 등

2) 가해상태

애벌레는 복숭아 나무의 껍질속을 가해하므로 수지가 발생되어 나무수세가 약해지고 심하면 말라죽어 피해가 크다. 우리나라의 중부 이남에서는 사과보다 복숭아나무를 가해하고 중부 이북에서는 사과나무를 가해한다.

3) 형태

가) 성충

몸길이는 15~16mm이며 검은자색이고 머리는 검은색이다. 촉각은 기부가 약간 황색이고 다른 부분은 전부 검은 남색이다. 배에는 두 개의 노란 띠가 있으며 날개는 투명하고 날개맥만 검은색이다.

나) 알

납작한 구형이고 담황색이다. 나무껍질의 갈라진 틈에 1~2개씩 붙어 있다.

다) 유충

머리가 황갈색이고 몸은 담황색이며 각 마디는 노란색이다. 몸길이는 23mm 정도이다.

라) 번데기

황갈색이며 배 끝에 돌기가 있다. 몸길이는 16mm 정도이며 나무 껍질 밑의 고치속에 들어 있다.

4) 생활사

1년에 1회 발생하며 5월부터 9월까지 성충이 복숭아나무 원줄기 아래쪽에 알을 낳는다. 알에서 깨어난 유충은 나무껍질 밑에서 생장하여 월동하며 이듬해 봄부터 연중 가해한다. 번데기의 껍질은 성충이 탈출한 구멍 밖으로 1/2 정도 노출되어 있다. 성충은 낮에만 활동한다.

5) 방제법

① 벌레똥 또는 수지가 발견되면 애벌레의 잠입 부위이므로 칼이나 철사를 이용하여 직접 잡아준다. 애벌레의 식해 활동이 왕성한 월동직전까지 잡아야 한다.

② 원줄기에 피해가 심하기 전에 성충이 산란하지 못하도록 접촉성 살충제를 충분히 살포할 것.

③ 3월 하순 월동유충이 활동하는 초기에 약제를 줄기에 약액이 충분히 묻도록 살포한다.

④ 성충발생기인 6월 상순과 8월 상순에 침투성 살충제를 살포한다. 유기인제 및 합성제충국제를 뿌릴 때는 줄기와 가지 부위에 충분히 묻도록 살포한다.

⑤ 피해부위는 전정시 잘라 성충이 되어 탈출하기 전에 불 태운다. 피해부위에 살충제를 300~500배로 희석하여 주입한다.

카. 서울나무좀

1) 기 주 : 복숭아나무, 자두나무, 매실나무 등

2) 가해상태

복숭아나무 등 자두속의 과수를 가해하는 나무좀에는 스콜리투스속(*Scolytus*)과 자일레보르스속(*Xyleborus*)이 있으며 스코리투스는 주로 형성층 부위에 피해를 주는데 서울나무좀과 자두애나무좀이 있다. 자일레보르스는 줄기와 뿌리의 목질부를 가해하며 뽕나무좀, 오리나무좀 및 붉은나무좀 등이 알려져 있다.

일반적으로 과다 결실시켰거나 태풍 등의 피해로 쇠약해진 나무에 발생이 많으나 건전한 나무에도 간혹 피해를 준다. 성충과 유충이 수피 밑에 굴을 뚫고 다니며 식해하므로 형성층 부분이 피해를 받고 목질부에도 지렁이가 다닌 듯하게 얕은 피해 흔을 남긴다. 줄기의 표피에는 직경 2mm 정도의 구멍을 내므로 발견이 가능하다. 피해를 받은 나무는 수세가 쇠약해지고 과실의 비대에도 지장을 주며 결국에는 나무가 고사한다.

3) 형태

가) 성충 : 몸길이가 4mm 정도이고 가슴부위는 적갈색이며 날개는 흑갈색이다.

나) 알 : 길이가 0.8mm의 타원형이며 백색이다.

다) 유충 : 길이는 1.5mm 정도이고 타원형이며 유백색이다.

4) 생활사

1년 1회 발생하며 유충태로 피해 줄기에서 월동한다. 성충은 5월 하순~8월에 걸쳐 발생하고 나무의 껍질 밑에 구멍을 따라서 수십개의 알을 열지어 산란한다. 줄기의 표피를 완전히 뚫고 침입하는 경우와 인피부만을 뚫는 경우가 있는데 인피부만을 뚫는 경우는 수지가 나오고 유충의 피해구멍으로 배설물이 배출된다.

5) 방제법

① 성충이 활동하는 5월부터 8월까지 줄기에 약제를 도포하거나 살충제 살포시 나무줄기에 충분히 묻게 살포한다.
② 과다결실 등 수세를 약하게 하지 말고 비배관리를 합리적으로 하여 수세를 건전하게 유지하는 것이 피해방지를 위하여 중요하다.
③ 천적으로 어깨 넓적좀벌과의 Euratoma sp.가 있다.

타. 흡수나방류

1) 기주 : 복숭아나무, 포도나무, 배나무, 사과나무, 자두나무, 살구나무 등

2) 가해상태

흡수나방의 피해를 받은 과일은 표면에 바늘구멍 같은 작은 구멍이 있는데 이것이 흡수나방이 주둥이로 찔러서 과즙(果汁)을 빨아먹은 흔적이다. 흡수공(吸收孔)주위는 스폰지 상태로 되고 살짝 누르면 움푹 들어가며 흡수공으로 각종 병균이 침입하여 점점 부패하기 시작하며 심해지면 낙과한다.

흡수나방의 피해가 많은 과수원은 (1)산지에 고립되어 있는 과수원 (2)삼림에 둘러싸여 있고 부근에 유충의 기주가 많이 자생하고 있는 과수원 (3)주위에 성충의 먹이가 될만한 다른 종류의 과수가 많은 과수원 (4)숙기가 흡수나방의 발생시기와 일치하고 껍질이 얇으며 향기가 많은 품종의 과수원 등이다.

3) 흡수나방의 종류

흡수나방 유충의 기주는 과원 근처의 초목에서 서식하기 때문에 지역에 따라 흡수나방의 종류나 우점종이 다를 수밖에 없다. 일본에서는 총 143종의 흡수 나방이 보고되어 있고 우리나라에서는 현재까지 55종이 조사 보고되어 있다.

흡수나방은 크게 1차 가해종과 2차 가해종으로 나눌 수 있는데, 대부분 주둥이가 연약해서 부패과, 병해충 피해과, 수액 등의 냄새에 따라 찾아오는 2차 가해종이다. 1차 가해종은 구기가 강하고 예리하게 발달되어 건전한 과실에 직접 주둥이를 찔러 흡즙하는 종류로서 주로 밤나방과에 속하며 25종이 있다. 우리나라에서 조사된 1차 가해 흡수나방은 작은 갈고리밤나방, 스투포사밤나방, 무궁화밤나방, 무궁화잎밤나방, 금빛우묵밤나방, 갈고리밤나방, 으름밤나방, 암청색줄무늬밤나방 등이다.

2차 가해종 중에서 중요한 종은 쌍띠밤나방, 태극나방, 까마귀밤나방, 배칼무늬나방, 흰줄태극나방, 꼬마구름무늬밤나방, 청백무늬밤나방, 모무늬뒷노랑나방, 세줄박각시나방 등이다.

4) 생활사

가) 1차 가해종

① 무궁화 밤나방(*L. juno*) : 년 2회 발생하고 발생최성기는 7월 하순과 8월 중순~9월 중순이다.

② 스투포사밤나방(*P. stuposa*) : 7월부터 8월까지 발생되며 8월 상순이 발생최성기이다.

③ 금빛우묵밤나방(*C. lata*) : 7월부터 8월까지 발생되며 발생최성기는 7월 중순과 8월 하순의 2회이다.

④ 작은갈고리밤나방(*O. emarginata*) : 7월 중순부터 9월 하순까지 발생되고 발생최성기는 7월 중순과 9월 중순 2회이다.

⑤ 무궁화잎밤나방(*A. mesogona*) : 6월부터 9월까지 발생되며 발생최성기는 7월 중순과 8월 하순에 2회이다.

⑥ 갈고리밤나방(*O. excavata*) : 년 2회 발생하며 발생최성기는 각각 7월 하순~8월 상순과 8월 하순~9월 중순이다.

나) 2차 가해종

① 쌍티밤나방(*M. turca*) : 6월부터 9월까지 발생되며 8월 상중순이 발생 최성기이다.
② 태극나방(*S. retorata*) : 6월부터 8월까지 발생되며 발생최성기는 7월 중하순과 8월 중순 2회이다.
③ 흰줄태극나방(*M. rectifasciata*) : 7월부터 8월까지 발생되며 발생최성기는 7월 중순이다.
④ 까마귀밤나방(*A. l ivida*) : 6월 하순부터 8월 하순까지 발생되며 발생최성기는 7월 중하순 1회이다.
⑤ 배칼무늬나방(*V. rumicis*) : 7월부터 9월까지 년2회 발생된다.
⑥ 모무늬뒷노랑나방(*C. amatum*) : 6월부터 9월 중순까지 발생되며 흡수나방류 중에서 가장 일찍 발생한다. 발생최성기는 6월 중하순이고 7월 이후에는 발생량이 급격히 감소한다.

5) 방제법

① 전등을 조명하는 방법 : 황색 형광등에 의한 피해방지는 과수원 비래억제 밝은 곳 기피 경감 및 흡즙 활동의 감소 효과를 동시에 볼 수 있다. 흡수 나방의 방제에 필요한 조도는 10a당 40W짜리 황색 형광등 7개가 필요하다.

그 중 5개는 나무의 아래부분에(지상 1.8m), 2개는 나무의 윗부분(지상 5m)에 설치한다. 청색 형광등도 흡수나방에 효과는 있으나 노린재류와 풍뎅이 등을 유인해서 곤란하다. 과수원에서 조명 기간은 과수종류, 품종에 따라 다르며 일반적으로 과일이 익기 시작하는 시기부터 수확시기까지 조명을 하면 충분하다.

② 방충망 설치와 봉지씌우기에 의한 방법 : 많은 과수원에서 조류의 피해를 막기 위해 방조망을 설치하고 있는데 방조망 씌우는 노력으로 방충망을 설치하면 흡수나방의 피해를 크게 줄일 수 있다. 그러나 현재 구멍크기가 10×10mm인 방아망이 시중에 판매되는 것이 없고 또 있더라도 과원 전체를 완전히 덮어 주어야 하는 어려움이 있다. 봉지씌우기를 할 경우 신문지는 비바람에 찢어진 부분에 흡수나방이 주둥이를 찔러서 흡즙한다. 따라서 지질이 좋은 2중 봉지를 씌우면 흡수나방에 의한 피해를 방지할 수 있다.

③ 기타흡수나방의 방제를 위하여 유인물질이나 기피제를 이용하는 방법, 약제살포에 의한 방법 세포질 핵다각체 바이러스를 이용하는 방법 등 다각도로 검토되고 있으나, 아직 실용화되지 못하고 있다.

표 14-4〉 방아망의 구멍크기별 흡수나방 피해율 (1988, 경남진양, 복숭아)

처 리 내 용	피 해 과 율(%)	피해과당흡수공수(개)
방아망소(10×10mm)	0.0	0.0
방아망대(15×15mm)	5.3	1.0
봉 지(신문지 1겹)	6.9	1.6
무 대 재 배	51.0	3.5

15장 시설 재배

1. 시설 재배의 목적
2. 시설 재배의 효과
3. 시설 재배의 현황
4. 재배기술

15장 시설 재배

1. 시설 재배의 목적

복숭아는 다른 과실과 달리 조, 중생종의 경우 성숙기가 장마철과 맞물려 품질이 좋은 과실을 생산하기 어렵고 또한 조생종은 과실 특성상 크기가 작고 당도가 낮은 품종이 많아 소비자의 욕구를 충족시키기가 어렵다. 그러나 하우스재배를 하면 강우를 차단할 수 있기 때문에 품질저하를 방지할 수 있고, 품질이 좋은 중생종을 선택하여 숙기를 촉진시키면 조기에 고품질과 생산이 가능하여 소득을 올릴 수 있다.

그 뿐만 아니라 하우스재배는 늦서리의 피해를 방지할 수 있으므로 안정적인 생산이 가능하고 작형분산에 의하여 노력을 분산시킬 수 있는 장점 등이 있다. 그러나 복숭아 하우스재배는 1980년대 말부터 보급되기 시작하여 아직 재배역사도 짧고, 재배 기술적으로도 결실불량, 착색불량, 돌출과 발생, 핵할, 저당도, 웃자람 등 어려움이 있으며 시설비도 많이 소요되므로 하우스재배를 시도하고자 할 때에는 충분한 검토가 이루어져야 한다.

표 15-1〉 무가온재배시 숙기촉진효과

품 종	피복시기 (월. 일)	잎전개기 (월. 일)	만개기 (월. 일)	착색기 (월. 일)	숙기 (월. 일)	숙기촉진일수 (일)
백미조생	2. 5	3. 21	3. 20	5. 5	5. 25	26
	2. 15	3. 19	3. 22	5. 7	5. 30	21
	3. 5	3. 29	3. 29	5. 11	6. 1	17
	3. 15	3. 29	3. 30	5. 15	6. 4	14
	노 지	4. 13	4. 12	6. 1	6. 20	0
사자조생	2. 15	3. 19	3. 24	5. 30	6. 14	19
	3. 15	3. 30	3. 31	6. 4	6. 20	13
	노 지	4. 14	4. 15	6. 16	7. 3	0
창방조생	2. 15	3. 20	3. 24	6. 2	6. 18	20
	3. 15	3. 30	3. 30	6. 7	6. 24	14
	노 지	4. 15	4. 14	6. 20	7. 8	0

(원시, 나주지장 : 1989~1990)

2. 시설 재배의 효과

1) 숙기 촉진 효과

무가온재배시 피복시기별 숙기촉진효과는 2월 5일에 피복한 것은 노지재배에 비하여 26일 숙기가 촉진되며 2월 15일 피복은 20일 내외, 3월 15일 피복은 14일 내외의 촉진 효과가 있었고, 품종별로는 조생종 내에서는 큰 차이가 없었다.

가온재배의 경우 일본에서 시험한 결과에 의하면 포목조생은 34일, 사자조생은 38일, 도백봉은 34일 숙기촉진 효과가 있으며 무가온재배에 비하여 15일 정도의 숙기촉진 효과가 있었다.

표 15-2〉 가온재배에 의한 품종별 생육촉진효과

품 종	개화기(월. 일)	성숙기(월. 일)	성숙소요일수(일)	숙기촉진일수(일)
포목조생	3. 6	5. 18~5. 27	73	38
사자조생	3. 6	5. 27~6. 5	82	38
도 백 봉	3. 6	6. 16~6. 20	102	38
백 봉	3. 7	6. 16~6. 21	101	34

2) 품질향상효과

하우스재배는 강우가 차단되기 때문에 노지재배에서 생산된 과실보다 당도가 2~3도 높아질 뿐만 아니라 결실관리, 토양수분 조절 등 집약재배로 과실비대효과가 높다. 그러나 비닐피복에 따른 일조량 부족으로 수관내부에 결실된 과실의 착색불량, 부적절한 온도관리에 따른 돌출과(突出果)발생 등 문제점도 있다.

표 15-3〉 무가온재배에 의한 품질향상 효과

품 종	피복시기 (월. 일)	과 중 (g)	당 도 (°Bx)	산함량 (%)	경 도 (kg/5mm Ø)	연화정도	핵할정도
백미조생	2. 15	174.0	12.0	0.21	0.67	약	100
	3. 15	171.7	10.1	0.17	0.73	약	100
	노 지	155.3	8.8	0.20	0.64	약	100
사자조생	2. 15	254.7	10.3	0.26	1.87	중	85
	3. 15	266.7	9.7	0.24	1.65	중	75
	노 지	244.0	7.3	0.27	1.45	중	100
창방조생	2. 15	273.8	10.4	0.27	1.99	중	80
	3. 15	260.2	9.8	0.24	1.95	중	60
	노 지	218.2	6.7	0.42	1.64	중	100

(원시, 나주지장 : 1990)

3) 경제성

시설재배에서는 노지에서 과실이 생산되기 이전에 출하되는 희귀성도 있지만 노지에서 생산된 과실보다 품질이 향상되기 때문에 고가로 판매되며 소득도 3배이상 올릴수 있다. 일본의 경우에도 하우스에서 생산된 복숭아는 노지에 비하여 품종에 따라 다소의 차이는 있으나 약 3~5배 고가로 판매되고 있다.

표 15-4〉 복숭아 무가온재배의 10a당 경제성

구 분	수 량 (kg)	단 가 (원/kg)	조수익 (천원)	경영비 (천원)	소 득 (천원)	지 수 (%)
하우스재배	2,591	3,600	9,327	2,240	7,087	382
노지재배	1,851	1,194	2,210	354	1,856	100

(원시, 나주지장 : 1991)

표 15-5〉 일본 야마나시현의 재배방법별 주요품종의 생산비율 및 단가

구 분	노지재배		하우스재배	
	생산비율(%)	단가(￥/kg)	생산비율(%)	단가(￥/kg)
무정백봉	3.2	433	2.9	2,070
일천백봉	11.0	539	21.7	1,974
산리백봉	3.2	617	3.6	1,776
팔번백봉	4.3	553	8.1	1,636
가납암백도	3.4	627	9.9	1,719
백 봉	22.3	600	23.9	1,915
천간백도	12.9	589	8.3	1,942
장택백봉	8.2	517	5.1	2,052
기 타	31.5	-	16.5	-

(야마나시현 : 1996)

3. 시설 재배 현황

우리나라의 과수 시설재배 면적은 1997년 현재 1,653ha에 달하고 있다. 과종별로는 감귤류가 810ha로서 전체 면적의 49%를 차지하고 있으며 1987년부터 하우스재배가 시작되었으나 품질향상의 효과가 뚜렷하여 재배면적이 급격히 확대되고 있다. 포도는 1960년대 중반부터 시설재배가 시작되어 우리나라 과수의 시설재배를 이끌어 온 선도작목으로서 많은 발전을 하였으나 최근 칠레 포도의 수입으로 어려움을 겪고 있다.

복숭아는 단감, 배 등과 같이 1980년대 후반부터 시설재배가 시작되었으나 현재 1.6ha에 불과하여 비슷한 시기에 재배가 시작되었던 과종보다 증가속도가 미미한 실정이다. 이러한 원인은 그동안 재배면적의 감소로 가격이 높게 유지되었기 때문으로 판단되며, 앞으로 재배면적이 증가되어 복숭아 가격이 낮아지면 점차 시설재배가 확대될 것으로 예상된다.

일본의 경우에는 우리나라와 달리 복숭아의 하우스 재배면적이 노지재배면적의 1.3%를 차지하고 있고, 재배방법도 가온재배면적이 무가온재배면적

의 약 3배에 이르고 있으며 최근 다른 과종의 하우스 재배면적 증가속도보다 빠른 실정이다.

표 15-6〉 우리나라의 과종별 시설재배면적

(단위 : ha)

구 분	'91			'93			'95			'97		
	소계	가온	무가온	소계	가온	무가온	소계	가온	무가온	소계	가온	무가온
계	435	115	320	788	296	492	1,189	503	686	1,653	707	946
감귤류	228	77	151	392	176	216	626	306	320	810	449	361
포 도	204	38	166	290	119	171	452	194	258	653	246	407
배	-	-	-	0.2	-	0.2	2.9	0.7	2.2	10.9	5.7	5.2
복숭아	0.5	-	0.5	0.5	0.3	0.2	1.4	0.3	1.1	1.6	0.1	1.5
단 감	1.4	-	1.4	2.9	0.8	2.1	4.7	0.3	4.4	11.3	0.5	10.8
유 자	1.0	-	1.0	11.3	-	11.3	25.2	-	25.2	23.6	-	23.6
기 타	-	-	-	91	-	91	77	2	75	143	6	137

표 15-7〉 일본의 과종별 시설재배면적

(단위 : ha)

구 분	'89	'91	'93				'95			
			소계	가온	무가온	비가림	소계	가온	무가온	비가림
계	6,105	9,845	10,802	3,204	3,126	4,472	11,647	3,441	3,356	4,850
포 도	3,734	6,240	6,635	1,347	2,306	2,982	6,620	1,420	2,336	2,864
감귤류	1,343	1,929	2,027	1,533	300	194	2,129	1,593	335	201
양앵두	606	873	1,068	14	43	1,011	1,599	30	139	1,430
배	256	321	423	57	143	223	527	82	148	297
복숭아	57	82	107	74	22	11	141	105	36	-
감	14	28	37	33	4	-	39	31	8	-
기 타	95	372	505	146	308	51	592	180	354	58

4. 재배기술

1) 하우스재배의 입지조건

하우스재배는 노지재배와 달리 과수의 생육에 적합치 않은 시기에 하우스를 설치하여 인위적으로 생육에 적합한 환경조건을 조성하여 재배하는 방법이므로 하우스를 설치할 때에는 다음 사항에 유의해야 한다.

① 기상조건으로는 이른 봄에 눈이 많이 오거나 돌풍이 부는 지역은 하우스가 파손되기 쉬우므로 피하는 것이 좋고, 가급적 이상저온이 발생하지 않는 지역이 바람직하다.

② 지형(地形)은 하우스의 설치, 재배관리 작업면에서 평탄지가 유리하며 경사지에서는 하우스내의 기온이 경사면의 아랫부분보다 윗부분이 현저히 높기 때문에 온도관리가 어렵다. 일반적으로 이상적인 지형은 북쪽에 산을 등지고 있어서 겨울철 찬바람을 막아줄 수 있는 곳이 바람직하며 경사의 방향이 햇빛을 충분히 받을 수 있는 남향 또는 동남향이라면 더욱 이상적이다. 곡간지는 일조시간이 짧아 생육을 지연시키므로 피해야 한다. 또한 무가온재배의 경우 냉기류가 정체하기 쉬운 구릉지에서는 늦서리의 피해를 받기 쉬우므로 유의해야 한다.

③ 토양은 노지재배와 마찬가지로 지하수위가 낮고 물이 잘 빠지며 기름진 양토(壤土) 또는 사양토(砂壤土)가 바람직하다. 점질토양(粘質土壤)은 지온의 상승이 늦고 비료성분의 용해도 늦으므로 조기출하를 목적으로 하는 하우스재배에는 적당하지 않다.

④ 하우스재배는 강우가 차단되므로 관수를 할 수 있는 수원(水源) 또는 저수시설이 확보되어야 한다.

⑤ 유목을 이용하여 하우스재배를 하면 나무가 웃자라 수세조절을 하기가 어렵고 품질이 좋은 과실이 생산되지 못하므로 4년생 이상의 수세가 안정된 과수원을 대상으로 한다.

2) 하우스의 구조와 설치

가) 하우스의 구조

복숭아는 포도보다 나무의 높이가 높고, 일반적으로 평지보다 경사지에 위치한 과원이 많으며 지형도 고르지 못한 곳이 많으므로 하우스의 높이가 다소 높아야 하고 눈 또는 비바람에 견딜 수 있는 내재해성인 구조가 바람직하다.

또한 하우스재배에서는 환기를 하지 않을 경우 맑은 날에는 하우스내 온도가 30~40℃ 이상으로 상승하는 것이 보통이고, 반대로 야간에는 냉각되기 쉬운 문제점이 있다. 따라서 고온에 의한 장해와 생육억제 등을 예방하기 위하여는 환기를 쉽게 할 수 있을 뿐만 아니라 보온력이 우수한 하우스가 설치되어야 한다. 그러나 하우스 설치에는 많은 비용이 소요되므로 나무의 꼴이나 높이, 재식거리 등을 감안하여 지역설정에 맞도록 조절한다.

하우스의 형태는 1-W형, 자동화 하우스를 모델로 하여 하우스의 폭을 6~7m, 높이를 4.5m 내외로 하는 것이 바람직하다.

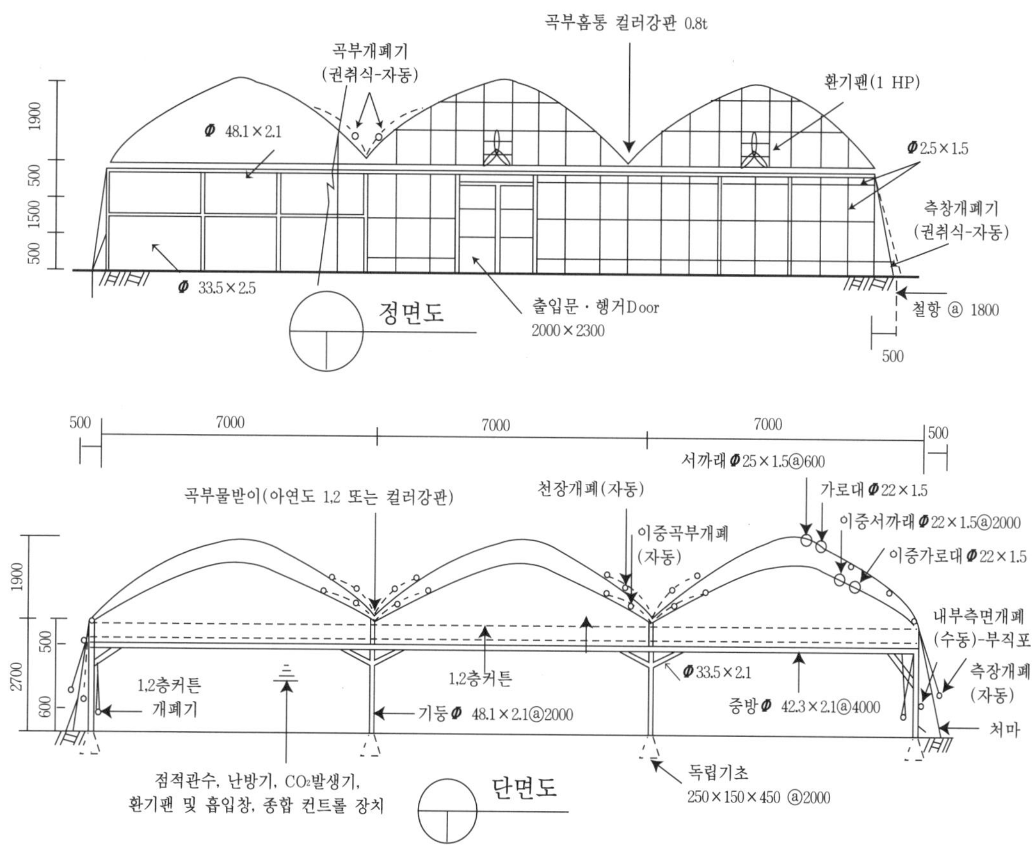

그림 15-1〉 농가보급형 하우스(1-W형)의 정면도 및 단면도

나) 하우스의 설치

① 시설의 크기

일반적으로 바닥면적(床面積)에 비하여 피복면적(表面積)의 비율이 높아질수록 즉, 하우스의 높이가 높아질수록 열이 새어나가는 면적이 커지므로 보온력(保溫力)은 낮아지나 하우스 내부의 용적이 커지기 때문에 하우스 내부의 온도가 급격히 상승되거나 낮아지는 현상을 방지할 수 있는 장점이 있다. 따라서 연동(連棟)하우스는 단동(單棟)하우스에 비하여 바닥면적 대 피복면적의 비율이 낮기 때문에 보온력이 높고, 토지이용면에서도 효율적이다. 그러나 다연동(多連棟)으로 될수록 환기효율이 낮아지고 곡부(谷

部)때문에 광선투과율이 낮은 단점이 있다. 그러므로 시설의 크기는 3~5 연동으로 하여 보온력을 높이는 동시에 환기효율을 높이는 형태가 바람직하다. 또한 하우스의 길이가 너무 길게 되면 환경조절용 부대장치의 작동이 어려우므로 가급적 50m 이내로 한다.

② 환기시설

하우스내의 환기는 측면 및 곡부를 이용하는 것이 일반적이나 환기효율이 낮아 외기온도가 높아지는 한낮에는 고온장해를 받기 쉽게 된다. 따라서 환기효율을 높이자면 천창환기를 하거나 또는 외피복비닐을 하우스 중앙상단까지 말아 올려야 한다. 그러나 천창환기는 현재의 아치형 파이프 구조에서는 설치하기가 어렵고 하우스 중앙상단부에 말아올려 놓는 것도 강우, 태풍 등에 안전성이 낮은 문제점이 있다. 그러므로 하우스재배에서 고품질과를 생산하려면 금후 이런 방법에 대하여 많은 연구가 이루어져야 하겠다.

③ 배수로 설치

하우스 재배에는 피복에 의하여 강우가 차단되므로 호수관수 또는 점적관수 등의 관수장치만 설치하면 관배수가 해결된 것으로 생각하기 쉽다. 그러나 과실 비대기 및 착색기에 배수가 잘 안되거나 강수량이 많아 하우스 외부에서 내부로 수분이 유입되면 열과, 핵할 및 당도 저하 등을 초래하므로 하우스 주변에 반드시 배수로를 설치해야 한다.

3) 품 종

복숭아에는 조생종으로부터 만생종에 이르기까지 많은 품종이 있으며 성숙소요일수도 각각 다르다. 하우스재배의 궁극적 목적인 조숙화에 의한 조기출하를 달성하기 위하여는 노지재배보다도 빨리 수확이 완료되어야 한다. 노지재배 조생종의 수확은 지역에 따라 다소의 차이는 있으나 대개 6월 하순이면 수확이 시작된다. 조생종의 성숙소요일수는 70일 내외이며, 하우스재배에서는 수확기가 노지재배보다 20~30일 정도 앞당겨지므로 성숙소요일수 80~90일 내외의 품종이 대상으로 될 수 있다. 이러한 품종중에서 과실이 크고, 당도가 높으며, 착색이 비교적 잘 되는 품종을 선택한다.

우리나라에 재배되고 있는 품종 중에서 이러한 성숙소요일수에 해당되는 품종으로는 포목조생, 사자조생, 창방조생 등이 있으나, 이 품종 중 사자조생, 창방조생은 과중은 200g 이상으로 바람직하나 당도가 10도 내외로 낮아 문제점으로 대두되고 있으며 시설재배용 품종으로는 당도가 12도 정도는 되어야 한다.

이러한 품종으로는 무정백봉, 일천백봉, 팔번백봉 등이 있으며, 특히 일천백봉은 외국에서 시설재배용으로 널리 이용되고 있고 소비자의 기호도가 높으므로 금후 조속히 시험연구가 이루어졌으면 한다.

그 이외에도 하우스내에서는 가지가 웃자라기 쉽고, 제한된 환경여건 아래에서 재배하는 경우가 많으므로 화분량이 많아 결실이 안정된 품종을 선택하는 것도 대단히 중요하다.

표 15-8〉 복숭아 품종별 화분량 정도

화분량이 적거나 없는 품종 (반드시 인공수분 실시)	화분량이 많은 품종
사자조생, 월봉조생, 창방조생, 백도	무정백봉, 일천백봉, 야마나시백봉 팔번백봉, 가납암백도

4) 작형

복숭아는 조기에 가온재배를 하여 숙기를 대폭 촉진시켜도 다른 과수류와 같이 경제적으로 유리한 점이 없다. 또한 포도는 석회질소, 메리트 청과 같은 인위적인 휴면타파제가 개발되어 있으므로 초조기가온재배를 할 수 있으나 복숭아는 그렇지 못하므로 타발휴면이 완료되어야 시설재배를 시작할 수 있다.

휴면이 완료되기 위해서는 일정시간동안 저온에 경과되어야 하는데, 복숭아는 대체로 품종에 따라 7.2℃ 이하의 온도에서 800~1000 시간이 필요하며 이러한 시기는 지역에 따라 차이는 있으나 1월 중하순 이후이다.

그러므로 우리나라와 같은 소비구조 및 시장여건 아래에서는 가온재배보다는 표 15-3과 같이 2월 중순 이후 무가온재배 형태로 하여 출하기를 앞당기는 방법이 바람직할 것으로 판단된다. 다만 조기에 무가온으로 하는 경우에는 저온피해를 받을 우려가 있으므로 축열물주머니 설치 및 보조난방기를 설치해야 한다.

5) 정지전정

가) 정지전정의 기본

하우스재배를 하면 비닐피복에 따른 일조부족 및 비닐제거후 잦은 강우등으로 웃자람 현상이 나타나 결과지가 불충실하게 되므로 결실 불안정을 초래하기 쉽다. 따라서 신초 비틀기, 순지르기 등을 철저히 하여 과번무를 방지하는 동시에 충실한 결과지를 확보해야 한다. 정지전정은 여름철 새가지 관리를 철저히 하고, 겨울철 전정은 가능한 한 가볍게 한다.

나) 수형

하우스재배의 수형은 가능한 한 나무의 키를 낮추고 유휴공간을 최대로 활용하여 생산성을 높임과 동시에, 햇빛이 수관내부까지 충분히 투사되어 과실품질을 향상시킬 수 있는 수형이 바람직하다.

이와 같은 목적을 달성하기에 가장 적합한 수형이 2본주지 사립형으로서 수형구성 방법은 Y자 수형구성방법과 같다.

다) 전정요령

기본적으로는 노지재배와 같지만 하우스재배의 특성상 다음 사항에 유의한다.

① 수형확대에 제한이 있으므로 부주지 형성에 중점을 두고 결실부위를 1~2m 부위에 집중시킨다.

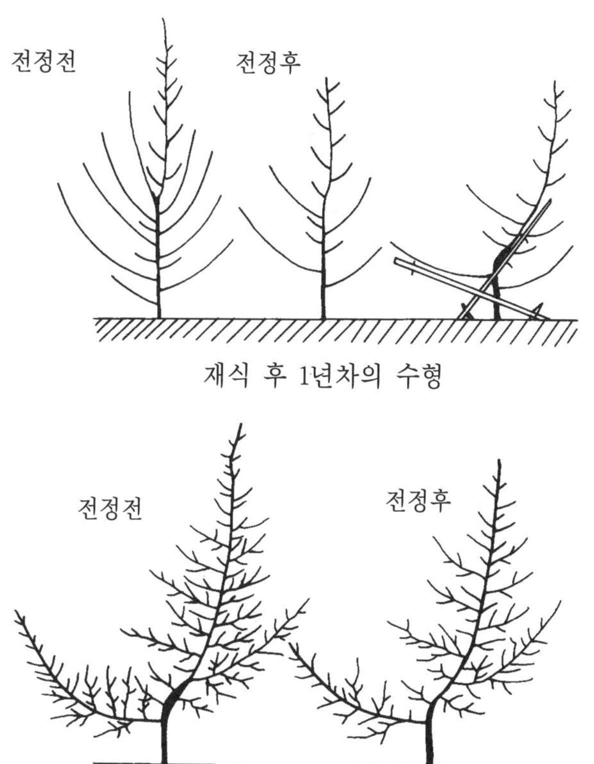

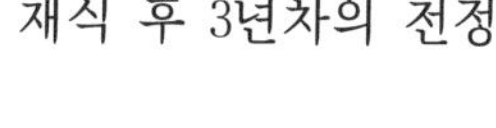

재식 후 5년차의 전정

그림 15-2〉 2본주지 사립형의 연차별 수형구성방법

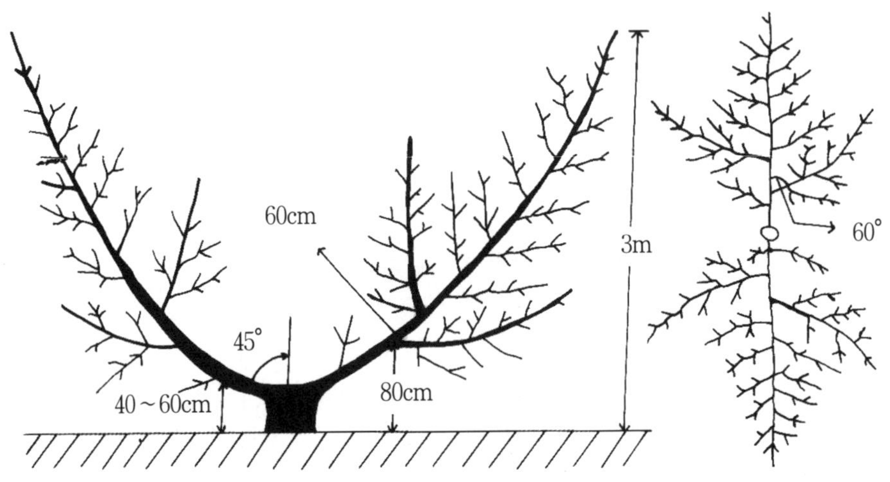

그림 15-3〉 2본주지 사립형의 수형 모식도

② 측지, 결과지는 노지의 경우보다 20% 정도 많이 남기도록 한다. 시설화 초년도에는 더욱 30～40% 정도 많이 남긴다.

③ 결실을 확보하기 위하여 주로 솎음전정을 한다.

6) 피복시기

비닐피복시기의 결정은 복숭아의 생리적인 면과 출하하고자 하는 시기 등을 감안하여 작형을 결정하게 되는데 비닐피복시기 결정에 앞서 고려해야 될 점은 다음과 같다.

조기가온재배의 경우는 반드시 자발휴면이 끝난 다음에 실시하고 비닐피복 전부터 뿌리의 활력을 증진시키기 위해서 충분히 관수하고 비닐멀칭 등을 하여 지온을 상승시켜 준다. 자발휴면이 완료되기 전 조기피복 가온재배는 발아가 불균일하게 되고 신초생장이 불량해져 결실률이 낮아지는 등 생육장해현상이 일어나기 쉽다. 또한 피복시기와 가온개시기에 따른 숙기의 촉진효과도 그다지 크지 않아 난방효율이 떨어지므로, 재배지역의 기상환경을 감안하여 적정한 시기에 피복한다.

표 15-9〉 가온개시 시기가 생육에 미치는 영향

가온개시시기	발아율(%)	개화율(%)	결실률(%)
12월 25일	76.0	70.3	9.2
1월 7일	91.3	70.4	25.0
1월 16일	89.4	76.1	6.6
1월 25일	87.2	88.2	2.1
2월 8일	86.7	90.4	9.6
2월 15일	89.8	92.6	21.2
대조(노지)	100.0	96.7	11.4

단지 무가온재배에서 비닐피복시기를 결정할 때에는 특히 기습적인 저온내습으로 인한 동상해에 유의해야 한다. 복숭아의 생육기간 중 저온피해가 가장 심한 시기는 개화기부터 유과기(幼果期)로, 이 시기에 -2.1℃ 이하로 온도가 내려가면 동상해의 위험성이 크다.

따라서 무가온재배를 할 경우에는 재배지역의 기상조건을 충분히 검토하여 피복시기를 결정하여야 한다. 무가온재배시 비닐피복시기는 재배지역의 기상조건에 따라 차이가 있으나 대체로 2월 중순 이후로 추정된다.

7) 온도관리

시설재배에서의 온도관리는 기본적으로 노지의 생육단계별 기온추이를 근거로 하여 관리온도의 기준을 설정한다.

최근 들어 가온재배에서는 복숭아의 생육적온을 피복 초기부터 15~30℃로 고온관리하는 쪽도 검토되고 있다. 그러나 가온개시부터 개화기까지 고온으로 관리하는 경우에는 너무 빨리 개화되어 꽃가루의 발아가 정상적으로 되지 않고 꽃가루수(花粉數)가 감소하거나 불임꽃가루(不稔花粉)가 많아 결실이 불량하다. 또한 개화기 이후부터 과실비대기에 걸쳐 고온으로 관리하면 과정부(果頂部)가 뾰족하게 돌출하는 기형과 발생이 많아지므로, 개화기까지의 일중 최고온도는 결실안정과 기형과 발생방지를 위하여 25℃로 관리하는 것이 좋다. 야간의 최저기온은 15℃로 높게 관리하는 것이 5℃에 비해서 수확기가 12일 정도, 10℃에 비해서 5일 정도가 촉진된다.

그러나 복숭아도 고온관리를 하게 되면 표준온도 관리체계보다 어느 정도 숙기를 단축시킬 수는 있으나 난방비가 많이 소요되며, 기타 과수의 시설재배와 같이 숙기촉진과 과실품질향상의 효과도 크지 않기 때문에 복숭아의 시설재배 온도관리는 표준온도 관리체계를 따르는 것이 바람직하다.

표 15-10〉 복숭아 시설재배의 생육단계별 표준온도관리체계(℃)

구 분	타 발 휴면기	자 발 휴면기	발아기	개화기	과실비대 전 기	경핵기	과실비대 후 기	수확기
주간온도		20	20~25	23~25	25~28		28	
야간온도			5~10	10	10~15		15	

8) 수분관리

피복 직후의 뿌리는 활동이 시작되기 이전이므로 충분히 관수하여 지중온도를 높이고 뿌리의 흡수 활동을 촉진시킴과 동시에 공중습도를 높게 하여 발아를 촉진시킨다. 가능하면 피복 전에 충분히 관수하고 백색필름을 멀칭하여 뿌리의 활동을 촉진시키는 것이 바람직하며 이 때의 관수량은 토양조건에 따라 차이가 있으나 30mm 내외를 관수하여 하우스내가 다습조건이 되도록 한다.

개화기 전후에는 하우스내 습도가 높아지면 잿빛곰팡이병이 발생하기 쉽고 수분과 수정에도 나쁘게 작용하므로 관수를 중단하여 건조하게 관리하는 것이 좋다. 그러나 극단적인 건조는 오히려 결실률이 떨어지므로 하우스내의 공중습도가 60% 전후가 되도록 한다.

과실비대, 성숙기에서 수확기까지의 토양수분은 과실비대와 당도 등의 과실품질과 관련이 깊다. 즉 토양수분이 많은 경우에는 과실비대는 촉진되어 과중(果重)은 크게 되지만 당도는 낮아지게 된다. 따라서 이 때는 과실 비대조건을 보아가면서 가능한 한 관수량을 줄여 당도를 향상시키므로써 맛이 좋은 과실이 생산되도록 해야 한다. 당도를 향상시키기 위한 관수 중단시기는 품종이나 토양조건에 따라 다르지만 수확 15~20일전부터 실시한다.

또한 하우스 측면이나 곡부 등에서 빗물이 떨어져 토양수분이 높게 되면 당도가 저하되므로 배수를 철저히 해주는 것이 좋으며, 빗물이 토양 내로 스며드는 것을 방지하기 위해서 하우스 측면이나 곡부에 비닐멀칭를 해주어 빗물을 하우스 밖으로 흘려보내면 효과적이다.

9) 결실관리

복숭아 하우스재배에서는 꽃을 찾는 방화곤충이 활동할 수 없는 시기에 개화하거나 비닐피복에 의해 차단되므로 자연수분에 의한 결실이 불가능하다.

또한 시설내에서 꽃가루가 있는 품종은 꿀벌 등의 방화곤충을 도입하여 수분을 시켜도 결실량의 확보가 가능하나 개화기 동안 하우스내의 온도가 고온이 되거나 저온일 때에는 활동이 둔화되어 결실이 불안정하게 되므로 보조적으로 인공수분이 필요하고, 꽃가루가 없는 품종은 꿀벌 등이 꽃을 찾지 않기 때문에 반드시 필요하다.

표 15-11〉 시설복숭아의 수분방법이 결실률에 미치는 영향

공 시 품 종	시 험 구	만개 38일후의 결실률(%)
포 목 조 생	꽃등애 방사구	26.4
	꿀 벌 방사구	31.8
	인 공 수분구	27.4
사 자 조 생	꽃등애 방사구	41.6
	꿀 벌 방사구	18.0

복숭아 암술머리의 수명은 개화 후 4~5일까지이나 인공수분의 효과적인 시기는 3일 이내이므로 이 시기를 놓치지 않고 반드시 실시해야 한다. 인공수분방법은 채취한 꽃가루를 손가락끝 또는 면봉(솜막대)을 이용하거나 수분기를 이용하여 암술머리에 묻혀준다.

복숭아는 수분에서 수정이 끝나기까지는 12~14일 정도가 소요되므로 이 기간에 하우스내의 온·습도관리를 철저히 해주어야 목적하는 결실량의 확보가 가능하다. 인공수분의 양은 목표하는 착과수보다 2~3배 많게 하여 착과위치가 나쁜 과실이나 기형과(畸形果)가 발생하면 열매솎기(摘果)로 조절한다.

10) 병해충 방제

시설재배는 작형에 따라 가온개시기와 온습도관리 등의 재배조건이 다르고 그에 따른 생육진전상태가 다르기 때문에 병해충의 발생시기와 발생량이 다르게 된다. 시설재배에 있어서 병해의 발생은 비닐피복에 의해 강우가 차단되기 때문에 발생이 적은 편이나 해충의 발생은 다소 많은 경향을 보인다. 또한 농약의 유실이 적어 지속성은 좋아지나 잔류량의 소실이 늦어 사용기준을 충실히 지켜야 한다. 농약을 살포할 때에도 밀폐된 조건에서 살포하게 되므로 흡입에 의한 중독의 위험성이 높고 일중 고온시에는 약해를 일으키기 쉬우므로 주의해야 한다.

가) 병 해

시설재배시 문제되는 병으로는 낙화기로부터 유과기에 걸쳐 하우스내가 고온 다습하게 되면 잿빛곰팡이병의 발생이 많게 된다. 이 병은 병원성이 약하기 때문에 복숭아의 과실자체를 침해하지는 않고 꽃받침 위에 번식하여 과실에 접촉 감염시킨다.

방제법으로는 개화기에서 유과기에 걸쳐 시설내가 과습하지 않도록 환기를 철저히 하고 관수를 억제하여야 한다. 수정이 된 후 꽃받침이 탈락되지 않고 과실에 남아 있으면 제거해 준다. 약제방제로는 톱신수화제, 로브랄수화제, 스미렉스수화제 등을 낙화 후부터 유과기에 걸쳐 1~2회 살포해 준다.

시설재배시 병해방제를 위한 대상병해, 살포시기 및 살포량 등에 대해서는 충분한 검토가 되지 않은 상태이므로 노지재배의 방제에 준하여 실시하고 있다. 그러나 시설재배에 의한 생육진전상태에 따라 병해의 발생상황에 부합되도록 방제하는 것이 필요하며, 시설재배에서는 병해의 발생이 적으므로 방제횟수를 줄이는 방향에서 병해방제를 실시한다.

나) 충해

시설재배에서 해충의 발생은 노지에 비해 하우스내의 온도조건이 적당한 상태가 되기 때문에 복숭아굴나방, 진딧물류 및 응애류의 발생이 많은 경향이다. 이러한 해충들은 알 또는 성충으로 월동하여 가온 또는 비닐피복에 의해 하우스내의 온도가 높아지면 발생하게 되므로 노지의 발생보다는 대개 빠르게 발생을 한다.

따라서 시설재배를 할 때는 방제약제의 선택은 노지에 준하나 방제시기 등은 생육촉진에 따른 발생상황을 잘 관찰하여 조기에 실시한다. 또한 해충들은 약제에 대한 저항성이 높아지므로 한가지 약제만을 계속하여 살포할 때는 방제효과가 떨어지기 쉬우므로 여러가지 계통의 약제를 바꾸어 가며 살포하여 내성(耐性)이 생기지 않도록 해야한다.

표 15-12〉 무가온재배의 병해충 발생정도 및 방제회수

구 분	피복시기 (월. 일)	방제회수 (회)	진딧물	응 애	잎오갈병	탄저병	희성병	세균성 구멍병	잿 빛 곰팡이병
무가온하우스	2. 15	6	다	다	극소	극소	극소	극소	극소
	3. 15	6	다	다	극소	극소	극소	극소	극소
노 지	-	9	중	중	심	다	다	다	다

(원시, 나주지장 : 1989~1990)

참고자료

1. 복숭아 품종 특성표

구분	품 종 명	육성내력	주요 특성					
			숙기 (월, 순)	과중 (g)	당도 (°Bx)	과피색	과육색	화분량
털복숭아	백미조생	기도백도×포목조생	6하	180	11.0	백	유백	다
	포목조생	우연실생	7상	200	10.5	백	백	다
	무정조생백봉	백봉 과원에서 발견된 우연실생	7상중	230	11.0	선홍	유백	다
	찌요마루	(중진백도×포목조생)×포목조생 자연교잡실생	7상중	170	12.2	적황	황	다
	월봉조생	창방조생의 조숙변이	7중	250	10.0	선홍줄	백	극소
	사자조생	우연실생	7중	230	10.5	유백	백	무
	일천백봉	백봉의 조숙변이	7중하	230	11.0	선홍	유백	다
	창방조생	(투스칸×백도)×고무질의 실생	7하	230	10.8	선홍줄	백	극소
	월미복숭아	유명의 조숙변이	7하~8상	270	10.5	선홍	유백	다
	백약도	유명의 자연교잡실생	8상	300	12.0	유백	백	무
	감조백도	애지백도의 조숙변이	8상	220	13.5	선홍	백	다
	기도백도	불명	8상중	250	11.0	유백	유백	무
	백봉	백도×귤조생	8상중	220	11.5	선홍	유백	다
	도백봉	백봉의 아조변이	8상중	240	11.5	선홍	유백	다
	대구보	백도 과원에서 발견된 우연실생	8중	280	10.5	선홍	백	다
	왕도	유명의 자연교잡실생	8중	300	13.0	선홍	백	다
	애지백도	우연실생	8중	250	11.5	선홍	백	다
	장택백봉	백봉의 만숙 대과성 아조변이	8중	250	13.5	적백	유백	다
	미백도	불명	8중	280	11.0	선홍	유백	무
	진미	백봉×포목조생	8중하	270	13.0	선홍	유백	다
	백도	우연실생	8하	250	13.0	적녹백	백	무
	유명	대화조생×포목조생	8하	300	12.0	선홍	백	다
	천중도백도	백도×상해수밀	8하	300	12.0	선홍	유백	무
	백향	가든스테이트의 자연교잡실생	9상	300	12.2	녹적	백	다
	장호원황도	황육계 복숭아의 접목변이	9중~10상	300	12.5	적황	황	다
	서미골드	골든피치의 아조변이	9중~10상	300	13.0	적황	황	무
천도	암킹	(Palomar×Springtime)×(Palomar×Springtime)	7상	180	10.0	진홍	황	다
	선프레	(P60-38×Bonanza)×(P60-38×Bonanza)	7중	190	10.0	진홍	황	다
	천홍	가든스테이트의 자연교잡실생	8상	250	12.5	진홍	황	다
	선광	선그랜드 자연교잡실생의 자연교잡실생	8중	200	11.8	선적황	연황	다
	수봉	우연실생	9상	220	11.5	적황	황	다

자료 : 원예연구소 과수육종과

2. 복숭아 재배력

항목		1	2	3	4	5	6	7	8	9	10	11	12
생육과정		휴면기		최아기	개화결실기	과실비대성숙기				저장양분 축적기		휴면기	
생육기	생식생장		배, 화분형성		개화			화아분화		화기형성			
				과실발육	제1기		제2기 (경핵기)	제3기					
				과실생장									
	영양생장	가지생장											
		뿌리생장		춘근					추근				
주요작업	결실관리				적화	1차 적과	2차 적과	조생종 수확	만생종 수확				
	전정유인	전정					여름전정		아접	큰가지 유인			
	시비관리	토양개량 밑거름					웃거름			가을거름			
	일반작업			묘목 재식	상해 대비		가지 받쳐주기	배수 작업					

자료 : 원예연구소 과수재배과

3. 복숭아 병해충 방제력

월별	순별	발육상	병해충 발생소장	회수 10a당 살포량	병해충 방제: 대상병해충	병해충 방제: 중점방제 병해충	병해충 방제: 주요작업
1 2		휴면기		1 300 l	깍지벌레류	기계유유제	정지 전정 밑거름 주기
3	상 중 하	휴면기		2 300 l	잎오갈병 탄저병, 동고병 월동병해	석회유황합제	묘목심기 및 가지유인 늦서리 피해 대비
4	상	발아기					
4	중	개화직전	탄저병, 세균성구멍병, 잿빛무늬병	3 360 l	세균성구멍병 검은별무늬병 잎오갈병 진딧물	잎오갈병 진딧물	꽃솎기
4	하	개화기		개화기 약제살포 중지			
5	상	낙화기	복숭아순나방	4 360 l	세균성구멍병 잎오갈병 진딧물	세균성구멍병	1차 열매솎기
5	중	과실세포 비대기	복숭아유리나방	5 400 l	검은별무늬병 탄저병 진딧물	탄저병 진딧물	여름전정 2차 열매솎기 웃거름주기 제 초
5	하	과실세포 비대기		6 400 l	탄저병 검은별무늬병 깍지벌레 잎말이나방류	탄저병 해충동시방제	
6	상	과실세포 비대기	복숭아심식나방	7 460 l	잿빛무늬병 검은별무늬병 복숭아순나방 심식나방 유리나방 복숭아굴나방	검은별무늬병 해충동시방제	봉지씌우기 조류피해방지
6	중	과실세포 비대기					
6	하	경핵기		8			가지 받쳐주기

월별	순별	발육상		병해충 발생소장	회수 10a당 살포량	병해충 방제		
						대상병해충	중점방제 병해충	주요작업
7	상	경핵기	조생종 수확기	탄저병, 세균성구멍병, 잿빛무늬병, 복숭아심식나방, 복숭아유리나방, 복숭아순나방	8 500 *l*	세균성구멍병 잿빛무늬병 응애류, 심식나방	세균성구멍병 심식나방	조생종 수확
	중				9 500 *l*	잿빛무늬병 탄저병 응애류 순나방 심식나방	잿빛무늬병 순나방	
	하	꽃눈분화기						
8	상		중생종 수확기		10 500 *l*	잿빛무늬병 검은별무늬병 응애류 순나방	잿빛무늬병 응애류	중생종 수확
	중							
	하		만생종 수확기		11 500 *l*	세균성구멍병 복숭아 유리나방 순나방	유리나방 해충동시방제	만생종 수확
9	상	만생종 수확기						
	중						필요시 세균성구멍병 방 제	
	하	햇가지생장 정지기						가을 거름주기
10	상							
	중	낙엽기						낙엽 치우기 밑거름 주기
	하							
11, 12		휴면기						

4. 복숭아 시기별 주요작업

월별	생육상황	주요작업내용
3월 상	타발휴면기	· 기계유 유제살포
4월 상	발아직전	· 석회유황합제 살포, 복숭아유리나방 유충잡기
중	최화기	· 적뢰, 인공수분 준비
하	개화기	· 적화, 메프제 가용 석회보르도액 살포(개화직전), 인공수분
5월 상	전엽기	· 적과, 축엽병, 피해엽·가지 제거 소각
중	세포분열기(제1비대기)	· 적과, 탄저병·잎말이나방 방제
하	세포분열기(제1비대기)	· 적과, 봉지씌우기, 중·만생종 추비 / 탄저병·흑성병·심식충·응애 방제
6월 상	경핵기(제2비대기)	· 봉지씌우기, 추비
중	신초신장기	· 신초관리, 심식나방류·흑성병·복숭아유리나방 방제
하	세포비대기(제3비대기)	· 백미조생 수확 / 지주세우기, 한발기 관수 및 멀칭
7월 상	세포비대기(제3비대기)	· 월봉조생 수확 / 메프제 가용 유산아연 석회액 살포
중		· 사자조생 수확 / 회성병·탄저병 방제(만생종)
하		· 창방조생, 월미 복숭아 수확
8월 상·중	화아분화기	· 기도백도, 대구보, 백봉 수확 / 메프제 가용 종합 살균제 살포(응애 방제)
하		· 유명·백도 수확 / 복숭아유리나방 방제, 추비 시용
9월 상	저장양분 축적기	· 삭아접목, 메프제 가용 종합 살균제 살포
10월 중~ 11월 상	낙엽초기	· 석회 보르도액 살포

5. 복숭아 병해충 고시농약

병해충명	약제명(품목명)〈상품명〉
검은점무늬병	디페노코나졸(수)〈푸르겐〉, 비타놀(수)〈바이코〉, 프로피(수)〈안트라졸〉, 벨쿠트
세균성구멍병	농용신(수)〈아그렙토, 부라마이신, 궤양신〉, 스트렙토마이신황산염, 옥시테트라싸이클린(수)〈아그리마이신〉
잎오갈병	디치(수)〈델란〉, 타로릴(수)〈타코닐, 금비라〉
잿빛무늬병	디에토펜카프·가벤다(수)〈깨끄탄〉, 디페노코나졸(수)〈푸르겐〉, 리프졸(수)〈트리후민〉, 비타놀(수)〈바이코〉, 빈졸(수)〈놀란〉, 이프로·치람(수)〈로브티〉, 치람(수)〈쓸마내〉, 프로파(수)〈스미렉스, 팡이탄, 너도사〉, 헥사코나졸(액상), 훼나리(수)
깍지벌레류	기계유(유), 나크(수)〈세빈〉
심식나방	그로프(수)〈더스반〉, 디디브이피(유), 피레스(유)〈럽코드〉, 피리다(유)〈오후나크〉
응애류	기계유(유)

6. 농약 혼용가부표 (범례 : ○-혼용 가, △-약효 저하, 약효발생 주의, ×-혼용불가)

	놀란(수)	다코닐(수)	델란(수)	로브랄(수)	바이코(수)	스미렉스(수)	아그렙토(수)	아그리마이신(수)	안트라콜(수)	트리후민(수)	핵사코나졸(액상)	훼나리(수)	그로포,더스반(수)	세빈,나크(수)	디디브이피(유)	피레스(유)	오후나크(유)	푸르겐(수)	벨쿠트	깨끗한	로브티
놀란(수)		○	○												○						
다코닐(수)	○		○	○		○	○		○				○		○	○					
델란(수)	○	○							○				○		△						
로브랄(수)		○								○		○	○	○	○						
바이코(수)									○				○								
스미렉스(수)		○											○		○	△					
아그렙토(수)		○							△				△		△	×					
아그리마이신(수)														○							
안트라콜(수)		○	○		○		△					○	○		△	△					
트리후민(수)				○									○	○	○						
핵사코나졸(액상)																					
훼나리(수)				○					○						○						
그로포, 더스반(수)		○	○	○	○	○	△		○	○					○	○					
세빈, 나크(수)		○	○	○			△		○	○			○		△	○					
디디브이피(유)	○	○	△	○		○	△		△	○		○	○	△		○					
피레스, 랩코드(유)		○											○	○	○						
피리다, 오후나크(유)																					
푸르겐(수)																					
벨쿠트																					
깨끗한																					
로브티																					

자료 : 원예연구소 원예환경과

7. 석회유황합제 희석표

희석농도 \ 원액의 농도	4.0도	5.0	6.0	7.0	8.0	10	15	20	22
보메 0.1도	40.0	51.0	61.0	67.0	84.0	106	116	231	258
0.2	19.5	24.8	30.2	35.7	41.2	53	82	114	128
0.3	12.6	16.2	19.8	23.4	27.2	31.7	56	77	86
0.4	9.2	11.8	14.6	17.3	20.1	25.8	40.7	57	64
0.5	7.2	9.3	11.4	13.6	15.2	20.4	32.5	45.1	51
0.6	5.8	7.6	9.4	11.2	13.1	16.8	26.5	37.5	42
0.8	4.1	5.4	6.8	8.1	9.5	12.4	20.0	27.8	31.2
1.0	3.1	4.1	5.2	6.3	7.4	9.7	15.6	22.0	24.7
1.2	2.4	3.3	4.2	5.1	6.0	7.8	12.8	18.2	20.4
1.4	1.9	2.7	3.4	4.2	5.0	6.6	10.8	15.4	17.3
1.5	1.72	2.42	3.14	3.86	4.61	6.1	10.1	14.4	16.2
2.0	1.04	1.56	2.10	2.64	3.19	4.32	7.3	10.5	11.8
2.5	0.62	1.03	1.46	1.89	2.33	3.23	5.6	8.1	9.2
3.0	0.34	0.69	1.04	1.40	1.76	2.51	4.46	6.6	7.5
3.5	0.15	0.44	0.75	1.05	1.36	1.96	3.66	5.5	6.2
4.0	-	0.26	0.52	0.79	1.06	1.62	3.07	4.65	5.3
4.5	-	0.11	0.35	0.58	0.82	1.31	2.60	3.99	4.58
5.0	-	-	0.21	0.42	0.64	1.08	2.24	3.49	4.03

희석농도 \ 원액의 농도	25 도	27	28	29	30	31	32	33	34
보메 0.1도	300	330	345	361	377	393	409	426	442
0.2	150	165	172	179	188	196	204	212	221
0.3	101	110	116	120	126	131	137	142	148
0.4	74	82	86	89	93	97	101	102	110
0.5	59	65	68	71	74	77	81	84	87
0.6	49.1	54	57	59	62	64	67	70	73
0.8	36.5	40.2	42.1	44.1	46	48	50	52	54
1.0	29	31.9	33.3	33.8	36.5	38.1	39.7	41.4	43.1
1.2	23.9	26.4	27.7	28.9	30.2	31.6	32.9	33.4	35.7
1.4	20.3	22.4	23.5	24.6	25.7	26.9	28.0	29.2	30.4
1.5	18.9	20.9	21.9	23.0	24.0	25.1	26.2	27.3	28.4
2.0	13.9	15.4	16.2	17.0	17.7	18.5	19.3	20.2	21.0
2.5	10.9	12.1	12.7	13.3	13.9	14.5	15.2	15.8	16.5
3.0	8.9	9.8	10.3	10.8	11.3	11.9	12.4	12.9	13.5
3.5	7.4	8.3	8.7	9.1	9.5	9.9	10.5	10.9	11.4
4.0	6.4	7.1	7.4	7.8	8.2	8.6	9.0	9.4	9.8
4.5	5.5	6.1	6.5	6.3	7.1	7.5	7.8	8.2	8.6
5.0	4.84	5.42	5.7	6.0	6.3	6.6	7.0	7.3	7.6

주) 농도에 따른 원액으로 희석액을 만들 땐 숫자로 표시한 배액의 물을 타면 된다.
예를 들면, 보메 0.1도액 = 원액(4.0도) + 40배물

8. 과수 전용비료

가. 2종 복합비료

비 종	보 증 성 분					용도표시
	질소	인산	칼리	고토	붕소	
14-10-9	14	10	9	2	0.3	과수
9-8-6	9	8	6	2	0.2	포도
12-8-8	12	8	8	2	0.2	배
11-8-9	11	8	9	2	0.2	복숭아
3-13-11	3	13	11	3	0.4	포도(거봉용)
12-9-9	12	9	9	2	0.2	사과
16-0-12	16	0	12	0	0.3	과수(웃거름용)
15-9-10	15	9	10	1	0.3	과수
12-10-9	12	10	9	2	0.2	사과
14-10-12	14	10	12	3	0.2	과수
12-10-8	12	10	8	3	0.2	배
10-9-10	10	9	10	3	0.2	단감
10-8-6	10	8	6	3	0.2	포도
11-8-8	11	8	8	3	0.2	복숭아
16-11-12	16	11	12	0	0.4	과수
13-10-12	13	10	12	2	0.3	사과
13-12-10	13	12	10	2	0.3	배
10-10-8	10	10	8	1	0.3	포도
10-10-8	10	10	8	1	0.3	복숭아
13-10-12	13	10	12	2	0.3	단감
8-13-10	8	13	10	3	0.3	포도(거봉용)

나. 3종 복합비료

비 종	보 증 성 분						용도표시
	N	P_2O_5	칼리	붕소	고토	유기물	
6-5-1	6	5	1	-	-	10	감 귤 용
8-10-8	8	10	8	-	-	10	원 예 용
4-4-7	4	4	7	-	-	10	감귤, 간척지용
13-0-9	13	0	9	-	-	10	원 예 추 비 용
10-8-8	10	8	8	0.3	-	10	원예 밑거름용
9-12-8	9	12	8	-	-	10	포 도 기 비 용
8-8-8	8	8	8	-	-	10	밤 나 무 용
10-10-13	10	10	13	0.3	-	10	감 귤 하 비 용
9-0-9	9	0	9	-	-	10	밀 감 용
14-10-11	14	10	11	0.3	-	10	과 수 용
11-10-12	11	10	12				원 예 용
9-7-7	9	7	7	0.3	-	10	포 도 용
10-8-8	10	8	8	0.3	1	10	밤 나 무 용
12-10-8	12	10	8	0.2	3	10	배 나 무 용
10-8-6	10	8	6	0.2	3	10	포 도 용
11-8-6	11	8	8	0.2	3	10	복 숭 아 용
10-9-10	10	9	10	0.2	3	10	단 감 용
13-13-8	13	13	8	0.3	2	10	감 귤 추 비 용
10-10-8	11	10	8	0.3	1	10	밤 나 무 용

비료연감, 1986, 한국비료공업협회, (1985. 12. 31 현재)

9. 복숭아의 표준 시비량

가. 수령별 주당 시비량(성분량)

비료성분	수 령 (년)				
	1	2	3	4	5
	(g/주)	(g/주)	(g/주)	(g/주)	(g/주)
질소	50	100	200	400	500
인산	30	70	100	220	250
칼리	50	100	160	350	400

나. 수령별 10a당 시비량(성분량)

비료성분	질 소	인 산	칼 리	퇴비
	비옥지~척박지	비옥지~척박지	비옥지~척박지	
(년)	(kg/10a)	(kg/10a)	(kg/10a)	(kg/10a)
1 ~ 2	2	1	1	300
3 ~ 4	3 ~ 5	2 ~ 3	2 ~ 4	1,000
5 ~10	7 ~ 11	4 ~ 6	6 ~ 9	2,000
11이상	13 ~ 18	7 ~ 10	10 ~ 15	2,000

10. 복숭아용 제초제

농약명	유효성분	대상작물	적용잡초	사용적기	물 20 l 당 사용약량	유효년한	비고
글라신 액제(상표) 근사미, 라운드업, 한사리	glyphosate 41.0%	과원	일년생 잡초 및 숙근 잡초	과원 : 잡초가 충분히 자랐을 때 잡초 경엽에 처리	· 75㎖/물 20 l -약량300㎖/300평 -살포량80 l /300평	5년	· 선택성 제초제 · 이 농약의 유효성분은 땅에 떨어지면 곧 분해되므로 사용후 작물을 파종하거나 이식하여도 피해가 없음 · 기타 지침서 참조
파라코 액제 (상표) 그라목손	paraquat dichloride 24.5%	과수	일년생 잡초 및 다년생 잡초	잡초가 발생 되었을 때 잡초 경엽에 처리	· 50㎖/물 20 l -약량300㎖/300평 -살포량120-160 l /300평	2년	· 비선택성 제초제 · 침투성이 매우 강하여 약제 처리 2시간후에 비가 와도 약효가 떨어지지 않음 · 토양과 접촉하면 발불활성화됨 · 기타 지침서 참조

11. 비료배합 적부표

		유안 1	석회질소 2	초안 3	요소 4	염안 5	퇴비 6	인분기 7	대두박 8	어비 9	과린산석회 10	중과린산석회 11	토마스인비 12	용성인비 13	미강 14	유산칼리 15	염화칼리 16	소성칼리 17	초목회 18	생석회 19	소석회 20	탄산석회 21
유안	1	□	■	▨	▨	▨	■	▨	□	□	□	□	▨	▨	□	□	□	▨	■	■	■	■
석회질소	2	■	▨	■	▨	■	■	■	□	□	■	■	□	□	□	▨	▨	□	□	▨	□	□
초안	3	▨	■	□	■	■	■	■	▨	▨	▨	▨	▨	▨	▨	▨	▨	▨	■	■	■	■
요소	4	▨	▨	■	□	▨	▨	▨	□	□	■	■	□	□	□	□	▨	▨	▨	▨	▨	▨
염안	5	▨	■	■	▨	□	■	▨	□	□	▨	▨	▨	▨	□	□	▨	▨	■	■	■	▨
퇴비	6	■	■	■	▨	■	□	■	□	□	□	□	▨	▨	□	□	□	□	■	■	■	■
인분뇨	7	▨	■	■	▨	▨	■	□	□	□	□	□	■	■	□	▨	▨	■	■	■	■	■
대두박	8	□	□	▨	□	□	□	□	□	□	□	□	□	□	□	□	□	□	□	▨	□	□
어비	9	□	□	▨	□	□	□	□	□	□	□	□	□	□	□	□	□	□	□	▨	□	□
과린산 석회	10	□	■	▨	■	▨	□	□	□	□	□	□	■	■	□	□	□	▨	■	■	■	■
중과린산 석회	11	□	■	▨	■	▨	□	□	□	□	□	□	■	■	□	□	□	▨	■	■	■	■
토마스 인비	12	▨	□	▨	□	▨	▨	■	□	□	■	■	□	□	□	▨	□	□	□	▨	□	□
용성인비	13	▨	□	□	□	▨	▨	■	□	□	■	■	□	□	□	▨	□	□	□	▨	□	□
미강	14	□	□	▨	□	□	□	□	□	□	□	□	□	□	□	□	□	□	□	▨	□	□
유산칼리	15	□	▨	▨	□	□	□	▨	□	□	□	□	□	□	□	□	□	▨	▨	■	▨	□
염화칼리	16	□	▨	▨	▨	▨	□	▨	□	□	□	□	□	□	□	□	□	□	▨	■	▨	□
소성칼리	17	▨	□	▨	▨	▨	□	■	□	□	▨	▨	□	□	□	▨	□	□	▨	■	□	□
초목회	18	■	□	■	▨	■	■	■	□	□	■	■	□	□	□	▨	▨	▨	□	■	□	□
생석회	19	■	▨	■	▨	■	■	■	▨	▨	■	■	▨	▨	▨	■	■	■	■	□	□	□
소석회	20	■	□	■	▨	■	■	■	□	□	■	■	□	□	□	▨	▨	□	□	□	□	□
탄산석회	21	■	□	■	▨	▨	■	■	□	□	■	■	□	□	□	□	□	□	□	□	□	□

■ 배합할 수 없는 것

▨ 배합후 바로 시비하여야 할 것

□ 배합저장 되는 것

12. 복숭아 표준소득 분석표(1998)

전 국

(기준 : 년 1회/10a)

비목별			수 량	단 가 (원)	금 액 (원)	비 고
조수입	주산물가액		1,821kg	1,618	2,946,378	
	부산물가액				483	상품화율 92.7%
	계				2,946,861	
경영비	중간재비	무기질 비료비			51,069	N:29.2 P:19.3 K:26.9kg
						영양제 0.3kg
		유기질 비료비	2,322kg		80,451	농용석회 143.0kg
						붕소 0.3kg
		농약비			73,734	
						살충제 유제 1,531.0cc
		광열 · 동력비			14,048	수화제 1.0kg
						살균제 유제 394.0cc
		수리(水利)비			129	분제 1.0kg
						수화제 2.0kg
		제재료비			158,210	제초제 유제 772.0cc
		소농구비			3,098	전기 26.0KW
						유류 42.4 l
		대농구 상각비			58,854	비닐 65.0m
						봉지 (핀) 3,815개
		영농시설상각비			15,364	끈 2.0타
						보조목 9.0m
		수리(修理)비			12,364	저장상자 4.0개
						포장상자 122.0개
		조성비			56,116	종이(포장지) 1,241개
						포장재 115개
		기타요금			3,989	
		계			527,899	
	임차료				3,269	
	고용노력비		64.9시간	남 5,250	233,157	남 10. 9시간
				여 3,258		여 54. 0
	계				764,325	
자가노력비			219.2시간	남 5,137	935,761	남 118. 9시간
				여 3,240		여 100. 3
소득					2,182,536	
부가가치					2,418,962	
소득률(%)					74.1	

13. 각종 비료의 3요소 함량

가. 화학비료

비료명	질소 (%)	인산 (%)	칼리 (%)	비료명	질소 (%)	인산 (%)	칼리 (%)
유안(副生)	20.0	-	-	규산질비료			
뇨소	46.0	-	-	규산질비료	-	25 ○	-
과린산석회	-	20.0	-	규회석 1호	-	10 ○	-
				규회석 2호	-	8 ○	-
용성인비	-	20.0	-				
용과린	-	20.0	-	고토비료			
유산가리	-	-	50.0	황산고토비료	-	-	14×
염화가리	-	-	60.0	가용황산고토비료	-	-	27 ○
석회류	-	-	알칼리도%	규린비료			-
소석회	-	-	60.0	규린비료	18×	15 ○	
소석회분말	-	-	45.0	규린가리비료	10×	15 ○	10 ○
석회고토분말	-	-	53.0				(가리)
구곡(具穀)류	-	-	40.0				

주) ①규산비료중 ×표는 수용성 규산, ○표는 가용성 규산
②고토비료중 ×표는 수용성 고토, ○표는 구용성 고토
③가리비료중 ×표는 수용성 가리, ○표는 구용성 가리
④인산비료중 ×표는 구용성 인산

나. 자급비료 〈분뇨류〉

비료명	질소 (%)	인산 (%)	칼리 (%)	비료명	질소 (%)	인산 (%)	칼리 (%)
인분(생)	1.0	0.4	0.3	양뇨(생)	1.6	0.1	1.9
인뇨(생)	0.5	0.05	0.2	잠분(건)	2.5	1.0	1.0
하비(부숙)	0.6	0.1	0.3	잠분(생)	1.4	0.3	0.1
우분(생)	0.6	0.3	0.1	학분(생)	1.6	1.5	0.9
마분(생)	0.6	0.3	0.3	학분(건)	2.0~4.5	1.5~4.5	1.0
돈분(생)	0.6	0.6	0.5	토끼분(생)	1.7	0.9	0.7
양분(생)	0.6	0.3	0.2	토끼뇨(생)	1.8	0.1	2.2
우뇨(생)	1.5	0.2	1.6	오리분(생)	1.0	1.4	0.6
마뇨(생)	1.5	0.05	1.7	부숙퇴비	0.6	0.3	0.6
돈뇨(생)	0.6	0.2	0.8	보통퇴비	0.5	0.3	0.5

〈녹비류〉

비료명	질소 (%)	인산 (%)	칼리 (%)	비료명	질소 (%)	인산 (%)	칼리 (%)
자운영(생)	0.4	0.1	0.3	루핀(생)	0.4	0.1	0.3
자운영(건)	2.8	0.6	2.1	루핀(건)	2.7	1.2	2.2
청예대두(생)	0.6	0.1	0.7	청예잠두(생)	0.8	0.1	0.4
청예대두(건)	2.5	0.4	3.1	청예잠두(건)	2.4	0.6	2.1
크로바(생)	0.6	0.2	0.3	청예잠두(생)	0.5	0.2	0.5
헤아리 벳치(생)	0.7	0.2	0.8	청예잠두(건)	2.3	0.7	2.3
헤아리 벳치(건)	3.5	0.9	2.3	청예라이맥(생)	0.5	0.2	0.6
산야초(생)	0.5	0.2	0.5	청예연맥(생)	0.4	0.1	0.6
산야초(건)	1.6	0.4	1.3	청예옥수수(생)	0.2	0.2	0.4
청 모밀(생)	0.4	0.1	0.4	청예채종(생)	0.8	0.2	0.4

〈경엽류, 엽간류, 기타〉

비료명	질소 (%)	인산 (%)	칼리 (%)	비료명	질소 (%)	인산 (%)	칼리 (%)
벼짚(건)	0.6	0.1	0.9	낙화생경엽(생)	0.6	0.1	0.3
육도짚(건)	1.0	0.1	0.9	인각(건)	0.5	0.2	0.5
나맥간(생)	0.5	0.1	0.9	소매부망(건)	0.3	0.2	0.9
소맥간(건)	0.5	0.2	0.6	대맥부망(건)	0.7	0.4	0.8
연맥간(생)	0.6	0.3	1.6	라이맥부망(건)	0.6	0.6	0.5
대두경엽(건)	1.3	0.3	0.5	연맥부망(건)	0.6	0.1	0.5
조간(건)	0.9	0.3	1.3	잠두협(건)	1.7	0.3	3.6
채종간(건)	0.6	0.3	1.1	채종협(건)	0.6	0.4	1.0
고구마경엽(생)	0.3	0.05	0.4	감귤엽(생)	1.6	0.3	1.2
고구마경엽(건)	1.2	0.2	1.3	감귤엽(건)	3.0	0.5	2.0
옥수수경(건)	0.5	0.4	1.6	감엽(건)	2.2	0.5	3.0
낙엽(건)	1.0	0.2	0.3	배엽(건)	2.3	0.3	1.8
대맥간(건)	0.6	0.2	1.1	복숭아엽(건)	2.2	0.5	2.0

다. 판매비료 〈동물질 비료〉

비료명	질소 (%)	인산 (%)	칼리 (%)	비료명	질소 (%)	인산 (%)	칼리 (%)
연박	10.4	5.1	1.0	침출골분 (표준골분)	5.0	21.0	-
약박	9.0	6.9	0.8	생골분	3.8	21.2	-
동연	9.2	3.2	-	육골분	7.2	9.0	-
증제골분	4.1	21.7	-	용	9.5	1.3	0.5
탈교골분	1.4	30.3	-	어류내장(생)	2.8	3.4	-

〈식물질 비료〉

비료명	질소 (%)	인산 (%)	칼리 (%)	비료명	질소 (%)	인산 (%)	칼리 (%)
대두박 (침출박)	7.4	1.5	2.2	소맥부	2.2	2.7	1.5
채종박	5.1	2.2	1.5	면실박	5.5	2.3	1.5
미강	2.1	3.8	1.4	헤조(건)	0.4	0.1	1.6
대맥부	1.8	2.9	0.8				

라. 회류(灰類)

비료명	질소(%)	인산(%)	칼리(%)
목회	-	1.0	4.8
초목회	-	1.2	5.5
고회	-	1.0	4.5
해조회	-	1.0	12.0
인각회	-	-	4.0

14. 세계 주요 복숭아 재배국의 기상개황 〈평균기온〉

(단위 : ℃)

지역 \ 월	1	2	3	4	5	6	7	8	9	10	11	12	전년
〈한국〉													
수 원	-3.9	-1.8	3.7	10.9	16.5	20.9	24.4	25.1	19.8	13.0	5.7	-1.2	11.1
대 전	-2.4	-0.2	4.9	12.2	17.5	21.8	25.0	25.4	20.2	13.6	6.5	0.2	12.1
대 구	-0.7	1.3	6.5	13.2	18.5	22.2	25.7	26.3	21.0	15.0	8.1	1.8	13.2
전 주	-1.2	0.5	5.4	12.6	17.9	22.0	25.7	26.3	21.1	14.6	7.8	1.7	12.9
광 주	2.2	-0.2	1.3	6.0	12.7	17.8	21.7	25.4	26.2	21.3	15.2	8.5	13.2
진 주	-0.2	2.0	6.5	12.7	17.5	21.4	24.9	25.7	20.9	14.8	7.9	1.8	13.0
〈북한〉													
원 산	-3.6	-1.8	3.5	10.2	15.9	18.8	22.2	23.2	18.6	13.1	6.4	-0.3	10.5
평 양	-7.9	-4.2	2.8	10.4	16.3	21.1	23.8	23.9	18.4	11.5	3.9	-4.1	9.7
남 포	-6.9	-3.7	2.7	10.0	15.9	20.7	23.4	23.9	19.2	12.5	5.0	-3.0	10.0
개 성	-5.9	-2.9	3.8	10.5	15.9	20.6	23.4	24.0	19.1	12.6	5.2	-2.4	10.3
〈일본〉													
福 島	1.0	1.5	4.7	11.1	16.4	19.9	23.6	24.9	20.4	14.2	8.6	3.7	12.5
長 野	-1.2	-0.4	3.1	10.2	15.5	19.4	23.6	24.5	19.9	13.3	7.2	1.9	11.4
和歌山	5.5	5.9	8.9	14.5	18.7	22.3	26.5	27.5	23.5	18.0	12.7	8.1	16.0
〈중국〉													
石家莊	-1.8	2.2	9.0	16.1	21.0	25.5	25.9	25.0	20.2	14.6	5.5	0.5	13.6
瀋 陽	-8.3	-4.7	2.3	11.8	18.3	20.9	23.5	23.6	15.8	9.7	0.1	-6.5	8.9
濟 南	0.3	3.1	8.8	17.2	22.6	26.3	27.5	26.5	22.0	17.2	7.3	2.9	15.1
鄭 州	0.0	2.1	8.1	15.9	20.7	25.2	25.7	24.5	21.0	15.9	7.2	2.5	14.1
〈미국〉													
San Diego	13.8	14.4	15.0	16.1	17.5	19.0	21.3	22.2	21.6	19.5	16.6	14.3	17.6
Washington D.C	1.8	3.1	7.7	13.7	18.9	23.6	26.1	25.4	21.8	15.3	9.3	4.0	14.2
San Francisco	9.2	10.9	11.5	12.7	14.3	15.9	16.8	17.2	17.7	15.9	12.5	9.6	13.7
New York	0.0	0.7	4.9	11.0	16.5	21.7	24.7	24.0	20.2	14.2	8.4	2.3	12.4
〈아르헨티나〉													
San Luis	24.0	23.0	20.2	15.8	12.2	9.2	8.8	10.7	13.9	17.1	20.5	23.2	16.6
Rosario	23.8	23.0	20.4	16.0	13.3	10.5	9.9	11.4	13.7	16.8	19.8	22.4	16.8
Buenos Aires	23.6	23.3	20.2	17.3	13.7	11.2	10.3	11.4	13.9	16.7	19.7	22.4	17.0
Trelew	20.6	20.1	17.5	13.5	9.4	6.2	6.2	7.8	10.3	14.0	17.0	19.1	13.5
〈칠레〉													
La Serena	17.1	17.1	15.8	13.9	12.6	11.6	10.9	11.2	11.6	12.8	14.4	16.3	13.9
Santiago	20.7	19.8	17.6	14.1	11.1	8.4	8.1	9.4	11.3	14.1	17.4	19.7	14.3
Puerto Montt	14.4	13.9	12.0	10.1	8.6	6.5	6.7	6.6	8.1	9.3	11.5	13.0	10.1
Punta Arenas	10.7	10.6	8.9	6.3	3.9	2.2	2.3	3.1	4.5	6.7	9.2	10.3	6.6
〈뉴질랜드〉													
Auckland	19.2	19.2	18.3	16.4	13.6	11.7	10.6	11.1	12.5	14.2	15.6	17.5	15.0
Wellington	15.4	15.7	14.6	13.2	10.7	8.8	7.8	8.4	9.5	11.0	12.6	14.4	11.8
Christchurch	16.4	16.1	14.5	12.0	8.9	6.4	5.8	6.7	9.2	11.7	13.6	15.6	11.4

지역 \ 월	1	2	3	4	5	6	7	8	9	10	11	12	전년
〈이태리〉													
Venezia	3.3	4.7	8.6	13.3	17.8	21.7	23.6	23.6	21.1	14.7	9.2	5.3	13.9
Genova	7.5	9.2	11.4	15.0	17.5	22.0	24.5	24.5	22.2	18.6	13.1	9.2	16.1
Roma	8.7	8.6	11.1	13.9	18.1	21.7	24.5	24.5	22.2	17.2	12.5	9.2	16.1
Napoli	8.9	9.5	11.7	14.7	18.1	22.0	24.7	24.7	22.2	17.8	13.3	10.6	16.7
〈그리스〉													
Thessaloniki	5.5	7.1	9.6	14.5	19.6	24.7	27.3	26.8	22.5	17.1	12.0	7.5	16.1
Athene	9.3	9.9	11.3	15.3	20.0	24.6	27.6	27.4	23.5	19.0	14.7	11.0	17.8
〈프랑스〉													
Bordeaux	5.2	5.9	9.3	-	14.7	18.0	19.6	19.5	-	12.7	8.4	5.7	12.3
Paris	3.1	3.8	7.2	-	14.0	17.1	19.0	18.5	-	11.1	6.8	4.1	10.9
Lyon	2.1	3.3	7.7	-	14.9	18.5	20.7	20.1	-	11.4	6.7	3.1	11.4
Mareseill	5.5	6.6	10.0	-	16.8	20.8	23.3	22.8	-	15.0	10.2	6.9	14.2

〈강수량〉

(단위 : mm)

지역 \ 월	1	2	3	4	5	6	7	8	9	10	11	12	전년
〈한국〉													
수 원	26.6	28.3	49.1	95.3	84.7	121.6	328.9	290.9	148.4	57.7	54.7	20.8	1307.0
대 전	33.6	40.8	58.4	96.9	95.4	153.6	316.7	277.8	154.5	53.0	48.8	30.4	1359.9
대 구	20.5	28.8	50.7	78.0	75.2	128.6	233.5	193.0	122.8	48.1	37.3	14.1	1030.6
전 주	35.7	41.4	60.1	99.4	97.2	146.7	278.5	244.5	143.8	60.2	59.0	29.7	1296.6
광 주	38.6	46.6	62.0	110.3	101.4	182.6	283.3	235.9	149.8	59.4	56.1	30.8	1356.8
진 주	32.8	49.3	67.2	152.8	132.9	227.0	306.5	273.9	174.5	54.9	46.0	20.4	1538.2
〈북한〉													
원 산	22	37	39	62	76	132	257	349	231	72	49	272	1,352
평 양	9	11	29	66	76	85	244	169	114	46	35	15	899
남 포	9	8	23	43	41	47	203	316	103	49	29	15	888
개 성	12	11	27	60	112	69	303	372	145	49	29	19	1,208
〈일본〉													
福 島	55	50	69	72	82	123	153	125	158	105	61	56	1,108
長 野	57	47	55	67	79	140	149	102	126	77	46	43	982
和歌山	56	59	93	138	137	216	174	123	204	123	80	51	1,454
〈중국〉													
石家莊	13.3	4.2	11.8	33.6	19.0	55.6	164.3	132.9	27.1	8.6	12.6	9.0	492.0
瀋 陽	7.5	3.7	3.5	8.5	46.7	104.6	150.8	15.4	93.1	26.8	6.4	0.4	467.4
濟 南	10.5	0.4	45.0	7.9	18.8	55.6	147.2	10.0	51.0	6.3	10.0	2.3	365.0
鄭 州	54.0	25.9	32.5	7.0	38.7	50.2	172.3	52.7	34.8	5.2	28.9	31.3	533.5

지역 \ 월	1	2	3	4	5	6	7	8	9	10	11	12	전년
〈미국〉													
San Diego	53.7	36.9	43.5	19.7	6.5	1.9	0.3	3.7	5.6	9.3	28.0	34.7	248.4
WashingtonD.C	72.4	68.2	92.4	76.2	87.8	87.6	101.0	114.1	82.2	74.7	72.6	81.6	1,008.4
San Francisco	118.2	84.8	67.1	38.7	8.0	3.5	1.2	2.0	6.3	33.1	64.2	90.1	519.6
New York	73.0	72.0	98.5	89.4	85.1	80.2	90.4	100.2	83.8	78.4	93.3	89.3	1,028.3
〈아르헨티나〉													
San Luis	89	74	60	33	14	11	10	6	17	53	67	105	540
Rosario	141	100	138	92	60	42	37	34	45	104	114	84	991
Buenos Aires	92	84	122	87	78	55	42	58	88	100	79	90	975
Trelew	8	14	18	14	22	11	17	14	13	12	16	18	177
〈칠레〉													
La Serena	0.0	0.0	1.2	2.0	15.8	23.8	18.0	18.9	8.4	2.2	0.3	0.6	93
Santiago	0.6	1.1	2.8	12.7	45.1	71.7	62.6	45.0	25.1	12.6	7.2	2.0	266
Puerto Montt	73.3	108.1	87.7	144.7	199.1	22.3	268.9	195.9	146.8	108.6	132.9	129.9	1818
Punta Arenas	36.9	29.7	45.5	42.7	44.3	25.5	37.3	52.0	24.6	23.0	39.2	41.3	44
〈뉴질랜드〉													
Auckland	79	94	81	97	127	137	145	117	102	102	89	79	1,247
Wellington	74	104	80	90	127	123	128	116	92	116	79	95	1,224
Christchurch	56	43	48	48	66	60	69	48	46	43	48	56	638
〈이태리〉													
Venezia	41	46	51	41	81	66	71	43	61	86	79	61	726
Genova	99	102	84	86	117	36	41	58	119	155	183	104	1184
Roma	69	58	38	43	51	25	15	23	69	94	97	71	653
Napoli	122	89	43	46	56	18	15	33	109	117	104	119	871
〈그리스〉													
Thessaloniki	44	34	35	36	40	33	20	14	28	55	56	54	449
Athene	62	36	38	23	23	14	6	7	15	51	56	71	402
〈프랑스〉													
Bordeaux	90	75	63	48	61	65	56	70	84	83	96	109	900
Paris	54	43	32	38	52	50	55	62	51	49	50	49	585
Lyon	52	46	53	56	69	85	56	89	93	77	80	57	813
Mareseill	43	32	43	42	46	24	11	34	60	76	69	66	546

※자료:세계 주요국가의 과실생산현황, 과수연구소
북한의농업기술, 오성출판사

최신 복숭아 재배

2018년 2월 5일 1판 7쇄 발행

저 자 : 김정호 외
발행인 : 김 중 영
발행처 : 오성출판사

서울 영등포구 양산로 178-1(영등포6가)
TEL : (02) 2635-5667~8
FAX : (02) 835-5550

출판등록 : 1973년 3월 2일 제13-27호

www.osungbook.com

ISBN 978-89-7336-142-7